高职高专"十二五"规划教材

 高职高专移动互联网时代人才培养系列教材

光传输技术及应用

宋 欣 主编

清华大学出版社
北京

内 容 简 介

本书对光传输网络从构建→维护→施工设计进行系统的讲述,并对未来光传输技术的发展进行初步介绍。本书共分为 7 章,分别讲述了如何认识设备和选择单板,如何搭建网络及保证光网络正常运营,如何进行机房选择和光缆路由设计以及光传输主流技术概述。注重动手实践和真实案例,层层推进,由浅入深。本书配备完善的电子资源,可以从清华大学出版社网站上免费获取。

本书可以作为高职高专院校通信技术相关专业光传输课程教材,也可以供工程技术人员学习、参考。

图书在版编目(CIP)数据

光传输技术及应用/宋欣主编.—北京:清华大学出版社,2012.6(2024.7重印)
(网络融合 高职高专移动互联网时代人才培养系列教材)
ISBN 978-7-302-28352-2

Ⅰ.①光… Ⅱ.①宋… Ⅲ.①光传输技术-高等职业教育-教材 Ⅳ.①TN818

中国版本图书馆 CIP 数据核字(2012)第 046742 号

责任编辑:张 景
封面设计:杜 群
责任校对:袁 芳
责任印制:宋 林

出版发行:清华大学出版社
    网 址:https://www.tup.com.cn, https://www.wqxuetang.com
    地 址:北京清华大学学研大厦 A 座   邮 编:100084
    社 总 机:010-83470000   邮 购:010-62786544
    投稿与读者服务:010-62776969, c-service@tup.tsinghua.edu.cn
    质量反馈:010-62772015, zhiliang@tup.tsinghua.edu.cn
    课件下载:https://www.tup.com.cn,010-62795764
印 装 者:涿州市般润文化传播有限公司
经 销:全国新华书店
开 本:185mm×260mm   印 张:15.75   字 数:381 千字
版 次:2012 年 7 月第 1 版   印 次:2024 年 7 月第 10 次印刷
定 价:46.00 元

产品编号:043467-02

前　言

根据国内外光传输发展的现状和预测,以及对企业、院校和就业的调研可以看出,作为核心网的传输技术——光传输技术的发展将是长期而持续的。在国家三网融合项目的推进下,广电及电信运营商推行"光进铜退"的战略,加大了光纤网络建设的投入,对光纤光缆产业的发展带来了新的机遇。

光传输作为现代通信的一种主要传输方式,已成为信息高速公路建设的基础,在现代信息社会具有至关重要的作用。随着近年来 SDH(同步数字体系)光纤通信系统的广泛应用,需要大批懂得光传输设备使用、维护、管理和线路设计的专业技术人员。为适应社会对光传输技术人才的需求,结合高职高专通信专业培养目标要求,在充分总结学生的就业形势与高职高专学生学习特点的基础上编写本书,目的在于使高职高专的学生从机械枯燥的光纤理论知识中解脱出来,真正掌握需要的知识和技能,提高学生在就业市场上的竞争力,同时也为推进三网融合提供大批专业应用型人才。

本书共 7 章,内容安排如下: 第 1 章介绍光传输的基本理论,是全书的理论基础;第 2 章以中兴设备为基础,介绍常见光传输设备的构成以及单板选择;第 3 章学习传输网的电路业务配置和数据业务配置;第 4 章讲解保护和时钟同步,将光传输网络配置进一步实用化;第 5 章介绍常用的光设备和器件,是认知性内容;第 6 章讲述了光缆路由、通信机房设计和敷设光缆的过程,并在设计中学会概预算分析的基本原则;第 7 章介绍的是当前光传输的主流技术,加强学生对光传输生活应用的认识,与实际紧密结合,加强就业竞争力。

本书有以下几个特点。

(1)编者有多年高职高专通信专业的教学经验,并在多年的光传输教学中不断地完善教学内容,使课程适合高职高专学生的学习基础,内容深入浅出、循序渐进,围绕实训内容讲解理论,理论知识浅显易懂,注重知识的实际应用。

(2)附有大量实际案例以及真实工程现场设备图片,加强学生对光传输的直观认识。

(3)三网融合推动着光缆全面取代电缆,这一方向的就业机会也大大增加,光缆线务工程也逐渐成为通信学习的热点;同时在全国高职高专技能大赛上,在通信组也明确提出了对通信光缆路由设计和通信机房设计的要求。竞赛引导着教学改革的方向,因此本教材在传统光传输教学内容的基础上,添加光缆通信线务以及通信机房设计的内容,并以 2009 年全国通信机房设计的样题进行部分修改后作为实训内容,增加学生的就业竞争力。

(4) 本书编者查阅了大量的资料,力争做到理论细致翔实;每个实训都是笔者亲自编写验证通过的,通过多年的教学实践有着很强的代表性。实现理论知识与技能训练结合、教学与自学结合,突出能力本位,提高操作能力,提高逻辑分析能力。

(5) 本书配备完善的电子资源,读者可以从清华大学出版社网站(www. tup. com. cn)上免费下载。

本书由天津职业大学的宋欣老师任主编,编写第 3～6 章、前言、绪论及附录部分,并完成全书的统稿工作;北京六所的廉明欢工程师编写第 2 章,并协助完成统稿工作;天津职业大学的艾艳锦老师编写第 1 章;安徽邮电学院的石炯老师编写第 7 章;重庆电讯职业学院的林稳章老师编写完善本书的配套电子资源。另外,中兴通讯学院的胡佳老师和李美桃老师在编写过程中帮助解答了很多技术难点问题;天津辉宏科技发展有限公司的石凯琪和韩俊玮提供了大量的现场图片;2009 年教育部组织的 3G 大赛中通信机房设计获得单项一等奖的华夏—龙同学根据实际竞赛题目设计了实训 10,并按照竞赛要求完成了实训 10 的CAD 设计和概预算内容;天津职业大学的郝新宇同学协助完成部分现场照片的拍摄工作,在此对他们表示最诚挚的谢意。

在编写过程中,笔者学习了大量有关 SDH 原理的前辈著作,感觉获益匪浅,在此向这些前辈作者表示致意。由于水平有限,书中难免存在错误和不妥之处,敬请广大读者批评指正。读者的反馈信息或者沟通交流可发送到电子邮箱 nancy. s@126. com 或者新浪博客http://blog. sina. com. cn/u/2259494151,我们在此表示衷心感谢!

编　者

2012 年 5 月

目　录

绪论 无处不在的光传输

光传输是在发送方和接收方之间以光信号形态进行传输的技术。光纤是光传输的传输媒介,在日常生活中得到了越来越广泛的应用。随着"三网融合"、"光纤到户"这些名词的深入人心,光传输也逐渐贴近了我们的生活。然而,对于光传输,大多数人都还觉得茫然而且抽象,相对其他专业课程而言距离我们太遥远。其实,只要注意观察,光传输在人们的生活中无处不在。

不知道大家在自己的住宅小区里是否见过如图 0-1 所示的这种类型的广告宣传页?

图 0-1　小区光纤宽带广告宣传页

广造宣传页中的"光纤社区宽带"区别于以往的宽带,就在于它是用光纤作为传输的媒介,是光传输系统的重要组成部分。

现在城市里手机基本上已经是人手一部,那么手机是怎么传输信号的,大家知道吗?可能大家会异口同声地回答说:天线!的确,现在城市中到处可见通信铁塔,中国移动的、中国联通的、中国电信的,上面挂着各式各样的天线,接收和发射着信号。可是大家知道这些天线又是怎么和基站相连,基站之间又怎么相连呢?如图 0-2 所示。

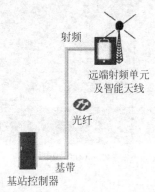

(a)基站铁塔　　　　　　　　　　(b)基站、天线与光纤连接示意图

图 0-2　基站铁塔、天线及光纤相连示意图

所谓的移动,只是天线到手机终端是无线的,但天线到基站以及基站之间信号的传递都是通过光纤进行的。现在世界上大约有 85% 的通信业务是通过光传输来完成的。

在城郊或农村,可能经常会注意到马路两旁的电线杆,这些电线杆以前在城市里很常见,后来由于美观等问题逐渐减少,现在基本只能在城郊和农村看到了。之所以称为电线杆,是因为人们理所当然地认为上面挂的是电线。其实,在很多地方的电线杆上挂着的是光缆而不是电缆;也有部分的电线杆上并行分布着电缆和光缆,一般光缆在下,电缆在上,称之为架空传输,如图 0-3 所示。

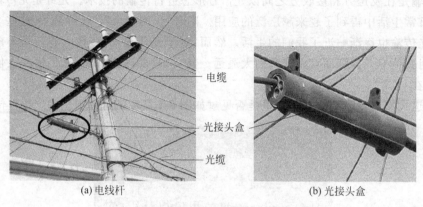

(a) 电线杆　　　　　　　　　　　　　　　(b) 光接头盒

图 0-3　架空光缆与光接头盒

架空光缆和电缆的主要区别在于,架空电缆基本上都是四根或者三根平行的电缆一起,而光缆单根即可。架空电缆多为直接架设,而光缆则需要通过杆路吊线托挂或捆绑(缠绕)架设,且每隔一段距离,架空光缆会有光接头盒接续。

那么城市里面是怎么进行光传输的呢?在城市,考虑到美观,一般采用管道光缆进行光传输。我们有没有注意到我们的脚下有这样那样的井盖呢?仔细观察可能会发现,各种井盖的中间都印有不同的字,比如说"污"就是污水处理管道,又比如说"水"就是水管道,而印有各个运营商字样标记的就是光传输管道。在专业中,通常称这些可以让人进入维修的管道口为"人孔",如图 0-4 所示。

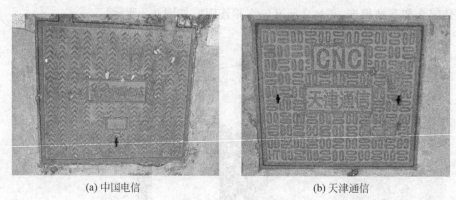

(a) 中国电信　　　　　　　　　　　　　　　(b) 天津通信

图 0-4　通信管道人孔口

当掀开人孔盖后,就可以看到里面的通信光缆了,如图 0-5 所示。

随着光缆的普及,如今几乎每个校园、社区或者架空线路中都会有光交接箱,它是用于光缆成端、跳接的交接设备,如图 0-6 所示。

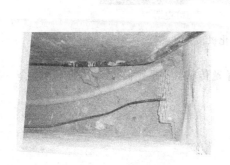

(a)　　　　　　　　　　　　(b)

图 0-5　管道光缆　　　　　　　　　　　图 0-6　光交接箱

目前正发展得如火如荼的"光纤到户"需要在每个用户门口安装入户终端盒,一些"光纤到楼"或者"光纤到路"的宽带在用户门口也会有这样的终端盒,如图 0-7 所示。

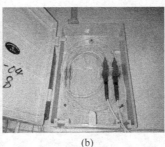

(a)　　　　　　　　(b)　　　　　　　　(c)

图 0-7　光终端盒

那么光缆又是通过什么入户的呢? 如图 0-8 所示。

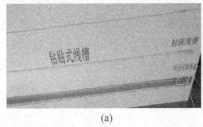

(a)　　　　　　　　　　　　(b)

图 0-8　各种入户线槽及波纹管

光纤入户后,除了最常用的光纤宽带还能用做什么呢? 我们都知道所谓的三网融合指的是电信网、广播电视网、互联网的融合,也就是说除了互联网以外,电信网和广播电视网也逐渐转向由光纤传输,如图 0-9 所示。

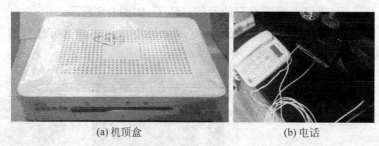

(a) 机顶盒　　　　　　　　　　　(b) 电话

图 0-9　光传输终端——IPTV 标准化机顶盒、电话

看了这么多,大家应该明白了吧?生活中处处都有光传输,只要我们大家认真观察,会发现光传输无所不在。

第1章 光传输技术理论基础

1.1 光纤通信基础知识

1.1.1 光纤通信发展史及光纤通信系统的组成

1. 光纤通信的概念

光纤通信是以光波为信息载体,以光纤为传输媒介的一种通信方式。即在发射端把信息调制到光波上,通过光纤把调制后的光波信号传送到接收端;接收端经过光/电转换和解调后,从光波信号中分离出传输的信息。光纤通信作为现代通信的一种主要传输方式,在现代电信网中起着举足轻重的作用。

2. 光纤通信发展简史

(1) 探索时期的光通信

① 中国古代用"烽火台"报警,欧洲人用旗语传送信息,这些都可以看做是原始形式的光通信。望远镜的出现又大大地延长了这种目视光通信的距离。

② 1880 年,美国人贝尔(Bell)发明了用光波做载波传送话音的"光电话"。这种电话利用太阳光或弧光作光源,通过透镜把光束聚集在光话器前的振动镜片上,使光强度随话音的变化而变化,实现话音对光强度的调制。当时这种光电话的传输距离很短,并没有实际的应用价值。贝尔"光电话"是现代光通信的雏形。

③ 1960 年,美国人梅曼(Maiman)发明了第一台红宝石激光器,给光通信带来了新的希望。激光器的发明和应用,使沉睡了 80 年的光通信进入一个崭新的阶段。

④ 在这个时期,美国麻省理工学院利用 He-Ne 激光器和 CO_2 激光器进行了大气激光通信试验。由于没有找到稳定可靠和低损耗的传输介质,对光通信的研究曾一度走入了低潮。

(2) 现代光纤通信

① 1966 年英籍华人高琨(C. K. Kao)博士发表了论文《用于光频的光纤表面波导》。该论文从理论上证明了用光纤作为传输介质以实现光通信的可能性,设计了通信用光纤的波导结构。高琨指出:石英纤维的高损耗率并非是其本身所固有的特性,而是由于材料中杂质的吸收产生的,因此,通过对材料的提纯可以制造出适合远距离通信使用的低损耗光纤。该论文被称为光纤通信的里程碑,奠定了现代光通信——光纤通信的基础。

高琨因在"有关光在纤维中的传输以用于光学通信方面"取得了突破性成就,获得了 2009 年诺贝尔物理学奖。发布会上,诺贝尔物理学奖评选委员会主席约瑟夫·努德格伦用一根光纤电缆形象地解释了高琨的重要成就。

② 1970 年之后,光纤研制取得了重大突破。

1970 年,美国康宁(Corning)公司研制成功损耗 20dB/km 的石英光纤,把光纤通信的研究开发推向一个新阶段。1972 年,康宁公司高纯石英多模光纤损耗降低到 4dB/km。

1973 年,美国贝尔(Bell)实验室的光纤损耗降低到 2.5dB/km,1974 年降低到 1.1dB/km。

1976 年,日本电报电话(NTT)公司将光纤损耗降低到 0.47dB/km(波长 1.2μm)。

在以后的 10 年中,波长为 1.55μm 的光纤损耗,1979 年是 0.20dB/km,1984 年是 0.157dB/km,1986 年是 0.154dB/km,接近了光纤最低损耗的理论极限。从此光纤的实际使用成为可能。

③ 1970 年之后,光纤通信用光源取得了实质性的进展。

1970 年,美国贝尔实验室、日本电气公司(NEC)和苏联先后研制成功室温下连续振荡的镓铝砷(GaAlAs)双异质结半导体激光器(短波长)。虽然寿命只有几个小时,但它为半导体激光器的发展奠定了基础。

1973 年,半导体激光器寿命达到 7000 小时。

1976 年,日本电报电话公司研制成功发射波长为 1.3μm 的铟镓砷磷(InGaAsP)激光器。

1977 年,贝尔实验室研制的半导体激光器寿命达到 10 万小时。

1979 年美国电报电话(AT&T)公司和日本电报电话公司研制成功发射波长为 1.55μm 的连续振荡半导体激光器。

由于光纤和半导体激光器的技术进步,使 1970 年成为光纤通信发展的一个重要里程碑。

④ 实用光纤通信系统的发展。

1976 年,美国在亚特兰大(Atlanta)进行了世界上第一个实用光纤通信系统的现场试验。

1980 年,美国标准化 FT-3 光纤通信系统投入商业应用。

1976 年和 1978 年,日本先后进行了速率为 34Mbps 的突变型多模光纤通信系统,以及速率为 100Mbps 的渐变型多模光纤通信系统的试验。1983 年敷设了纵贯日本南北的光缆长途干线。

随后,由美、日、英、法发起的第一条横跨大西洋 TAT-8 海底光缆通信系统于 1988 年建成。第一条横跨太平洋 TPC-3/HAW-4 海底光缆通信系统于 1989 年建成。从此,海底光缆通信系统的建设得到了全面展开,促进了全球通信网的发展。

综上所述,光纤通信的发展可以粗略地分为三个阶段。

第一阶段(1966—1976 年),这是从基础研究到商业应用的开发时期。

第二阶段(1976—1986 年),这是以提高传输速率和增加传输距离为研究目标和大力推广应用的大发展时期。

第三阶段(1986—1996 年),这是以超大容量超长距离为目标、全面深入开展新技术研究的时期。

3. 光纤通信系统的组成

光纤通信系统组成框图如图 1-1 所示。

(1)光发射机:光发射机是电光转换的光端机。它由驱动电路和光源两部分组成。它

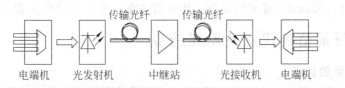

图 1-1　光纤通信系统的组成

的主要作用是将电端机输入的电信号对光源进行调制,使光源产生与电信号对应的光信号,然后将光信号耦合到光纤和光缆中传输。

(2)光接收机:光接收机的主要作用是将通过光纤传来的光信号转换为相应的电信号,经放大后进入电端机。

(3)光纤和光缆:光纤和光缆组成光纤传输线。它的功能是将由发射端光源发出的光信号,经远距离传输后耦合到接收端的检测器,完成传输任务。

(4)中继机:中继机也称中继站,含有中继站的光纤传输系统,称光纤中继通信。中继站的作用有两个:一是补偿光的衰减;二是对波形的失真脉冲进行整形。中继的主要作用就是延长传输距离。

光缆和中继机组成光传输设备,它们是光信号的传输通道。

(5)电端机:需传输的信息信号包括话音、图像及计算机数据等,电端机就是常规电通信中的载波机、图像设备及计算机等终端设备。对数字通信来说,信号在电端机内要进行A/D(模/数)及 D/A(数/模)转换,变换成数字信号。

4. 光纤通信系统的分类

(1)按传输信号分类

① 数字光纤通信系统。这是目前光纤通信主要的通信方式。输入采用脉冲编码(PCM)信号。数字光纤通信采用二进制信号,信息由脉冲的"有"和"无"表示,所以噪声不影响传输的质量。而且,数字光纤通信系统采用数字电路,易于集成以减少设备的体积和功耗,转接交换方便,便于与计算机结合等,有利于降低成本。

② 模拟光纤通信系统。若输入电信号不采用脉冲编码信号的通信系统即为模拟光纤通信系统。模拟光纤通信最主要的优点是占用带宽较窄,电路简单,不需要数字系统中的A/D 和 D/A 转换,所以价格便宜。目前电视传输,广泛采用模拟通信系统采用调频(FM)或调幅(AM)技术,传输几十至上百路电视。

(2)按波长和光纤类型分类

按波长及光纤类型可将光纤通信系统分为四类,这种分类代表了光纤技术的发展过程。当然,光纤技术的发展过程,也是光源和光电检测器相应发展的过程,同时也与高速率、低功耗的集成电路的不断研制成功密切相关。

① 短波长(0.85μm 左右)多模光纤系统:其通信容量一般为 480 路以下(速率在34Mbps 以下)。

② 长波长(1.3μm)多模光纤系统:其通信速率一般为 34~140Mbps,1983 年以前英国和美国所建长途干线大多属这一类。其中继距离为 25km 或 20km 以内。

③ 长波长(1.3μm)单模光纤系统:其通信速率一般为 140~560Mbps,自 1983 年起美、日、英等国兴建的长途干线均属这一类。其中继距离可达到 30~50km(140Mbps)。

④ 长波长(1.55μm)单模光纤系统:其通信速率一般为565Mbps以上。

1.1.2 光纤通信的优点及发展趋势

1. 光纤通信的优点

光纤通信之所以受到人们的极大重视,这是因为它具有无与伦比的优越性。

(1) 通信容量巨大。从理论上讲,一根光纤可以同时传输100亿个话路。虽然目前远未达到如此高的传输容量,但用一根光纤同时传输50万个话路的试验已经取得成功。一根光纤的传输容量如此巨大,而一根光缆中可以包括几十根甚至几百根光纤,如果再加上波分复用技术把一根光纤当做几根、几十根光纤使用,其通信容量之大就更加惊人了。

(2) 中继距离长。由于光纤具有极低的衰耗系数,若配以适当的光发送设备与光接收设备及光放大器,可使其中继距离达数十、数百公里。这是传统的电缆(1.5km)、微波(50km)等根本无法与之相比拟的。

(3) 保密性能好。光波在光纤中传输时只在其内芯区进行,没有光"泄漏"出去,因此其保密性能极好。

(4) 适应能力强。适应能力强是指,不怕外界强电磁场的干扰、耐腐蚀等。

(5) 体积小、重量轻、便于施工和维护。光缆的敷设方式方便灵活,既可以直埋、管道敷设,又可以在水底敷设或架空敷设。

2. 光纤通信的发展趋势

光纤通信以其独特的优点被认为是通信史上一次革命性的变革,促进了信息的交流和交换。光纤通信网将在长途通信网和市话通信网中代替现用的电缆通信网,这已被世界各国所公认。它的发展趋势可总结为以下几点。

(1) 光纤通信朝着网络化方向发展。未来的高速通信网将是全光网。全光网是光纤通信技术发展的最高阶段,也是理想阶段。传统的光网络实现了结点间的全光化,但在网络结点处仍采用电器件,限制了目前通信网干线总容量的进一步提高,因此真正的全光网已成为一个非常重要的发展方向。

全光网络以光结点代替电结点,结点之间也是全光化,信息始终以光的形式进行传输与交换,交换机对用户信息的处理不再按比特进行,而是根据其波长来决定路由。

目前,全光网络的发展仍处于初期阶段,但它已显示出了良好的发展前景。从发展趋势上看,形成一个真正的、以WDM(波分复用)技术与光交换技术为主的光网络层,建立纯粹的全光网络,消除电光瓶颈已成为未来光通信发展的必然趋势,更是未来信息网络的核心,也是通信技术发展的最高级别,更是理想级别。

(2) 光纤通信朝着长距离、大容量通信方向发展。超长距离传输技术、波分复用技术极大地提高了光纤传输系统的传输容量,在未来跨海光传输系统中有广阔的应用前景。近年来波分复用系统发展迅猛,目前1.6Tbps的WDM系统已经大量商用,同时全光传输距离也在大幅扩展。提高传输容量的另一种途径是采用光时分复用(OTDM)技术,与WDM通过增加单根光纤中传输的信道数来提高其传输容量不同,OTDM技术是通过提高单信道速率来提高传输容量,其实现的单信道最高速率达640Gbps。

仅靠OTDM和WDM来提高光通信系统的容量毕竟有限,可以把多个OTDM信号进行波分复用,从而大幅提高传输容量。

（3）光纤通信朝着超高速系统发展。从过去 20 多年的电信发展史看，网络容量的需求和传输速率的提高一直是一对主要矛盾。传统光纤通信的发展始终按照电的时分复用（TDM）方式进行，每当传输速率提高 4 倍，传输每比特的成本大约下降 30%～40%；因而高比特率系统的经济效益大致按指数规律增长，这就是为什么光纤通信系统的传输速率在过去 20 多年来一直在持续增加的根本原因。目前商用系统已从 45Mbps 增加到 10Gbps，其速率在 20 年时间里增加了 2000 倍，比同期微电子技术的集成度增加速度还快得多。高速系统的出现不仅增加了业务传输容量，而且也为各种各样的新业务，特别是宽带业务和多媒体提供了实现的可能。

1.2　SDH 传输技术

1.2.1　PDH 与 SDH

为了在同一信道中增加通信容量，必须采用多路复用的方法，提供传输速率。目前，大容量的数字光纤通信系统均采用同步时分复用（TDM）技术，并且存在着两种传输体制：准同步数字通信系统 PDH 和同步数字通信系统 SDH。

PDH（Plesiochronous Digital Hierarchy，准同步数字系列）在数字通信系统中，传送的信号都是数字化的脉冲序列。这些数字信号流在数字交换设备之间传输时，其速率必须完全保持一致，才能保证信息传送的准确无误，这就叫做"同步"。

采用准同步数字系列（PDH）的系统，是在数字通信网的每个结点上都分别设置高精度的时钟，这些时钟的信号都具有统一的标准速率。尽管每个时钟的精度都很高，但总还是有一些微小的差别。为了保证通信的质量，要求这些时钟的差别不能超过规定的范围。因此，这种同步方式严格来说不是真正的同步，所以叫做"准同步"。

SDH（Synchronous Digital Hierarchy，同步数字系列），像 PDH 一样，SDH 这种传输体制规范了数字信号的帧结构、复用方式、传输速率等级、接口码型等特性。根据 ITU-T 的建议定义，SDH 是为不同速度的数位信号的传输提供相应等级的信息结构，包括复用方法和映射方法，以及相关的同步方法组成的一个技术体制。

当今社会是信息社会，高度发达的信息社会要求通信网能提供多种多样的电信业务，通过通信网传输、交换、处理的信息量将不断增大，这就要求现代化的通信网向数字化、综合化、智能化和个人化方向发展。

传输系统是通信网的重要组成部分，传输系统的好坏直接制约着通信网的发展。当前世界各国大力发展的信息高速公路，其中一个重点就是组建大容量的传输光纤网络，不断提高传输线路上的信号速率，扩宽传输频带，就好比一条不断扩展的能容纳大量车流的高速公路。同时，用户希望传输网能有世界范围的接口标准，能实现我们这个地球村中的每一个用户能随时随地便捷地通信。

目前传统的由 PDH 传输体制组建的传输网，由于其复用的方式很明显地不能满足信号大容量传输的要求，另外 PDH 体制的地区性规范也使网络互联增加了难度，由此看出在通信网向大容量、标准化发展的今天，PDH 的传输体制已经越来越成为现代通信网的瓶颈,制约了传输网向更高的速率发展。由于 PDH 传输体制越来越不适应传输网的发展,于是美国贝尔通信研究所首先提出了用一整套分等级的标准数字传递结构组成的同步网络(SONET)体制。CCITT 于 1988 年接受了 SONET 概念,并重命名为同步数字体系(SDH),使其成为不仅适用于光纤传输,也适用于微波和卫星传输的通用技术体制。

1.2.2 SDH 相对于 PDH 的优势

1. 接口方面

(1) 接口的规范化与否是决定不同厂家的设备能否互连的关键。PDH 只有地区性的电接口规范,不存在世界性标准。现有的 PDH 数字信号序列有三种信号速率等级:欧洲系列、北美系列和日本系列。各种信号系列的电接口速率等级以及信号的帧结构、复用方式均不相同,这种局面造成了国际互通的困难,不适应当前随时随地便捷通信的发展趋势。三种信号系列的电接口速率等级如图 1-2 所示。

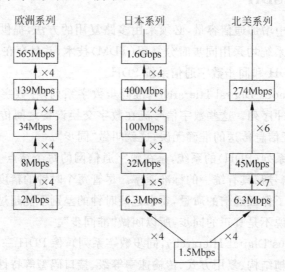

图 1-2 电接口速率等级图

SDH 体制对网络结点接口(NNI)作了统一的规范。规范的内容有数字信号速率等级、帧结构、复接方法、线路接口、监控管理等。于是这就使 SDH 设备容易实现多厂家互连,也就是说在同一传输线路上可以安装不同厂家的设备,体现了横向兼容性。

SDH 体制有一套标准的信息结构等级,即有一套标准的速率等级。基本的信号传输结构等级是同步传输模块——STM-1,相应的速率是 155Mbps。高等级的数字信号系列,例如 622Mbps(STM-4)、2.5Gbps(STM-16)等,可通过将低速率等级的信息模块(例如 STM-1)通过字节间插同步复接而成,复接的个数是 4 的倍数,例如:STM-4=4×STM-1,STM-16=4×STM-4。

(2) PDH 没有世界性标准的光接口规范。为了完成设备对光路上的传输性能进行监控,各厂家各自采用自行开发的线路码型。典型的例子是 $mBnB$ 码,其中 mB 为信息码,nB 是冗余码。冗余码的作用是实现设备对线路传输性能的监控功能。由于冗余码的接入使同一速率等级上光接口的信号速率大于电接口的标准信号速率,不仅增加了发光器的光功率代价,而且由于各厂家在进行线路编码时,为完成不同的线路监控功能,在信息码后加上不同的冗余码,导致不同厂家同一速率等级的光接口码型和速率也不一样,致使不同厂家的设备无法实现横向兼容。这样在同一传输路线两端必须采用同一厂家的设备,给组网、管理及网络互通带来困难。

而 SDH 线路接口(这里指光口)采用世界性统一标准规范,SDH 信号的线路编码仅对信号进行扰码,不再进行冗余码的插入。扰码的标准是世界统一的,这样对端设备仅需通过标准的解码器就可与不同厂家 SDH 设备进行光口互连。扰码的目的是抑制线路码中的长连"0"和长连"1",便于从线路信号中提取时钟信号。由于线路信号仅通过扰码,所以 SDH 的线路信号速率与 SDH 电口标准信号速率相一致,这样就不会增加发端激光器的光功率代价。

2. 复用方式

现在的 PDH 体制中,只有 1.5Mbps 和 2Mbps 速率的信号(包括日本系列 6.3Mbps 速率的信号)是同步的,其他速率的信号都是异步的,需要通过码速的调整来匹配和容纳时钟的差异。由于 PDH 采用异步复用方式,那么就导致当低速信号复用到高速信号时,其在高速信号的帧结构中的位置无规律性和固定性。也就是说在高速信号中不能确认低速信号的位置,而这一点正是能否从高速信号中直接分/插出低速信号的关键所在。正如你在一堆人中寻找一个没见过的人时,若这一堆人排成整齐的队列,那么你只要知道所要找的人站在这堆人中的第几排和第几列,就可以将他找了出来。若这一堆人杂乱无章地站在一起,若要找到你想找的人,就只能一个一个地按照片去寻找了。

既然 PDH 采用异步复用方式,那么从 PDH 的高速信号中就不能直接地分/插出低速信号,也就是说,从高速信号中分/插出低速信号要一级一级地进行。例如,从 140Mbps 的信号中分/插出 2Mbps 低速信号要经过如下过程,如图 1-3 所示。

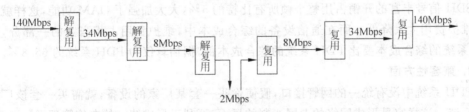

图 1-3　从 140Mbps 信号分/插出 2Mbps 信号示意图

从图 1-3 可以看出,在将 140Mbps 信号分/插出 2Mbps 信号过程中,使用了大量的"背靠背"设备。通过三级解复用设备从 140Mbps 的信号中分出 2Mbps 低速信号;再通过三级复用设备将 2Mbps 的低速信号复用到 140Mbps 信号中。一个 140Mbps 信号可复用进 64 个 2Mbps 信号,若在此处仅仅从 140Mbps 信号中上/下一个 2Mbps 的信号,也需要全套的三级复用和解复用设备。这样不仅增加了设备的体积、成本、功耗,还增加了设备的复杂性,降低了设备的可靠性。

由于低速信号分/插到高速信号要通过层层的复用和解复用过程,这样就会使信号在复用/解复用过程中产生的损伤加大,使传输性能劣化,在大容量传输时,此种缺点是不能容忍的。这也就是为什么 PDH 体制传输信号的速率没有更进一步提高的原因。

而在 SDH 传输体制中,由于低速 SDH 信号是以字节间插方式复用进高速 SDH 信号的帧结构中的,这样就使低速 SDH 信号在高速 SDH 信号的帧中的位置是固定的、有规律性的,也就是说是可预见的。这样就能从高速 SDH 信号(如 2.5Gbps(STM-16))中直接分/插出低速 SDH 信号(如 155Mbps(STM-1)),这样就简化了信号的复接和分接,使 SDH 体制特别适合于高速大容量的光纤通信系统。

另外,由于采用了同步复用方式和灵活的映射结构,可将 PDH 低速支路信号(例如 2Mbps)复用进 SDH 信号的帧中去(STM-N),这样使低速支路信号在 STM-N 帧中的位置也是可预见的,于是可以从 STM-N 信号中直接分/插出低速支路信号。注意,此处不同于前面所说的从高速 SDH 信号中直接分插出低速 SDH 信号,此处是指从 SDH 信号中直接分/插出低速支路信号,例如 2Mbps、34Mbps 与 140Mbps 等低速信号。于是节省了大量的复接/分接设备("背靠背"设备),增加了可靠性,减少了信号损伤、设备成本、功耗、复杂性等,使业务的上、下更加简便。

SDH 的这种复用方式使数字交叉连接(DXC)功能更易于实现,使网络具有很强的自愈功能,便于用户按需动态组网,实时灵活的业务调配。

3. 运行维护方面

PDH 信号的帧结构里用于运行维护工作(OAM)的开销字节不多,这也就是为什么在设备进行光路上的线路编码时,要通过增加冗余编码来完成线路性能监控功能。由于 PDH 信号运行维护工作的开销字节少,这对完成传输网的分层管理、性能监控、业务的实时调度、传输带宽的控制、告警的分析定位是很不利的。

SDH 信号的帧结构中安排了丰富的用于运行维护(OAM)功能的开销字节,使网络的监控功能大大加强,也就是说维护的自动化程度大大加强。PDH 的信号中开销字节不多,以至于在对线路进行性能监控时,还要通过在线路编码时加入冗余比特来完成。以 PCM30/32 信号为例,其帧结构中仅有 TS0 时隙和 TS16 时隙中的比特用于 OAM 功能。

SDH 信号丰富的开销占用整个帧所有比特的 5%,大大加强了 OAM 功能,这样就使系统的维护费用大大降低。而在通信设备的综合成本中,维护费用占相当大的一部分,于是 SDH 系统的综合成本要比 PDH 系统的综合成本低,据估算仅为 PDH 系统的 65.8%。

4. 兼容性方面

PDH 系统中没有统一的网管接口,假使你买一套某厂家的设备,就需买一套该厂家的网管系统。这样容易形成网络的七国八制的局面,不利于形成统一的电信管理网。

而 SDH 有很强的兼容性,这也就意味着当组建 SDH 传输网时,原有的 PDH 传输网不会作废,两种传输网可以共同存在,也就是说可以用 SDH 网传送 PDH 业务。另外,异步转移模式的信号(ATM)、FDDI 信号等其他体制的信号也可用 SDH 网来传输。

那么 SDH 传输网是怎样实现这种兼容性的呢? SDH 网中用 SDH 信号的基本传输模块(STM-1)可以容纳 PDH 的三个数字信号系列和其他的各种体制的数字信号系列——ATM、FDDI、DQDB 等,从而体现了 SDH 的前向兼容性和后向兼容性,确保了 PDH 向 SDH 和 SDH 向 ATM 的顺利过渡。SDH 是怎样容纳各种体制的信号呢? 很简单,SDH 把各种体制的低速信号在网络边界处(如 SDH/PDH 起点)复用进 STM-1 信号的帧结构中,在网络边界处(终点)再将它们拆分出来即可,这样就可以在 SDH 传输网上传输各种体制的数字信号了。

5. SDH 的缺陷所在

凡事有利就有弊，SDH 的这些优点是以牺牲其他方面为代价的。

（1）带宽的利用率不如 PDH 系统。在相同的信号速率下，SDH 的电路容量稍低于 PDH 系统。如 PDH 四次群 140Mbps 可容纳 64 个 2Mbps，而 SDH 的 STM-1 即 155Mbps 只能容纳 63 个 2Mbps。

（2）大量的软件控制，有可能产生重大故障。由于大规模地采用软件控制，在网络层上的人为错误或软件故障有可能导致整个网络发生重大事故。这就对操作人员的素质、软件的可靠性提出了更高的要求。

SDH 体制是一种新生事物，尽管还有这样那样的缺陷，但它已在传输网的发展中，显露出了强大的生命力，传输网从 PDH 过渡到 SDH 已是一个必然的趋势。

1.2.3　SDH 的帧结构

ITU-T 规定 STM-N 的帧是以字节（1B＝8bit）为单位的矩形块状帧结构，如图 1-4 所示。图中可见 STM-N 的信号是 9 行×270×N 列的帧结构。此处的 N 与 STM-N 中的 N 一致，取值范围为：1，4，16，64，表示此信号由 N 个 STM-1 信号通过字节间插复用而成。所以 STM-1 是 9 行×270 列的块状帧，且当 N 个 STM-1 信号通过字节间插复用成 STM-N 信号时，仅仅是将 STM-1 信号的列按字节间插复用，行数恒定为 9 行。

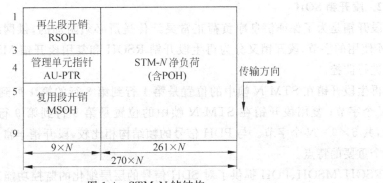

图 1-4　STM-N 帧结构

为了便于对信号进行分析，往往将信号的帧结构等效为块状帧结构，这不是 SDH 信号所特有的。PDH 信号、ATM 信号、分组交换的数据包，它们的帧结构都算是块状帧，例如 E1 信号的帧是 32 个字节组成的 1 行 32 列的块状帧；ATM 信号是 53 个字节构成的块状帧，将信号的帧结构等效为块状仅仅是为了分析的方便。

信号在线路上传输时是一个比特一个比特的进行传输的，那么这个块状帧是怎样在线路上进行传输的呢？STM-N 信号的传输也遵循按比特的传输方式，SDH 信号帧传输的原则是帧结构中的字节（8bit）从左到右，从上到下一个字节一个字节，一个比特一个比特地传输，传完一行再传下一行，传完一帧再传下一帧。

ITU-T 规定对于任何级别的 STM 等级帧频都是 8000 帧/秒，即帧长或帧周期为恒定的 125μs。帧周期的恒定是 SDH 信号的一大特点，而 PDH 不同等级信号的帧周期是不恒定的。由于帧周期的恒定使 STM-N 信号的速率有其规律性，例如 STM-4 的传输速率恒定地等于 STM-1 信号传输速率的 4 倍；STM-16 恒定等于 STM-4 的 4 倍，等于 STM-1 的

16 倍,而 PDH 中的 E2 信号速率不等于 E1 信号速率的 4 倍。SDH 信号的这种规律性,使高速 SDH 信号直接分/插出低速 SDH 信号成为可能,特别适用于大容量的传输情况。

STM-N 的帧频为 8000 帧/秒,这就是说信号帧中某一特定字节每秒被传送 8000 次,那么该字节的比特速率是 8000×8bit=64Kbps。又由于 STM-N 是一个 270×N 列 9 行的块状帧结构,因此,STM-1 的速率就是 270×9×64Kbps=155.520Mbps;STM-N 的速率就是 STM-1 速率×N。

从图 1-4 中看出 STM-N 的帧结构由 3 部分组成:段开销,包括再生段开销 RSOH 和复用段开销 MSOH;管理单元指针 AU-PTR;信息净负荷 payload。下面分别讲述这几部分的功能。

1. 信息净负荷 payload

信息净负荷是在 STM-N 帧结构中存放将由 STM-N 传送的各种信息码块的地方。信息净负荷区相当于 STM-N 这辆运货车的车厢,车厢内装载的货物就是经过打包的低速信号。待运输的货物为了实时监测打包的低速信号在传输过程中是否有损坏,在将低速信号打包的过程中加入了监控开销字节——通道开销 POH 字节。POH 作为净负荷的一部分与信息码块一起装载在 STM-N 这辆货车上在 SDH 网中传送,它负责对打包的低速信号进行通道性能监视管理和控制。信息净负荷并不等于有效负荷,因为在低速信号中加上了相应的 POH。

2. 段开销 SOH

段开销是为了保证信息净负荷正常灵活传送所必须附加的,供网络运行、管理和维护 OAM 使用的字节,段开销又分为再生段开销 RSOH 和复用段开销 MSOH,分别对相应的段层进行监控。

再生段开销在 STM-N 帧中的位置是第 1 行到第 3 行的第 1 列到第 9×N 列,共 3×9×N 个字节;复用段开销在 STM-N 帧中的位置是第 5 行到第 9 行的第 1 列到第 9×N 列,共 5×9×N 个字节。与 PDH 信号的帧结构相比较,段开销丰富是 SDH 信号帧结构的一个重要的特点。

RSOH、MSOH、POH 提供了对 SDH 信号的层层细化的监控功能。例如对于 STM-16 系统,RSOH 监控的是整个 STM-16 的信号传输状态;MSOH 监控的是 STM-16 中每一个 STM-1 信号的传输状态;POH 则是监控每一个 STM-1 中每一个打包了的低速支路信号(例如 E1)的传输状态。这样通过开销的层层监管功能,可以方便地从宏观(整体)和微观(个体)的角度来监控信号的传输状态,便于分析、定位。

3. 管理单元指针 AU-PTR

管理单元指针位于 STM-N 帧中第 4 行的 9×N 列共 9×N 个字节。AU-PTR 起什么作用呢?我们讲过 SDH 能够从高速信号中直接分/插出低速支路信号,例如 2Mbps。为什么会这样呢?这是因为低速支路信号在高速 SDH 信号帧中的位置有预见性,指针 AU-PTR 是用来指示信息净负荷的第一个字节在 STM-N 帧内的准确位置的指示符,以便收端能根据这个位置指示符的指针值正确分离信息净负荷。

这句话怎样理解呢?若仓库中以堆为单位存放了很多货物,每堆货物中的各件货物(低速支路信号)的摆放是有规律性的(字节间插复用),那么若要定位仓库中某件货物的位置,就只要知道这堆货物的具体位置就可以了,即只要知道这堆货物的第一件货物放在哪儿,然后通过本堆货物摆放位置的规律性,就可以直接定位出本堆货物中任一件货物的准确位置,这样就可以直接从仓库中搬运(直接分/插某一件特定低速支路信号)。AU-PTR 的作用就是指示这堆货物中第一件货物的位置。

指针有高低阶之分,高阶指针是 AU-PTR,低阶指针是 TU-PTR。支路单元指针 TU-PTR 的作用类似于 AU-PTR,只不过所指示的货物堆更小一些而已。

1.2.4　SDH 基本复用单元

1. 信息容器(C)

信息容器的功能时将常用的 PDH 信号适配进入标准容器。目前,针对常用的 PDH 信号速率,国际已经规定了 5 种标准容器:C-11、C-12、C-2、C-3 与 C-4。我国使用其中的三种,如表 1-1 所示。

表 1-1　我国使用的信息容器

种　类	装载信号种类	结　　构	速率/Mbps
C-12	2Mbps	9 行×4 列—2	2.176
C-3	34/45Mbps	9 行×84 列	48.384
C-4	140Mbps	9 行×260 列	149.760

2. 虚容器(VC)

由信息容器出来的数字流加上通道开销后就构成了虚容器,这是 SDH 中最重要的一种信息结构,主要支持通道层连接。国际规范了 5 种虚容器,我国使用其中的三种,如表 1-2 所示。

表 1-2　我国使用的虚容器

种　类	装载信号种类	结　　构	速率/Mbps
VC-12	2Mbps	9 行×4 列—1	2.240
VC-3	34/45Mbps	9 行×85 列	48.960
VC-4	2/34/45/140Mbps	9 行×261 列	150.336

3. 支路单元(TU)

支路单元是一种为低阶通道层与高阶通道层提供适配功能的信息结构,它由低阶 VC 与 TU-PTR 组成。其中 TU-PTR 用来指明低阶 VC 在 TU 帧内的位置,因而允许低阶 VC 在 TU 帧内的位置浮动,但 TU-PTR 本身在 TU 帧内的位置是固定的。我国使用的支路单元如表 1-3 所示。

表 1-3　我国使用的支路单元

种　类	构　　成	结　　构	速率/Mbps
TU-12	VC-12+TU-PTR	9 行×4 列	2.304
TU-3	VC-3+TU-PTR	9 行×85 列+3	49.152

4. 支路单元组(TUG)

一个或多个在低阶 VC 净负荷中占有固定位置的 TU 组成支路单元组。我国使用的支路单元组如表 1-4 所示。

表 1-4　我国使用的支路单元组

种　类	构　成	结　构	速率/Mbps
TUG-2	TU-12×3	9 行×12 列	6.912
TUG-3	TUG-2×7	9 行×86 列	49.536

5. 管理单元（AU）

管理单元是一种为高阶通道层与复用段层提供适配功能的信息结构,它由高阶 VC 与 AU-PTR 组成。其中 AU-PTR 用来指明高阶 VC 在 STM-N 帧内的位置,因而允许高阶 VC 在 STM-N 帧内的位置浮动,但 AU-PTR 本身在 STM-N 帧内的位置是固定的。

6. 管理单元组（AUG）

一个或多个在 STM 帧中占有固定位置的 AU 组成管理单元组,它由若干个 AU-3 或单个 AU-4 按字节间插方式均匀组成。

1.2.5　映射、定位和复用的概念

在将低速支路信号复用成 STM-N 信号时要经过 3 个步骤:映射、定位和复用。

映射是一种在 SDH 网络边界处,例如 SDH/PDH 边界处将支路信号适配进虚容器的过程。像我们经常使用的将各种速率 140Mbps、34Mbps、2Mbps 信号先经过码速调整分别装入到各自相应的标准容器中,再加上相应的低阶或高阶的通道开销形成各自相对应的虚容器的过程。

定位是指通过指针调整,使指针的值时刻指向低阶 VC 帧的起点(在 TU 净负荷中)或高阶 VC 帧的起点(在 AU 净负荷中)的具体位置,使收端能据此正确地分离相应的 VC。

复用是一种使多个低阶通道层的信号适配进高阶通道层,例如 TU-12(×3)→TUG-2(×7)→TUG-3(×3)→VC-4;或把多个高阶通道层信号适配进复用层的过程,例如 AU-4(×1)→AUG(×N)→STM-N。复用也就是通过字节交错间插方式把 TU 组织进高阶 VC 或把 AU 组织进 STM-N 的过程。由于经过 TU 和 AU 指针处理后的各 VC 支路信号已相位同步,因此该复用过程是同步复用。

1.2.6　SDH 的复用结构和步骤

SDH 的复用包括两种情况:一种是由 STM-1 信号复用成 STM-N 信号;另一种是由低速 PDH 支路信号(如 2Mbps、34Mbps、140Mbps)复用成 SDH 信号 STM-N。

第一种情况的复用方法是通过字节间插的同步复用方式来完成的,复用的基数是 4,即 4 个 STM-1 复用成一个 STM-4,4 个 STM-4 复用成一个 STM-16,4 个 STM-16 复用成一个 STM-64。在复用过程中保持帧频不变(8000 帧/s),这就意味着高一级的 STM-N 信号是低一级的 STM-N 信号速率的 4 倍。在进行字节间插复用过程中,各帧的信息净负荷和指针字节按原值进行字节间插,而段开销则 ITU-T 另有规范。在同步复用形成的 STM-N 帧中,STM-N 的段开销并不是所有低阶 STM-N 帧中的段开销间插复用而成,而是舍弃了某些低阶帧中的段开销。

举例来说明字节间插复用方式。假如有 3 个信号 A、B、C,每帧皆由 3 字节组成,如

图 1-5 所示,那么这三个信号经过字节间插复用方式后得到的信号 D 帧结构如图 1-6 所示。

图 1-5　字节间插复用(1)

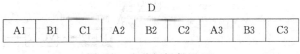

图 1-6　字节间插复用(2)

第二种情况的复用就是将各级 PDH 信号复用进 STM-N 信号中去。在期间要经历三个步骤:映射、定位、复用。复用是依据复用线路图进行的,ITU-T 规定的线路图有多种,ITU-T 在 G.709 建议中给出了 SDH 的通用复用映射结构如图 1-7 所示。

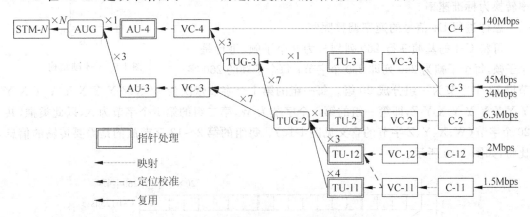

图 1-7　SDH G.709 复用映射结构

图中的复用结构中包括一些基本复用单元:C-(容器)、VC-(虚容器)、TU-(支路单元)、TUG-(支路单元组)、AU-(管理单元)、AUG-(管理单元组),这些复用单元的下标表示与此复用单元相应的信号级别。从图中可以看出一个有效负荷到 STM-N 的复用路线不是唯一的,有多条路线(即有多种复用方法)。这里需要说明的是 8Mbps 的 PDH 支路信号是无法复用成 STM-N 的。

对于某一个国家或者地区的具体应用来说,为了简化设备,可根据网络和业务需要,省去某些接口和复用映射支路。我国的光同步传输网技术体制规定了以 2Mbps 信号为基础的 PDH 系列作为 SDH 的有效负荷,并选用 AU-4 的复用路线,其机构如图 1-8 所示。

下面对 2Mbps、34Mbps、140Mbps 的 PDH 信号如何复用进 STM-N 信号进行详细介绍。

1. 140Mbps 信号复用进 STM-N

(1)首先将 PDH 的四次群信号(139.264Mbps,常近似为 140Mbps 信号)经过正码速调整(比特塞入法)适配进 C-4。C-4 是用来装载 140Mbps 的 PDH 信号的标准信息结构,容器的主要作用是进行速率调整。C-4 的帧结构如图 1-9 所示。

17

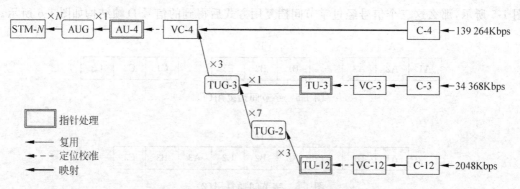

图 1-8　我国的 SDH 基本复用映射结构

所谓对异步信号进行速率适配,其实际含义就是指当异步信号的速率在一定范围内变动时,通过码速调整可将其速率转换为标准速率。

怎样进行 E4 信号的速率调整呢?

可将 C-4 的基帧 9 行 260 列划分为 9 个子帧,每行是一个子帧,每个子帧为 260 列即 260 个字节;每个子帧的 260 字节以 13 个字节为一组分成 20 组。每一组的第 1 个字节依次为 W X Y Y Y X Y Y Y X Y Y X Y Y Y X Y Z,即第一组的第 1 个字节为 W,第二组的第 1 个字节为 X,以此类推,共 20 个字节(W、X、Y、Z 字节的含义见图 1-10)。每组的第 2~13 字节放的是需要传输的信息比特,如图 1-10 所示。

图 1-9　C-4 帧结构

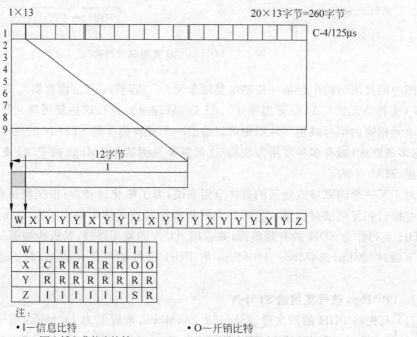

注:
• I—信息比特
• O—开销比特
• R—固定插入非信息比特
• C—正码速调整中控制比特
• S—正码速调整中码速调整位置

图 1-10　C-4 的子帧结构

一个子帧中每个 13 字节块的后 12 个字节均为 W 字节,再加上第一个 13 字节的第一个字节也是 W 字节,共 241 个 W 字节,5 个 X 字节,13 个 Y 字节,1 个 Z 字节,各字节的比特内容见图 1-10。那么一个子帧的组成是 C-4 子帧＝241W＋13Y＋5X＋1Z＝260B＝1934I＋S＋5C＋130R＋10O＝2080bit。

一个 C-4 子帧总计有 8×260＝2080bit,其分配是:

信息比特 I 占 1934bit,固定塞入比特 R 占 130bit,开销比特 O 占 10bit,调整控制比特 C 占 5bit,调整机会比特 S 占 1bit。

C 比特主要用来控制相应的调整机会比特 S,当 CCCCC＝00000 时,S＝I;当 CCCCC＝11111 时,S＝R。分别令 S 为 I 或 S 为 R,可算出 C-4 容器能容纳的信息速率的上限和下限:

当 S＝I 时,C-4 能容纳的信息速率最大,$C\text{-}4_{max}=(1934+1)\times9\times8000=139.320\text{Mbps}$;

当 S＝R 时,C-4 能容纳的信息速率最小,$C\text{-}4_{min}=(1934+0)\times9\times8000=139.248\text{Mbps}$。

即 C-4 容器能容纳的 E4 信号的速率范围是 139.248～139.32Mbps,而符合 G.703 规范的 E4 信号速率范围是(139.261～139.266Mbps)这样 C-4 容器就可以装载速率在一定范围内的 E4 信号,也就是可以对符合 G.703 规范的 E4 信号进行速率适配,适配后为标准 C-4 速率 149.760Mbps。

(2) 为了能够对 140Mbps 的通道信号进行监控,在复用过程中要在 C-4 的块状帧前加上一列高阶通道开销 VC-4 POH,此时信号成为 VC-4 信息结构,如图 1-11 所示。

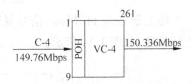

图 1-11　VC-4 结构图

VC-4 是与 140Mbps PDH 信号相对应的标准虚容器,此过程相当于对 C-4 信号再打一个包封,将对通道进行监控管理的开销 POH 打入包封中去,以实现对通道信号的实时监控。

虚容器 VC 的包封速率也是与 SDH 网络同步的,不同的 VC(例如与 2Mbps 相对应的 VC-12,与 34Mbps 相对应的 VC-3)是相互同步的,而虚容器内部却允许装载来自不同容器的异步净负荷虚容器。这种信息结构在 SDH 网络传输中保持其完整性不变,即可将其看成独立的单位,十分灵活和方便地在通道中任一点插入或取出,进行同步复用和交叉连接处理。

其实从高速信号中直接定位上/下的是相应信号的 VC 这个信号包,然后通过打包/拆包来上/下低速支路信号。在将 C-4 打包成 VC-4 时,要加入 9 个开销字节位于 VC-4 帧的第一列,这时 VC-4 的帧结构就成了 9 行 261 列。PDH 信号经打包成 C,再加上相应的通道开销而成 VC 这种信息结构,这个过程就叫映射。

(3) 货物都打了标准的包封,现在就可以往 STM-N 这辆车上装载了,装载的位置是其信息净负荷区。在装载货物 VC 的时候会出现这样一个问题:当货物装载的速度与货车

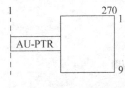

图 1-12　AU-4 结构图

等待装载的时间 STM-N 的帧周期 125μs 不一致时,就会使货物在车厢内的位置浮动,那么在收端怎样才能正确分离货物包呢?SDH 采用在 VC-4 前附加一个管理单元指针 AU-PTR 来解决这个问题。此时信号由 VC-4 变成了管理单元 AU-4 这种信息结构,如图 1-12 所示。

AU-4 这种信息结构已初具 STM-1 信号的雏形，9 行 270 列，只不过缺少 SOH 部分。这种信息结构其实也算是将 VC-4 信息包再加了一个包封 AU-4。

管理单元为高阶通道层和复用段层提供适配功能，由高阶 VC 和 AU 指针组成。AU 指针的作用是指明高阶 VC 在 STM 帧中的位置，即指明 VC 货包在 STM-N 车厢中的具体位置，通过指针的作用允许高阶 VC 在 STM 帧内浮动，即允许 VC-4 和 AU-4 有一定的频偏和相差。也可以这样说，允许 VC-4 的速率和 AU-4 包封速率（装载速率）有一定的差异，这种差异性不会影响收端正确的定位分离 VC-4（尽管货物包可能在车厢内信息净负荷区浮动），但是 AU-PTR 本身在 STM 帧内的位置是固定的。

AU-PTR 不在净负荷区而是和段开销在一起，保证了收端能正确地在相应位置找到

图 1-13　加入段开销后的 AU-4
构成 STM-1

AU-PTR，进而通过 AU 指针定位 VC-4 的位置，进而从 STM-N 信号中分离出 VC-4。

一个或多个在 STM 帧由占用固定位置的 AU 组成 AUG（管理单元组）。

（4）最后一步，将 AU-4 加上相应的 SOH 合成 STM-1 信号；N 个 STM-1 信号通过字节间插复用成 STM-N 信号，如图 1-13 所示。

综上所述是 140Mbps 信号复用进 STM-N 信号的过程。这一过程可以用一个总图来进行描述，如图 1-14 所示。

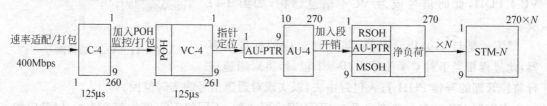

图 1-14　140Mbps 信号复用全过程

这里请注意，STM-N 并不是 STM-1 机械的字节间插复用的结果，其中段开销的复用是有一定不同的，具体复用方式参照段开销部分内容。

2. 34Mbps 信号复用进 STM-N

（1）34Mbps 信号经过码速调整将其适配到相应的标准容器 C-3 中，C-3 结构如图 1-15 所示。

（2）在 C-3 中加入相应的通道开销（此处的开销与 VC-4 中的开销是一样的）形成 VC-3，结构如图 1-16 所示。

图 1-15　C-3 结构图　　　图 1-16　VC-3 结构图

（3）为了便于接收端辨认 VC-3，在 VC-3 的帧前面加上 3 个字节（H1～H3）的指针——TU-PTR（支路单元指针），如图 1-17 所示。此时的信息结构是支路单元 TU-3。

（4）图 1-17 中 TU-3 的帧结构有残缺，为了补齐缺口将第 1 列中 H1～H3 余下的 6 个字节都填充亚信息（R），形成如图 1-18 所示的帧结构。它就是 TUG-3 支路单元组。

（5）三个 TUG-3 通过字节间插复用方式复合成 C-4 信号结构，复合结果如图 1-19 所示。因为 TUG-3 是 9 行 86 列的信息结构，所以 3 个 TUG-3 通过字节间插复用方式复合后的信息结构是 9 行 258 列的块状帧结构，而 C-4 是 9 行 260 列的块状帧结构，于是在 3×TUG-3 的合成结构前面加两列塞入比特，使其成为 C-4 的信息结构。

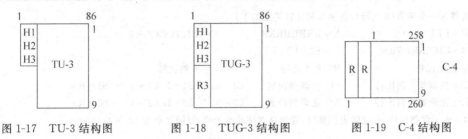

图 1-17　TU-3 结构图　　图 1-18　TUG-3 结构图　　图 1-19　C-4 结构图

（6）接下来的步骤就是从 C-4 复用成 STM-N 的过程了，即 C-4→VC-4→AU-4→AUG→STM-N。

3．2Mbps 信号复用进 STM-N

2Mbps 信号复用进 STM-N 的过程是最重要，也是最复杂的。

（1）2Mbps 信号经过速率适配装载进其对应的标准容器 C-12 中，为了速率适配的方便采用了复帧的概念，即将四个 C-12 基帧组成一个复帧，C-12 基帧频率是 8000 帧/s，则复帧帧频即为 2000 帧/s。采用复帧纯粹是为了码速适配的方便。例如若 E1 信号的速率是标准的 2.048Mbps，那么装入 C-12 时正好是每个基帧装入 32 个字节（256 比特）有效信息。因为 C-12 帧频 8000 帧/s，PCM30/32［E1］信号也是 8000 帧/s。但当 E1 信号的速率不是标准速率 2.048Mbps 时，那么装入每个 C-12 的平均比特有效数就不是整数。例如，E1 速率是 2.046Mbps 时，那么将此信号装入 C-12 基帧时平均每帧装入的有效比特数是：$(2.046 \times 10^6 \text{bps})/(8000 \text{帧/s}) = 255.75\text{bit}$，比特数不是整数，因此无法进行装入。若此时取 4 个基帧为一个复帧，那么正好一个复帧装入的比特数为：$(2.046 \times 10^6 \text{bps})/(2000 \text{帧/s}) = 1023\text{bit}$，可在前 3 个基帧每帧装入 256bit（32 字节）有效信息，在第 4 帧装入 255bit 的有效信息，这样就可将此速率的 E1 信号完整地适配进 C-12 中去。那么对 E1 信号进行速率适配又是怎样进行的呢（也就是怎样将其装入 C-12）？C-12 基帧结构是 9×4－2 个字节的带缺口的块状帧，4 个基帧组成一个复帧，C-12 复帧结构和字节安排如图 1-20 所示。

如图 1-20 所示，一个复帧共有：C-12 复帧＝4×（9×4－2）＝136B＝127W＋5Y＋2G＋1M＋1N＝（1023I＋S1＋S2）＋3C1＋49R＋8O＝1088bit，其中负、正调整控制比特 C1、C2 分别控制负、正调整机会 S1、S2。当 C1C1C1＝000 时，S1 放有效信息比特 I；而 C1C1C1＝111 时，S1 放塞入比特 R；C2 以同样方式控制 S2。

那么复帧可容纳有效信息负荷的允许速率范围如下：

C-12 复帧$_{\text{max}}$＝$(1023+1+1) \times 2000 = 2.050\text{Mbps}$；

C-12 复帧$_{\text{min}}$＝$(1023+0+0) \times 2000 = 2.046\text{Mbps}$。

<table>
<tr><td></td><td>Y</td><td>W</td><td>W</td><td></td><td>G</td><td>W</td><td>W</td><td></td><td>G</td><td>W</td><td>W</td><td></td><td>M</td><td>N</td><td>W</td></tr>
<tr><td>W</td><td>W</td><td>W</td><td>W</td><td>W</td><td>W</td><td>W</td><td>W</td><td>W</td><td>W</td><td>W</td><td>W</td><td>W</td><td>W</td><td>W</td><td>W</td></tr>
<tr><td>W</td><td rowspan="7" colspan="2">第一个 C-12
基帧结构
9×4－2＝
32W＋2Y</td><td>W</td><td>W</td><td rowspan="7" colspan="2">第二个 C-12
基帧结构
9×4－2＝
32W＋1Y＋
1G</td><td>W</td><td>W</td><td rowspan="7" colspan="2">第三个 C-12
基帧结构
9×4－2＝
32W＋1Y＋
1G</td><td>W</td><td>W</td><td rowspan="7" colspan="2">第四个 C-12
基帧结构
9×4－2＝
31W＋1Y＋
1M＋1N</td><td>W</td></tr>
<tr><td>W</td><td>W</td><td>W</td><td>W</td><td>W</td><td>W</td><td>W</td><td>W</td></tr>
<tr><td>W</td><td>W</td><td>W</td><td>W</td><td>W</td><td>W</td><td>W</td><td>W</td></tr>
<tr><td>W</td><td>W</td><td>W</td><td>W</td><td>W</td><td>W</td><td>W</td><td>W</td></tr>
<tr><td>W</td><td>W</td><td>W</td><td>W</td><td>W</td><td>W</td><td>W</td><td>W</td></tr>
<tr><td>W</td><td>W</td><td>W</td><td>W</td><td>W</td><td>W</td><td>W</td><td>W</td></tr>
<tr><td>W</td><td>W</td><td>W</td><td>W</td><td>W</td><td>W</td><td>W</td><td>W</td></tr>
<tr><td>W</td><td>W</td><td>Y</td><td></td><td>W</td><td>W</td><td>Y</td><td></td><td>W</td><td>W</td><td>Y</td><td></td><td>W</td><td>W</td><td>Y</td><td></td></tr>
</table>

每格为一个字节(8 比特),各字节的比特类别如下：

W＝I I I I I I I I　　Y＝RRRRRRRR　　G＝C1C2OOOORR

M＝C1C2RRRRRS1　　N＝S2 I I I I I I I

I：信息比特　　R：塞入比特　　O：开销比特

C1：负调整控制比特　　S1：负调整位置　　C1＝0　　S1＝I；C1＝1　　S1＝R＊

C2：正调整控制比特　　S2：正调整位置　　C2＝0　　S2＝I；C2＝1　　S2＝R＊

R＊表示调整比特,在收端去调整时,应忽略调整比特的值,复帧周期为 125×4＝500μs

图 1-20　C-12 复帧结构和字节安排

也就是说当 E1 信号适配进 C-12 时,只要 E1 信号的速率范围在 2.046～2.050Mbps 的范围内,就可以将其装载进标准的 C-12 容器中,也就是说可以经过码速调整将其速率调整成标准的 C-12 速率——2.176Mbps。

简单地说,E1 是 32 个字节,但由于 PDH 信号速率不是标准的速率,所以有时候多一位(bit)有时候少一位(bit),这样给 2Mbps 信号的定位带来很大的麻烦,于是把 4 个 2Mbps 信号放一起形成复帧,这个 2Mbps 多一点,那个 2Mbps 少一点,就可以把 E1 完整地定位。

等加入了低阶通道开销和支路单元指针后,再把复帧拆了,又变回 4 个基帧,放在连续的 4 个 STM-1 里面。

所以说一个低阶通道开销是监控了 4 个 2Mbps 信号。但因为这 4 个 2Mbps 是放在连续 4 个 STM-1 的同一个位置上,所以实际上这一个低阶通道开销也只是监控了同一个低阶通道。

组成复帧又拆成基帧,其中又有几个 bit 的互换,为了接收端还原,就必须给复帧编号,因此也就有了高阶通道开销里的一个复帧指示信号。因为一个高阶通道开销里都是复帧中的同一位置,所以一个复帧指示字节 H4 就可以代表了所有它包含的 63 个 2Mbps。这里的意思就是说,所有 63 个复帧中的第一个基帧是放在第一个 STM-1 里面的,所有 63 个复帧中的第二个基帧是放在第二个 STM-1 里面的,后面类似。

(2) 为了在 SDH 网络传输过程中能实时监测一个 2Mbps 通道信号的性能,需将 C-12 再打包——加入相应的通道开销(低阶通道开销),使其成为 VC-12 的信息结构,此处 L-POH(低阶通道开销)是加在每个基帧左上角的缺口上,一个复帧有一组低阶通道开销,共 4 个字节：V5、J2、N2、K4。1 个 C-12 复帧装载的是 4 帧 PCM 基群信号,因此,一组 LP-POH 监控的是 4 帧 PCM 集群信号的传输状态,因此,一组 LP-POH 监控和管理的是 4 帧 PCM 信号的传输。其结构图如图 1-21 所示。

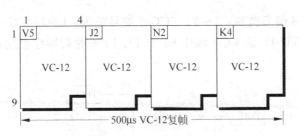

图 1-21　加入了低阶通道开销的复帧

（3）在 VC-12 复帧的 4 个缺口再加上 4 个字节的 TU-PTR,这时信息结构就变成了 9×4 列的支路单元 TU-12,结构如图 1-22 所示。V1～V4 就是 TU-PTR,它指示复帧中第一个 VC-12 的首字节在 TU-12 复帧中的具体位置。

（4）3 个 TU-12 经过字节间插复合成 TUG-2,此时的帧结构是 9 行×12 列。

（5）7 个 TUG-2 经过字节间插复用合成 TUG-3 的信息结构,此时 7 个 TUG-2 合成的信息结构是 9 行×84 列。为满足 TUG-3 的信息结构 9 行×86 列,则需在 7 个 TUG-2 合成的信息结构前加入 2 列固定塞入比特,结构如图 1-23 所示。

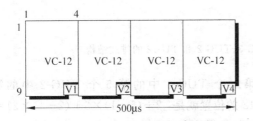

图 1-22　加入了低阶指针的复帧结构

图 1-23　TUG-3 信息结构

（6）TUG-3 复用进 STM-N 的步骤前已述及,此处不再重复。

总结以上步骤,2Mbps 信号复用进 STM-N 的步骤可以用图 1-24 进行描述。

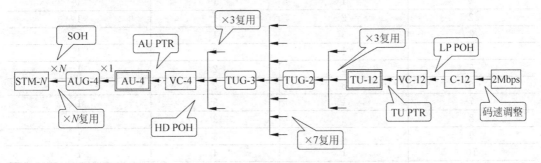

图 1-24　2Mbps 信号复用过程图示

从 2Mbps 信号形成 STM-N 信号的过程可以看出,STM-1 可装入 3×7×3＝63 个 2Mbps 信号,2Mbps 复用结构是 3—7—3 结构。由于复用方式是字节间插,所以在一个 VC-4 中的 63 个 VC-12 的排列方式不是顺序来排的。第一个 TU-12 的序号和紧跟其后的 TU-12 的序号相差 21。计算同一个 VC-4 中不同 TU-12（或 VC-12）的序号公式如下:

$$TU\text{-}12 \text{ 序号} = TUG\text{-}3 \text{ 编号} + (TUG\text{-}2 \text{ 编号}-1) \times 3 + (TU\text{-}12 \text{ 编号}-1) \times 21$$

这个公式在用 SDH 传输分析仪进行相关测试时会用得到。此处的编号是指在 VC-4 帧中的位置编号。TUG-3 编号范围：1～3；TUG-2 编号范围：1～7；TU-12 编号范围：1～3。
TU-12 序号是指本 TU-12 是 VC-4 帧中 63 个 TU-12 按先后顺序复用的第几个 TU-12，如
图 1-25 所示。

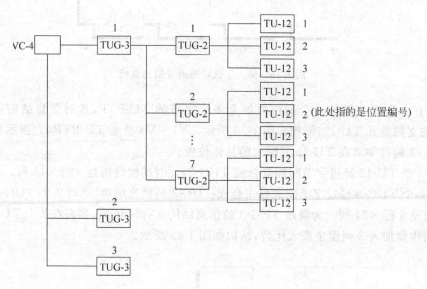

图 1-25　VC-4 中 TUG-3、TUG-2 和 TU-12 的排放结构

假设一个 TU-12 位于 VC-4 中的第二个 TUG-3 中的第 5 个 TUG-2 中的第 2 个
TU-12，那么它在 VC-4 中所有 63 个 TU-12 的位置就是：$2+(5-1)\times3+(2-1)\times21=35$。

VC-4 中 TUG-3、TUG-2 和 TU-12 的排放顺序如表 1-5 所示。

表 1-5　VC-4 中 TUG-3、TUG-2 和 TU-12 的排放顺序

TU-12 序号	TUG-3 编号	TUG-2 编号	TU-12 编号
1	1	1	1
2	2	1	1
3	3	1	1
4	1	2	1
5	2	2	1
6	3	2	1
7	1	3	1
8	2	3	1
9	3	3	1
10	1	4	1
11	2	4	1
12	3	4	1
13	1	5	1
14	2	5	1
15	3	5	1
16	1	6	1
17	2	6	1
18	3	6	1

TU-12 序号	TUG-3 编号	TUG-2 编号	TU-12 编号
19	1	7	1
20	2	7	1
21	3	7	1
22	1	1	2
23	2	1	2
24	3	1	2
25	1	2	2
26	2	2	2
27	3	2	2
28	1	3	2
29	2	3	2
30	3	3	2
31	1	4	2
32	2	4	2
33	3	4	2
34	1	5	2
35	2	5	2
36	3	5	2
37	1	6	2
38	2	6	2
39	3	6	2
40	1	7	2
41	2	7	2
42	3	7	2
43	1	1	3
44	2	1	3
45	3	1	3
46	1	2	3
47	2	2	3
48	3	2	3
49	1	3	3
50	2	3	3
51	3	3	3
52	1	4	3
53	2	4	3
54	3	4	3
55	1	5	3
56	2	5	3
57	3	5	3
58	1	6	3
59	2	6	3
60	3	6	3
61	1	7	3
62	2	7	3
63	3	7	3

1.3 SDH 的开销和指针

1.3.1 段开销

开销是字节或者比特的统称,它是用于 SDH 网络的运行、管理和维护(OAM)的统称,其功能是实现 SDH 的分层监控管理。SDH 的开销分为两类:段开销和通道开销。段开销又分为再生段开销(RSOH)和复用段开销(MSOH);通道开销又分为高阶通道开销(HPOH)和低阶通道开销(LPOH)两种,其结构如图 1-26 所示。对应的,SDH 的 OAM 分为段层和通道层的监控,段层监控分为再生段层和复用段层监控,通道层监控分为高阶通道层监控和低阶通道层监控,由此实现了对 STM-N 信号层层细化的监控机制。那么这种层层监控是如何实现的呢?举例来说,对于 2.5G 系统的监控:再生段开销对整个 STM-16 信号进行监控,复用段开销对其中 16 个 STM-1 的任何一个进行监控。高阶通道开销再将其细化成为对每个 STM-1 中 VC-4 监控,低阶通道开销又将对 VC-4 的监控细化为对其中 63 个 VC-12 中的任何一个 VC-12 进行监控。

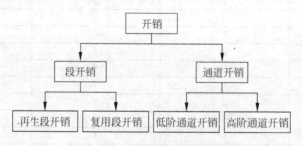

图 1-26 开销的分类情况图

下面以 STM-1 信号为例,讲述段开销各字节的定义和用途。STM-1 的段开销共有 9 行×9 列=81 个字节,其中第 1~3 行×9 列=27 个字节为再生段开销字节(RSOH);第 4 行为管理单元指针(AU PTR);第 5~9 行×9 列=45 字节为复用段开销字节(MSOH)。此外,为了考虑以后的发展和兼顾各国的不同情况,还留出了一些保留字节,如国际保留字节(空格),国内保留字节(×),以及与传输媒体有关的字节(△),如图 1-27 所示。

1. 定帧字节 A1 和 A2

定帧字节起定位的作用。通过 A1 和 A2 字节,接收端可以从信息流中定位、分离出 STM-N 帧,进一步通过指针定位到帧中的某一个低速信号。

定帧字节 A1 和 A2 有固定的值,也就是有固定的比特图案,A1:11110110(f 6H),A2:00101000(28H)。接收端检测信号流中的各个字节,当发现连续出现 $3N$ 个 A1 字节,又紧跟着出现 $3N$ 个 A2 字节时,就断定开始收到一个 STM-N 帧。收端通过定位每个 STM-N 帧的起点,来达到区分不同 STM-N 帧的目的,当 $N=1$ 时,区分的是 STM-1 帧。

当连续 5 帧以上(625μs)收不到正确的 A1、A2 字节,即连续 5 帧以上无法判别帧头(区分出不同的帧),那么收端进入帧失步状态,产生帧失步告警——OOF;若 OOF 持续了 3ms,则进入帧丢失状态——设备产生帧丢失告警 LOF,下插 AIS 信号,整个业务中断。在

9字节								
A1	A1	A1	A2	A2	A2	J0	×*	×*
B1	△	△	E1	△		F1	×	×
D1	△	△	D2	△		D3		
管理单元指针								
B2	B2	B2	K1			K2		
D4			D5			D6		
D7			D8			D9		
D10			D11			D12		
S1					M1	E2	×	×

（左侧标注：9行；右侧标注：RSOH、MSOH）

注：△—与传输媒质有关的特征字节(暂用)
　　×—国内使用保留字节
　　*—不扰码国内使用字节
所有未标记字节待将来国际标准确定(与媒质有关的应用，附加
国内使用和其他用途)

图 1-27　STM-1 段开销字节示意图

LOF 状态下,若收端连续 1ms 以上又处于定帧状态,那么设备回到正常状态。此过程可由图 1-28 描述。

搜索A1、A2 → 连续5帧以上搜索不到 → 产生 → OOF(帧失步) → 持续 → LOF(帧丢失) → 下插AIS

图 1-28　A1、A2 字节的工作过程

2. 再生段踪迹字节：J0

再生段接入点的识别符,以便使接收端能据此确认与指定的发送端处于持续连接状态,一般用连续 16 个 STM-N 帧内的 J0 字节组成 16 个字节(15 个字符加一个校验字节)来传送。在同一个运营者的网络内该字节可为任意字符,而在不同两个运营者的网络边界处要使设备收、发两端的 J0 字节相同——匹配。如果收端检测到 J0 失配,相应产生 RS-TIM 告警,并向下插入 MS-AIS 告警。

3. 数据通信通路(DCC)字节：D1-D12

也就是说用于 OAM 功能的相关数据是放在 STM-N 帧中的 D1-D12 字节处,由 STM-N 信号在 SDH 网络上传输的。其中,D1-D3 是再生段数据通路字节(DCCR),速率为 $3 \times 64\text{Kbps} = 192\text{Kbps}$,用于再生段终端间传送 OAM 信息;D4-D12 是复用段数据通路字节(DCC),共 $9 \times 64\text{Kbps} = 576\text{Kbps}$,用于在复用段终端间传送 OAM 信息。

4. 公务联络字节：E1 和 E2

光纤联通业务未通或业务已通时各站间的公务联络,分别提供一个 64Kbps 的公务联络语声通道,语音信息放于这两个字节中传输。E1 属于 RSOH,用于再生段的公务联络;E2 属于 MSOH,用于终端间直达公务联络。

5. 使用者通路字节：F1

提供速率为 64Kbps 数据/语音通路,保留给使用者(通常指网络提供者)用于特定维护目的的临时公务联络。

6. 再生段误码检测字节：B1

这个字节就是用于再生段层误码监测的（B1 位于再生段开销中）。B1 字节的工作机理是：发送端对本帧（第 N 帧）加扰后的所有字节进行 BIP-8 偶校验,将结果放在下一个待扰码帧（第 $N+1$ 帧）中的 B1 字节；接收端将当前待解扰帧（第 $N-1$ 帧）的所有比特进行 BIP-8 校验,所得的结果与下一帧（第 N 帧）解扰后的 B1 字节的值相异或比较,若这两个值不一致,则异或有 1 出现,根据出现多少个 1,则可监测出第 N 帧在传输中出现了多少个误码块。若接收端检测到 B1 误码块,在收端 RS 的近端 PM 会有相应计数,达到一定范围时会上报 RS-EXC 或 RS-DEG 告警。此过程可由图 1-29 来描述。

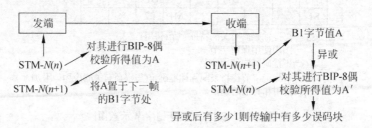

图 1-29　A1 字节工作机理

若某信号帧中有 4 个字节,分别是 A1、A2、A3、A4,以 8 位为一个校验单位,将此帧分为 4 块,按照图 1-30 方式进行排列。依次计算每一列的 1 的个数,若 1 的个数为奇数,则在得数（B）的相应位置填 1；否则填 0。B 的值就是将 A1、A2、A3、A4 进行 BIP-8 偶校验的结果。

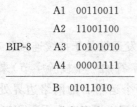

A1	00110011
A2	11001100
BIP-8　　A3	10101010
A4	00001111
B	01011010

图 1-30　8 位偶校验示意图

7. 复用段误码检测字节：B2

B2 的工作机理与 B1 类似,只不过它检测的是复用段层的误码情况。其工作方式是进行 24 位的偶校验,因对于 STM-1 来说 B2 字节为 3 个,所以进行 24 位的偶校验。B2 字节的工作机理可描述为：发送端对上一个未扰码帧除去 RSOH 以外的所有字节进行 BIP-24 位的偶校验,所得结果存于本帧的 3 个 B2 字节处；收端对所收当前已解扰帧切除去 RSOH 外的所有字节进行 BIP-24 偶校验,所得值与所收下一帧解扰后的 B2 字节相异或,异或的值为零,则表示传输可能无误码块；异或的值不为零,则 1 的数目表示出现多少误码块。若接收端检测到 B2 误码块,在收端的 MS 的近端会有相应误码计数,超过一定阈值时会上报 MS-EXC 或 MRS-DEG 告警。

8. 自动保护倒换（APS）通路字节：K1、K2（b1-b5）

这两个字节用作传送自动保护倒换（APS）信令,用于保证设备能在故障时自动切换,使网络业务恢复——自愈,用于复用段保护倒换自愈情况。K1(b1-b4)指示倒换请求的原因,K1(b5-b8)指示复用段接收侧设备用系统倒换开关所桥接到的工作序号。传送自动保护倒换信令,使网络具备自愈功能。K1 的 b5 为 0 表示 1+1 APS,b5 为 1 表示 1：n APS。

9. 复用段远端失效指示（MS-RDI）字节：K2（b6-b8）

这是一个对告的信息,由收端（信宿）回送给发端（信源）,表示收信端检测到来话故障或正收到复用段告警指示信号。也就是说,当接收端收信劣化时,由这 3 比特向发送端发告警信号,以使发端知道收端的接收状况。接收机接收信号失效或接收到信号中的 K2 字节 b6-b8 位为 111 时,表示接收到 MS-AIS 信号,接收机认为接收到无效净荷,并向终端发送全 1 信号。MS-RDI 用于向发送侧会送一个指示,表示收端已检测到上游段失效或者收到 MS-AIS。MS-RDI 用 K2 字节在扰码前的 K2 字节 b6-b8 位放入 110 码来产生。

10. 同步状态字节:S1(b5-b8)

不同的比特图案表示 ITU-T 的不同时钟质量级别,使设备能据此判定接收的时钟信号的质量,以此决定是否切换时钟源,即切换到较高质量的时钟源上。S1(b5-b8)的值越小,表示相应的时钟质量级别越高,如表 1-6 所示。

表 1-6 S1 字节(b5-b8)比特编码

b5-b8	说　　明
0000	同步质量未知
0010	一级时钟(G.811 时钟信号)
0100	二级时钟(G.812 转接局时钟信号)
1000	三级时钟(G.812 本地局时钟信号)
1011	SDH 设备时钟(G.813 同步设备定时源 SETS 信号)
1111	不应用做同步
其他	保留

因为 SDH 设备可以随时读取、检查上游 SDH 设备发送的 S1 字节,从而可获知上游的 SDH 设备究竟处于何种同步状态。若得知上游 SDH 设备处于较低级别的同步状态,如处于设备时钟同步状态(S1=1011),则一方面它会不从上游来的 STM-N 信号中提取定时;另一方面若条件允许可以进行时钟倒换,从而保证设备处于良好的同步状态。

S1 字节是一个十分重要的字节,有效地使用它可以保证整个 SDH 网络系统处于良好的同步状态,并能防止定时环路的产生。

11. 复用段远端误码块指示(MS-REI)字节:M1

这是个对告信息,由接收端回发给发送端。该字节用来指示 B2(BIP-24N)对复用段误码块检测的结果,即误块数指示。对于 STM-1 而言,M1 字节的误块数指示范围为 0~24,其计数方法是标准的二进制计数。对于 STM-4 而言,M1 字节的误块数指示范围为 0~96;对于 STM-16 和 STM-64 而言,M1 字节的误块数指示范围皆为 0~255(超过 255 的值按 255 处理),它们的计数方法都是标准的二进制计数。

12. 其他字节

(1) 与传输媒质有关的字节△。△字节专用于具体传输媒质的特殊功能,例如用单根光纤做双向传输时,可用此字节来实现辨明信号方向的功能。

(2) 国内保留使用的字节×。

(3) 所有未做标记的字节的用途待由将来的国际标准确定。

此外,各 SDH 生产厂家往往会利用 STM 帧中段开销的未使用字节,来实现一些自己设备的专用的功能。

另外,N 个 STM-1 帧通过字节间插复用成 STM-N 帧段开销,字节间插复用时各 STM-1 帧的 AU-PTR 和 payload 的所有字节原封不动,按字节间插复用方式复用。而段开销的复用方式就有所区别,段开销的复用规则是,N 个 STM-1 帧以字节间插复用成 STM-N 帧时,开销的复用并非简单的交错间插,除段开销中的 A1、A2、B2 字节按字节交错间插复用进行外,各 STM-1 中的其他开销字节经过终结处理再重新插入 STM-N 相应的开销字节中。图 1-31 是 STM-4 帧的段开销结构图。

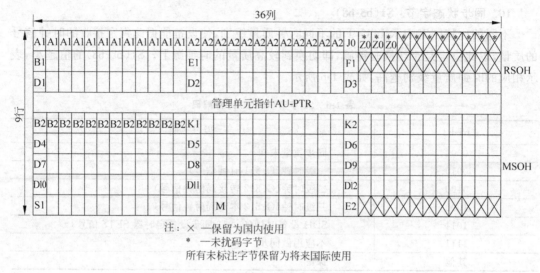

图 1-31　STM-4 SOH 字节安排

1.3.2　通道开销 POH

　　SDH 的通道开销也可以分为两部分,即高阶通道开销(VC-4/VC-3 POH)与低阶通道开销(VC-12 POH),它们主要分别用于高阶通道与低阶通道的运行、管理、维护与指配。

　　段开销 SOH 相对独立于信息净负荷。而通道开销则不然,它作为信息净负荷的一部分和信息净负荷一起传送,它们只在通道的终点进行终结/分解。也就是说,通道开销 POH 是根据信息传送的目的地在信息的终点站进行终结/分解。因此,它透明地通过再生站,也可能透明地通过某些 ADM 站。

1. 高阶通道开销 VC-4/VC-3 POH

　　高阶虚拟容器 VC-4 拥有 9 行×261 列的块状结构,其中第一列 9 个字节就是其通道开销 VC-4 POH,而高阶虚拟容器 VC-3 拥有 9 行×85 列的块状结构,其中第一列 9 个字节也是其通道开销 VC-3 POH,它们具有相同的功能,故放在一起介绍,如图 1-32 所示。

　　(1)通道踪迹字节:J1

　　J1 是 VC-4/VC-3 的首字节,即 AU-PTR 所指的字节,J1 字节用来重复发送高阶通道接入点识别符(APID),在通道的接收端通过对接入点识别符的验证,就可以知道是否正确地连接在给定的发送端上。J1 字节设置时要求收发相匹配,即设备实际接收的值等于设备应接收的值。收端检测到 J1 失配,相应通道(VC-4/VC-3)产生 HP-TIM 告警。

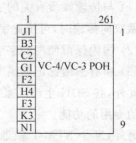

图 1-32　高阶通道开销示意图

（2）高阶通道误码监测字节：B3

B3 字节用于高阶通道的误码块检测。它和段开销 SOH 中 B1、B2 字节的工作原理相类似，即采用比特间插偶校验的方式。根据误码的级别可能产生 HP-EXC 和 HP-DEG 告警。

（3）信号标记字节：C2

C2 字节用来指示高阶虚容器的信息结构和信息净负荷性质。

高阶虚容器 VC-4 有两种组成结构，一是由 C-4 加上通道开销 POH 组成，此时装载的是 140Mbps 支路信号。二是由 3×TUG-3 复用后再加上通道开销 POH 组成，此时装载的可能是 3×34Mbps 支路信号（TUG-3 由 VC-3 组成时），也可能是 63×2Mbps 支路信号（TUG-3 由 7×TUG-2 组成时）。当然，VC-4 还可能装载其他类型的信号如 ATM 信元等。

高阶虚容器 VC-3 仅有一种信息结构，即由 C-3 加上通道开销 POH 组成，装载的是 34Mbps 支路信号。为了软件处理方便，C2 字节的作用就是指示高阶虚容器的信息结构种类和净负荷信息性质。

（4）通道状态字节：G1

G1 字节的功能就是监测高阶通道的状态和性能，并回传到通道的起始点，以便可在高阶通道的任意端或透明点进行监测。

G1 字节的 b1-b4 比特用于远端误码块指示 REI（以前称 FEBE），即表示 B3 字节对高阶通道进行误码块检测的结果——误码块数。G1 字节的 b5 比特用于高阶通道的远端缺陷指示 RDI（以前称 FERF）。RDI 指示连接性缺陷和服务器缺陷。当它置 1 时，表示 VC-4/VC-3 通道出现 RDI；当它置 0 时，表示 VC-4/VC-3 通道无 RDI。G1 字节的 b6-b8 暂时未使用。

（5）通道使用者通路字节：F2 和 F3

这两个字节为使用者提供与净负荷有关的通道单元之间的公务通信。

（6）TU 位置指示字节：H4

H4 指示有效负荷的复帧类别和净负荷的位置。PDH 复用进 SDH 时，H4 字节仅对 2Mbps 信号有意义，指示当前帧是复帧的第几个基帧，以便收端据此找到 TU-PTR。拆分出 2Mbps 信号 H4 的范围为 00H-03H，若收端收到的 H4 字节超出此范围，或不是预期值，本端在相应通道产生 TU-LOM（复帧丢失）告警，并在相应通道的下级信息结构插全 1（TU-AIS）。只有当 PDH 的 2Mbps 信号复用进 VC-4 时，H4 字节才有意义。

（7）自动保护倒换（APS）通路字节：K3(b1-b4)

K3(b1-b4) 用作高阶通道自动保护倒换（HP-APS）指令。

（8）备用比特：K3(b5-b8)

K3(b5-b8) 留待将来应用，要求收端忽略这些比特。

（9）网络运营者字节：N1

N1 用于特定的管理目的。

2. 低阶通道开销

低阶虚容器 VC-12 拥有 9 行×4 列−1 的块状结构（每个块右下角空缺 1 个字节，具体见图 1-21），其中第一个字节就是其通道开销 VC-12 POH。1.2 节提到过，一个复帧由 4 个基帧组成，4 个基帧的首字节即每帧的低阶通道开销分别是 V5、J2、N2、K4，如图 1-33 所示。

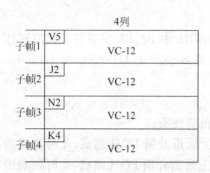

4列

子帧1 V5 VC-12

子帧2 J2 VC-12

子帧3 N2 VC-12

子帧4 K4 VC-12

图 1-33　500μs 复帧中的 VC-12 POH

(1) V5：通道状态和信号标记字节。它类似于 (G1 和 C2 字节)是 VC-12 复帧中的第一个字节,即 TU-PTR 所指示的字节。V5 是复帧中的第一个字节,即 TU-PTR 所指示的字节。V5 字节各比特的用途安排如表 1-7 所示。

① BIP-2：比特间插奇偶校验(b1b2)。V5 字节的 b1b2 比特用来对 VC-12 帧内信号净负荷进行误码块检测。其检测方法与段开销中的 B1、B2 及 VC-4/VC-3 POH 中的 B3 略有不同,其检测原理为：b1 比特对前一 VC-12 帧中所有字节的全部奇数比特进行偶校验,即若前一 VC-12 帧中所有字节的全部奇数比特含 1 的个数为偶数,则 b1 比特置 0,否则置 1;而 b2 比特则对前一 VC-12 帧中所有字节的全部偶数比特进行偶校验,方法同 b1。

表 1-7　V5 字节编码

比特序号	b1b2	b3	b4	b5b6b7	b8
用途	BIP-2	REI(FEBE)	RFI	信号标记	RDI(FERF)

② REI：远端差错指示(b3)。V5 字节的 b3 比特用来指示 BIP-2 的检测结果。若 BIP-2 对前一 VC-12 帧中所有字节的检测没有误码,则 b3 比特置 0;若检测有误码,则置 1。

③ RFI：远端失效指示(b4)。当检测出失效的持续时间超过分配给传输系统保护机制的最大时间,则判定为失效。此时 b4 比特置 1,否则置 0。

④ 信号标记(b5b6b7)。V5 字节的 b5b6b7 比特用来指示虚拟容器 VC-12 的映射类别、是否装载等信号标记,其具体编码规则如表 1-8 所示。

表 1-8　VC-12 的信号标记编码

V5 字节的 b5b6b7 比特	说　明	V5 字节的 b5b6b7 比特	说　明
000	VC-12 未装载	100	字节同步映射
001	VC-12 装载了非特定净负荷	101	已装载信号但未使用
010	异步映射	110	测试信号
011	比特同步映射	111	VC-AIS

⑤ RDI：远端接收失效指示(b8)。V5 字节的 b8 比特用于 VC-12 通道远端接收失效指示 RDI(以前称 FERF),当收到支路单元 TU-12 的 AIS 或其他信号失效条件,b8 比特置 1,否则置 0。

(2) J2：低阶通道踪迹字节。功能类似于 J1,收端检测到 J2 失配时,相应通道(VC-12)产生 LP-TIM 告警。注意,当低阶为 VC-3 时,VC-3 的开销字节同 VC-4 功能类似。当 VC-3 检测到告警时,为了避免冲突,显示为低阶告警：例如 VC-3 的 J1 不匹配,显示为 LP-TIM;VC-3 的 C2=00H,显示为 LP-UNEQ。

(3) N2：网络运营者字节用于特定的管理目的。

（4）K4：通道自动保护倒换。b1-b4 这四个比特用作低阶通道自动保护倒换指令。b5-b7 这三个比特是保留的任选比特，用作增强型 RDI，b8 为备用比特留待将来应用。

1.3.3　管理单元指针

指针的作用就是定位，通过定位使收端能准确地从 STM N 码流中拆离出相应的 VC，进而通过拆 VC、C 的包封分离出 PDH 低速信号，即能实现从 STM-N 信号中直接分支出支路信号的功能。

指针分为 AU-PTR 和 TU-PTR。AU-PTR 作用是定位高阶 VC（指的是 VC-4）在 AU-4中的位置，TU-PTR 作用是定位低阶 VC（指的是 VC-12）在 TU-12 中的位置，它与定帧字节一起完成从高速信号 STM-N 中直接下低速信号的过程。

AU-PTR 位于 STM-1 帧的第 4 行第 1～9 列，共 9 个字节，它用于指示 VC-4 的首字节J1 在 AU-4 净负荷的具体位置，以便接收端能根据此准确分离出 VC-4。其结构如图 1-34所示。

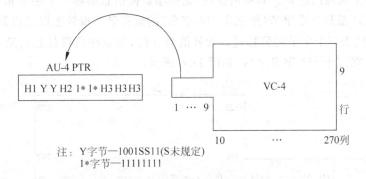

注：Y 字节—1001SS11（S 未规定）
1* 字节—11111111

图 1-34　管理单元指针 AU-4 PTR 的位置与内容

由图 1-34 中可以看到，AU-PTR 由 H1、Y、Y、H2、1 * 、1 * 、H3、H3、H3 共 9 个字节构成，其中 Y＝1001SS11，S 比特未规定具体的值，1 * ＝11111111。

管理单元指针 AU PTR 的主要作用就是指示 VC-4 在 AU-4 帧中的位置，即 VC-4 的第一个字节相对于 AU-4 PTR 最后一个字节（第三个 H3）的偏移量。它还可以通过调整AU-4 PTR，可在 AU-4 帧内灵活、动态地调整 VC-4 的位置，从而不仅能适应 VC-4 和 SOH的相位差，而且还能适应帧速率的差异。指针调整的过程与 VC-4 的实际内容无关。

1．H1、H2、H3 字节功能安排

从图 1-34 可以看出，AU-4 PTR 的 9 个字节中，其中 Y 字节为填充字节，1 * 为全1 码，所以真正起作用的是 H1、H2、H3 共计 5 个字节。这 5 个字节的具体安排如图 1-35所示。

从图 1-35 可以看出，H1、H2 字节是混合使用的，它们各有不同的用途。其中 H1 字节的前 4 个比特用于新数据标识（NDF）；第 5、6 比特用来指示 AU 或 TU 的类型；H1 字节的第 7、8 比特和 H2 字节的 8 个比特组成 10 比特指针，指示净负荷信息在 AU-4 帧内的位置。3 个 H3 字节则为负调整字节，用来容纳进行负调整时的净负荷信息。

2．AU-4 PTR 的作用

AU-4 PTR 的作用主要有三个，即指示净负荷信息在 AU-4 帧内的位置、速率调整和新

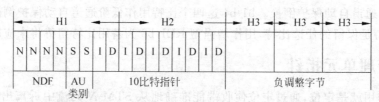

注：N—新数据比特
SS—类别比特(SS=10：AU-4)
I—增加比特
D—减少比特

图 1-35　AU-4 PTR 中的 H1、H2、H3 字节的功能安排

数据标识。

（1）净负荷位置指示

由 H1 字节第 7、8 比特和 H2 字节 8 个比特组成的 10 比特指针，用来指示净负荷信息（VC-4）在 AU-4 帧内的位置。而所谓位置，是指净负荷信息的第一个字节相对于管理单元指针 AU-4 PTR 最后一个字节（第三个 H3 字节）的偏移量。指针值以二进制表示，且指针值的一个单位代表三个字节的偏移量。指针值为 0 时，表示净负荷信息的第一个字节紧跟在 AU-4 PTR 第三个 H3 字节之后，如图 1-36 所示。

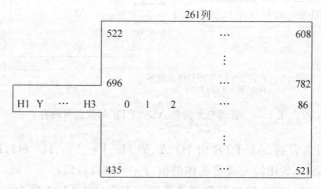

注：每个指针代表3个字节的偏移量

图 1-36　AU-4 PTR 指针值含义

由于携带指针值的比特为 10 个，它可以表示 $2^{10} = 1024$ 个指针值，而实际的需要量为 $0 \sim 782$ 个，所以足够用了。这是因为 VC-4 每帧共有 $9 \times 261 = 2349$ 个字节，实际调整时按 3 个字节为一个单位进行，即一个单位指针代表三个字节的偏移量，所以最大调整指针范围为 $2349/3 = 783$。

（2）速率调整

若 VC-4 的帧速率与 AU-4 的帧速率不相等，则需要对 VC-4 的速率进行调整。此时，一方面管理单元指针 AU-4 PTR 的指针值要作相应的增加或减少；另一方面还要有相应的正、负调整字节配合，即三个 H3 字节发挥作用。

① 正速率调整

当 VC-4 的帧速率低于 AU-4 的帧速率时，则需要提高 VC-4 的速率，即所谓正速率调整。正速率调整的含义是 VC-4 在时间上周期性地向后移动。此时，首先把当前指针中的

5 个 I 比特即增加比特(10 比特指针的第 1、3、5、7、9 比特)进行反转——正调整指示;然后在 VC-4 净负荷的前面插入 3 个填充字节(正调整字节),从而提高了 VC-4 的帧速率;由于插入 3 个正调整字节,使 VC-4 的净负荷位置向后移动了 3 个字节,故最后一步是把原指针值加 1。这样就完成了一次正调整过程。

②　负速率调整

当 VC-4 的帧速率高于 AU-4 的帧速率时,则需要降低 VC-4 的速率,即所谓负速率调整。负速率调整的含义是 VC-4 在时间上周期性地向前移动。此时,首先把当前指针中的 5 个 D 比特即减少比特(10 比特指针的第 2、4、6、8、10 比特)进行反转——负调整指示;然后在把 VC-4 净负荷的最前面的 3 个字节移到 AU-4 PTR 的三个 H3 字节之中(负调整字节),从而降低了 VC-4 的帧速率;由于 VC-4 的净负荷位置向前移动了 3 个字节,故最后一步是把原指针值减 1。这样就完成了一次负调整过程。

无论是正调整还是负调整,在接收端采用 5 个比特(5 个 I 比特或 5 个 D 比特)的多数表决来判定。

当 VC-4 的帧速率与 AU-4 的帧速率两者相差较大时,需要进行多次调整操作,但相邻的两次调整操作至少要间隔三帧时间,在此三帧时间内指针值保持不变。

(3) 新数据标识(NDF)

从图 1-35 可以看出,H1 字节的第 1~4 比特为新数据标识 NDF(New Data Flag)。所谓新数据标识,就是表示允许净负荷的变化使指针值作相应的变化。

正常工作时,NDF=0110。但当净负荷中有新数据时,则 NDF 码发生反转即 NDF=1001,此时 VC-4 的位置由新指针值决定。若下一帧净负荷不再发生变化,则 NDF 回到正常值:0110。

需要说明的是,NDF 共有 4 个比特,若其中有 3 个比特与正常值 0110 相符且另一个比特为 1 时,则解释为"不起作用",即 NDF = 0111/1011/1101/1110。但若其中有 3 个比特与新数据码 1001 相符且另一个比特为 0 时,则解释为"起作用",即 NDF = 0001/0010/0100/1000。剩下的其他值,即 NDF = 0000/0011/0101/1010/1100/1111,则应解释为无效。

1.3.4　支路单元指针(TU-PTR)

1. 支路单元指针 TU-3 PTR

支路单元指针 TU-3 PTR 位于 TU-3 帧的第一列前三个字节的位置,共计 3 个字节即 H1、H2、H3,其位置如图 1-37 所示。

(1) H1、H2、H3 字节功能安排

从图 1-37 可以看出,支路单元指针 TU-3 PTR 共有三个字节,即为 H1、H2、H3,其功能安排如图 1-38 所示。

从图 1-38 可以看出,同 AU-4 PTR 一样,H1、H2 字节是混合使用的,其中 H1 字节的前 4 个比特用于新数据标识(NDF);第 5、6 比特用来指示本支路单元 TU 的种类;H1 字节的

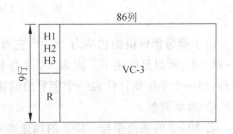

图 1-37　支路单元指针 TU-3 PTR 的位置

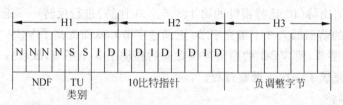

注：N—新数据比特
　　SS—类别比特(SS=10：TU-3)
　　I—增加比特
　　D—减少比特

图 1-38　TU-3 中的 H1、H2、H3 的字节功能安排

第 7、8 比特和 H2 字节的 8 个比特组成 10 比特指针，指示净负荷信息在 TU-3 帧内的位置。1 个 H3 字节则为负调整字节，用来容纳进行负调整时的净负荷信息。

（2）支路单元指针 TU-3 PTR 的作用

与 AU-4 PTR 相类似，TU-3 PTR 的作用主要有三个，即指示 VC-3 在 TU-3 帧内的位置、速率调整和新数据标识。

① 净负荷位置指示

由 H1 字节第 7、8 比特和 H2 字节 8 个比特组成的 10 比特指针，用来指示 VC-3 在 TU-3 帧内的位置。

指针值以二进制表示，指针值的一个单位代表一个字节的偏移量，这一点同 AU-4 PTR 不同。

指针值为 0 时，表示净负荷信息的第一个字节紧跟在 TU-3 PTR 最后一个字节即 H3 之后，如图 1-39 所示。

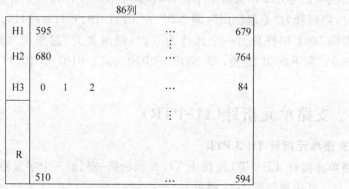

注：每个指针代表一个字节的偏移量

图 1-39　TU-3 PTR 指针值含义

由于携带指针值的比特为 10 个，它可以表示 $2^{10}=1024$ 个指针值，而实际的需要量为 0～764 个，所以足够用了。因为 VC-3 每帧共有 $9×85=765$ 个字节，实际调整时按单字节进行，即一个单位指针代表一个字节的偏移量。

② 速率调整

若 VC-3 的帧速率与 TU-3 的帧速率不相等，则需要对 VC-3 的速率进行调整。

TU-3 PTR 进行正、负速率调整的步骤与方法,和 AU-4 PTR 一样。只有一点要注意, AU-4 PTR 每进行一次速率调整,调整量为 3 个字节,因为它有 3 个 H3——负调整字节; 而 TU-3 PTR 因为只有一个 H3 字节,所以每进行一次速率调整,调整量为 1 个字节。其余 完全类似,此处不再赘述。

③ 新数据标识(NDF)

TU-3 PTR 中的新数据标识的含义与工作步骤,和 AU-4 PTR 一样,此处不再赘述。

2. 支路单元指针 TU-12 PTR

TU-12 PTR 位于 TU-12 帧的第一个字节的位置。它仅用于浮动映射模式,通过它可 以在 TU-12 复帧内灵活、动态地调整 VC-12 的位置,其过程与净负荷的实际内容无关。

正如上文所述,TU-12 通常以复帧形式出现,每个复帧包括 4 个子帧,这 4 个子帧的 TU-12 PTR 依次为 V1、V2、V3、V4 字节,如图 1-40 所示。

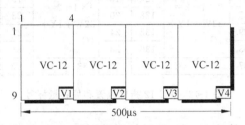

图 1-40 500μs 复帧的 TU-12 PTR 安排

从图 1-40 可以看出,500μs 复帧的支路单元指针 TU-12 PTR 共有 4 个字节,即为 V1、 V2、V3、V4,其中 V4 字节留作备用。

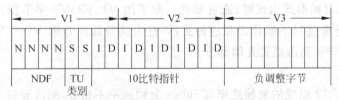

注: N—新数据比特
SS—类别比特(SS=10:TU-3)
I—增加比特
D—减少比特

图 1-41 500μs 复帧的 V1、V2、V3 字节功能安排

(1) V1、V2、V3 字节功能安排

其中 V4 字节留作备用,而 V1、V2、V3 字节的功能安排如图 1-41 所示。从图 1-41 可 以看出,V1、V2 字节是混合使用的,其中 V1 字节的前 4 个比特用于新数据标识(NDF);第 5、6 比特用来指示本支路单元 TU 的类别(TU-12 还是 TU-11);V1 字节的第 7、8 比特和 V2 字节的 8 个比特组成 10 比特指针,指示 VC-12 在 500μs 复帧内的位置。V3 字节则为 负调整字节,用来容纳进行负调整时的净负荷信息。

(2) 支路单元指针 TU-12 PTR 的作用

TU-12 PTR 的作用主要有三个,即指示净负荷信息在 TU-12 复帧内的位置、速率调整 和新数据标识。

① 净负荷位置指示

由 V1 字节第 7、8 比特和 V2 字节 8 个比特组成的 10 比特指针,用来指示净负荷信息(4 个 VC-12)在 $500\mu s$ 复帧内的位置。

指针值以二进制表示,指针值的一个单位代表一个字节的偏移量,这一点同 TU-3 PTR 相同。

指针值为 0 时,表示净负荷信息的第一个字节紧跟在 V2 字节之后,如图 1-42 所示。

70	71	72	73	105	106	107	108	0	1	2		35	36	37	38
74	75	76	77	109	110	111	112	4	5	6	7	39	40	41	42
78			81	113			116	8			11	43			46
82	第一个C-12		85	117	第二个C-12		120	12	第三个C-12		15	47	第四个C-12		50
86	基帧结构		89	121	基帧结构		124	16	基帧结构		19	51	基帧结构		54
90	$9\times4-2=$		93	125	$9\times4-2=$		128	20	$9\times4-2=$		23	55	$9\times4-1=$		58
94	$32W+2Y$		97	129	$32W+1Y+$		132	24	$32W+1Y+$		27	59	$31W+1Y+$		62
98			101	133	$1G$		136	28	$1G$		31	63	$1M+1N$		66
102	103	104	V1	137	138	139	V2	32	33	34	V3	67	68	69	V4

图 1-42　TU-12 指针位置和偏移量标号

由于携带指针值的比特为 10 个,它可以表示 $2^{10}=1024$ 个指针值,而实际的需要量仅为 $0\sim139$ 个,所以足够用了。这是因为 $500\mu s$ 复帧的每个子帧有 $9\times4-1=35$ 个字节,4 个子帧共有 140 个字节。实际调整时按单字节进行,即一个单位指针代表一个字节的偏移量。

在 TU-12 以复帧形式出现时(通常如此),除了用 V1、V2、V3 字节指示净负荷在复帧内的位置之外,还需要对子帧作出相应的指示,这由高阶通道开销 VC-4/VC-3 POH 中的 H4 字节来完成,详见高阶通道开销部分。

② 速率调整

若由 4 个 VC-12 组成的复帧速率与 $500\mu s$ 复帧速率不相等,则需要对 VC-12 复帧的速率进行调整。

进行正、负速率调整的步骤与方法,和 TU-3 PTR 一样。也是每进行一次速率调整,调整量为 1 个字节,因为它只有一个负调整字节 V3。其余完全类似,不再赘述。

③ 新数据标识(NDF)

从图 1-41 可以看出,V1 字节的第 $1\sim3$ 比特为新数据标识(NDF)。所谓新数据标识(NDF),就是表示允许净负荷的变化使指针值作相应的变化。

正常工作时,NDF=0110。但当净负荷中有新数据时,则 NDF 码发生反转即变为 NDF=1001,此时 VC-3 的位置由新指针值决定。若下一帧净负荷不再发生变化,则 NDF 回到正常值:0110。

要说明的是,NDF 共有 4 个比特,若其中有 3 个比特与正常值 0110 相符且另一个比特为 1 时,则解释为"不起作用",即 NDF = 0111/1011/1101/1110。但若其中有 3 个比特与新数据码 1001 相符且另一个比特为 0 时,则解释为"起作用",即 NDF = 0001/0010/0100/1000。剩下的其他值,即 NDF=0000/0011/0101/1010/1100/1111,则应解释为无效。

小　　结

本章讲述了光纤通信的发展历史,介绍了光纤通信的定义和系统组成以及 SDH 的复用过程、帧结构和各种开销字节。通过对本章内容的学习,应该掌握光纤通信的定义、光纤通信系统的组成、SDH 的复用过程、SDH 帧结构和开销字节的作用;了解光纤通信的发展简史、光纤通信的特点及发展趋势等内容。重点需要掌握 SDH 的复用和各开销字节的作用,这部分是全书的必要理论基础,比较抽象,在学习中要注意对理论的把握。

思考与练习

1.1　填空题

(1) 155Mbps 速率是怎么算出来的,写出公式: _____。

(2) 光纤通信是以_____为传输介质,以_____为信息载体的通信方式。

(3) 光纤通信系统主要由光发送设备、_____、_____组成。

(4) PDH 的全称是_____,SDH 的全称是_____。

(5) SDH 帧结构中,传送一帧的时间为_____,每秒传_____帧。

(6) 2Mbps 复用在 VC-4 中的位置是第四个 TUG-3、第六个 TUG-2、第二个 TU-12,那么该 2Mbps 的时隙序号为_____。

(7) 欧洲体制的 PDH 的系列速率为 2Mbps、8Mbps、34Mbps、_____ bps。

(8) STM-N 的帧结构由 3 部分组成,分别是_____、_____、_____。

(9) 管理单元指针位于 STM-N 帧中第_____行第_____列,共_____个字节。

1.2　简答题

(1) 简述光纤通信发展史。

(2) 光纤通信系统由哪几部分组成? 各部分的功能是什么?

(3) 什么是光纤通信?

(4) SDH 相对于 PDH 的优越性是什么?

(5) 请画出 2Mbps 到 STM-1 的复用路线。

(6) 请画出 SDH 的帧结构并说出个部分的作用。

(7) 列举 SDH 的开销字节及其作用。

(8) 说明 SDH 各级指针的作用。

(9) 说明指针中的正速率调整与负速率调整。

(10) 阐述 SDH 网络基本传送模块 STM-1 中,段开销比特间奇偶校验 8 位码开销字节(BIP-8)B1 的监测原理。

第2章　中兴常用光传输设备介绍

中兴传输设备都以 ZXMP(Zhong Xing Multi-service Platform)开头,产品包含 ZXMP S390/S380/S385(10G 设备)、ZXMP S360/S330/S325(2.5G 设备)、ZXMP S320/S200 (STM-4 设备)等,可以广泛地应用于核心网、汇聚网和接入网。

中兴的光传输设备一般都放置在机柜中的子架上,图 2-1 即为中兴标准机柜图。

该机柜有三种标准尺寸,区别仅仅在于高度不同。实际工程中选择哪一种,取决于机房实际高度,以及机柜中实际放置的光传输设备型号和数量。三个尺寸分别为:

300mm(深)×600mm(宽)×2600mm(高)

300mm(深)×600mm(宽)×2200mm(高)

300mm(深)×600mm(宽)×2000mm(高)

光传输设备的基本结构一般包括以下几个模块。

(1) 线路接口:完成线路信号 STM-N 的光-电转换;进行管理开销的处理。

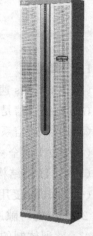

图 2-1　标准机柜图

(2) 支路接口:完成上、下业务信号,包括 PDH(2Mbps、34Mbps、45Mbps、140Mbps)接口和 SDH(155Mbps、622Mbps、2.5Gbps)接口。

(3) 交叉矩阵:按需求对线路信号、支路信号中的 VC 进行交叉连接,实现线路-线路、线路-支路、支路-支路间的交叉连接;满足上、下电路等功能。

(4) 定时电路:对内,向设备的各单元提供定时信号;对外,外定时;提取定时;保持/自由运行方式;定时基准倒换。

(5) 通信与控制:采集设备各单元的数据;通过 DCC 通道传到网关;接收网管系统的命令并执行。

(6) 公务:提供公务联络电话。

本章主要介绍最常见的 3 种中兴光传输设备 ZXMP S320/S380/S390。

2.1　中兴光传输设备 ZXMP S320

2.1.1　ZXMP S320 设备简介

ZXMP S320 设备是中兴通讯公司推出的以 SDH 设备为基础的 STM-4 级别的光传输设备,该设备的设计采用了大量的贴片元件和 ASIC 芯片,整个设备结构紧凑,体积小巧,安装灵活方便,主要应用于城域网接入层。

ZXMP S320 设备外形图如图 2-2(a)所示。

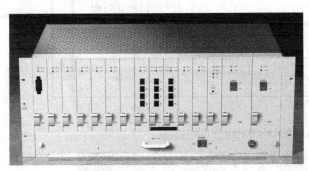

(a) ZXMP S320设备外形图　　　　　　(b) 机柜中的ZXMP S320设备

图 2-2　ZXMP S320 实物图

ZXMP S320 设备由固定有后背板的机箱、插入机箱内的功能单板,以及一个可拆卸、可监控的风扇单元组成。单板与风扇单元间设有尾纤托板作为引出尾纤的通道。该设备采用背板+单板的模块化设计,将整个系统划分为不同的单板,每个单板包含特定的功能模块,各个单板通过机箱内的背板总线相互连接。因此,可以根据不同的组网需求,选择不同的单板配置来构成满足不同功能要求的网元设备。ZXMP S320 的设备结构组成如图 2-3所示。

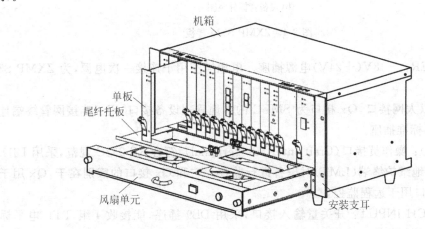

图 2-3　ZXMP S320 的设备结构组成示意图

2.1.2　背板(MB1)

背板作为 ZXMP S320 设备机箱的后背板固定在机箱中,是连接各个单板的载体,ZXMP S320 设备同外部信号的联系也是通过背板上的各个接口来实现的。在背板上分布有 38Mbps 的数据总线、19Mbps 和 38Mbps 时钟信号线、8kHz 帧信号线、64Kbps 开销时钟信号线以及板在位线、电源线等,通过遍布背板的插座将各个单板之间、设备和外部信号之间联系起来。背板接口分布如图 2-4 所示。

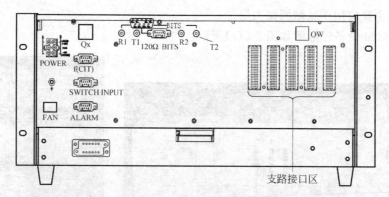

(a) ZXMP S320背板接口区排列图

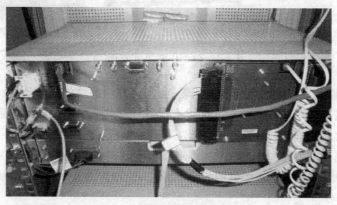

(b) 设备背板外观图

图 2-4　ZXMP S320 背板

（1）POWER：−48V（+24V）电源插座。电源插座用于连接一次电源，为 ZXMP S320 设备供电。

（2）Qx：以太网接口，Qx 接口为 SMCC 的本地管理设备接口，用于连接网管终端计算机，采用 RJ-45 标准插座。

（3）f(CIT)：操作员接口（Craft Interface Terminal），符合 RS-232C 规范，采用 DB9 插座，可以接入本地维护终端（LMT）对设备进行监控。它和 Qx 接口的区别在于，Qx 用于本地监控，而 f 接口用于远程监控。

（4）SWITCH INPUT：开关量输入接口，采用 DB9 插座，能接收 4 组 TTL 电平标准开关量作为监控告警输入，可将温度、火警、烟雾、门禁等告警信号传送到网管中进行监视。

（5）ALARM：告警输出接口，用于连接列头柜、告警箱，当设备存在告警时由该接口输出设备的告警信号。

（6）BITS：时钟接口区，用于输入、输出同步时钟信号，各个接口插座定义如下：

① R1/T1：第一路 BITS 输入/出口，采用非平衡 75Ω 同轴插座；

② R2/T2：第二路 BITS 输入/出口，采用非平衡 75Ω 同轴插座；

③ 120Ω BITS：平衡式 120Ω BITS 接口，提供两路输入接口、两路输出接口。

（7）OW：勤务话机接口，采用 RJ-11 插座，用于连接勤务电话机。

（8）支路接口区，采用 5 组插座，配合支路插座板，提供最多 63 路 2Mbps 或者 64 路 1.5Mbps 信号接口，带支路保护的 34/45Mbps 接口也由这个接口区提供。

2.1.3　ZXMP S320 常用单板

ZXMP S320 设备共有 15 个单板插槽，如图 2-5 所示。

1. 网元控制处理板（NCP 板）

NCP 是 S320 设备的必备单板，配置时放置于第一槽位，是一种智能型的管理控制处理单元，内嵌实时多任务操作系统，实现 ITU-T G.783 建议规定的同步设备管理功能（SEMF）和消息通信功能（MCF）。

NCP 作为整个系统的网元级监控中心，向上连接子网管理控制中心（SMCC），向下连接各单板管理控制单元（MCU），收发单板监控信息，具备实时处理和通信能力。NCP 完成本端网元的

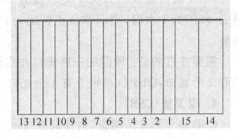

图 2-5　ZXMP S320 单板插槽分布
（注意插槽序号）

初始配置，接收和分析来自 SMCC 的命令，通过通信口对各单板下发相应的操作指令，同时将各单板的上报消息转发网管。NCP 还控制本端网元的告警输出和监测外部告警输入，NCP 可以强制各单板进行复位。可以看出 NCP 单板在整个配置中的核心地位，它可以说是连接网管与设备的桥梁。

2. 系统时钟板（SCB）

SCB 位于单板区的 2、3 槽位，为了提高系统同步定时的可靠性，配置时常采用 1+1 的热备份方式（即 2、3 槽位均配置 SCB）。如若要求最简配置，则仅选用一个 SCB 板，放置在 2、3 槽位均可。

SCB 的主要功能是为 SDH 网元提供符合 ITU-T G.813 规范的时钟信号和系统帧头，同时也提供系统开销总线时钟及帧头，使网络中各结点网元时钟的频率和相位都控制在预先确定的容差范围内，以便使网内的数字流实现正确有效的传输和交换，避免数据因时钟不同步而产生滑动损伤。

在 SCB 板实现时钟同步、锁定等功能的过程中有四种工作模式。

（1）快捕方式。快捕方式是指从 SCB 板选择基准时钟源到锁定基准时钟源的过程。

（2）跟踪方式。跟踪方式是指 SCB 板已经锁定基准时钟源的工作方式，这也是 SCB 板的正常工作模式之一，此时 SCB 板可以跟踪基准时钟源的微小变化并与其保持同步。

（3）保持方式。当所有的定时基准丢失后，SCB 板进入保持方式，SCB 板利用定时基准信号丢失前所存储的最后频率信息作为其定时基准来工作，保持方式的保持时间为 24 小时。

（4）自由运行方式。当设备丢失所有的外部定时基准，而且保持方式的时间结束后，SCB 板的内部振荡器工作于自由振荡方式，为系统提供定时基准。

3. STM-1 光接口板（OIB1）

STM-1 光接口板（OIB1）位于单板区的 4、5 槽位，OIB1 板对外提供 1 路（OIB1S）或

2 路(OIB1D)的 STM-1 标准光接口,实现 VC-4 到 STM-1 之间的开销处理和净负荷传递,完成 AU-4 指针处理和告警检测等功能。

为满足不同的传输距离等工程需求,OIB1 可提供 S-1.1、L-1.1、L-1.2 等多种光接口收发模块。对于一个 OIB1 板的型号描述需要包含上述信息,如 OIB1D-S1.1 表示提供两路 S-1.1 标准光接口的 STM-1 光接口板。

OIB1 板上光接口适用的光纤连接器类型为 SC/PC 型。

OIB1 板的面板上为每个光口设有一个可变颜色的线路状态指示灯。当指示灯为绿色、1 秒闪烁 1 次时,表示本板正常运行;指示灯为红色、1 秒闪烁 1 次,表示对应光路有告警。

需要注意的是:所谓的一路光口在实际单板上是一收一发 2 个光口,因此 OIB1S 单板上有 2 个光口,OIB1D 单板上有 4 个光口。

4. 交叉板(CSB)

CSB 位于第 6、7 槽位,为提高系统的可靠性,ZXMP S320 设备支持 CSB 板的热备份工作方式。CSB 在系统中主要完成信号的交叉调配和保护倒换等功能,实现上下业务及带宽管理。

CSB 位于光线路板和支路板之间,完成光路方向四个 STM-1 和支路方向一个 STM-1 之间的低速率支路单元的时隙全交叉,提供等效于 8 个 VC-4 的交叉矩阵容量,实现 VC-4、VC-3、VC-12、VC-11 级别的交叉连接功能,完成群路到群路、群路到支路、支路到支路的业务调度,并可实现通道和复用段业务的保护倒换功能。

5. 增强性交叉板(CSBE)

CSBE 的功能与 CSB 基本是一样的,区别在于交叉性能。CSBE 具有 8×8 个 AU-4 容量的空分交叉能力和 1008×1008 TU-12/1344×1344 TU-11 容量的低阶交叉能力,可以对 2 个 STM-4 光方向,4 个 STM-1 光方向和一个支路方向的信号进行低阶全交叉,实现 VC-4、VC-3、VC-12、VC-11 级别的交叉连接功能。

6. 全交叉光接口板(O4CS/O1CS)

全交叉光接口板(O4CS/O1CS)与交叉板的位置一样,也在第 6、7 槽位。O4CS 对外提供 1 路(O4CSS)或 2 路(O4CSD)STM-4 的光接口,完成 STM-4 光路/电路物理接口转换、时钟恢复与再生、复用/解复用、段开销处理、通道开销处理、支路净荷指针处理以及告警监测等功能。O4CS 具有 8×8 个 AU-4 容量的空分交叉能力和 1008×1008 TU-12/1344×1344 TU-11 容量的低阶交叉能力,可以对 2 个 STM-4 光方向,4 个 STM-1 光方向和一个支路方向的信号进行低阶全交叉。O4CS 根据支路告警完成通道倒换功能,根据 APS 协议完成复用段保护功能。O4CS 将本板上两路 STM-4 光接口传送来的 ECC 开销信号进行处理后,复合为一组扩展 ECC 总线传送给 NCP 板。

为满足不同的传输距离等工程需求,O4CS 可提供 I-4、S-4.1、L-4.1、L-4.2 等多种光接口收发模块,O4CS 板的型号描述需要包含上述信息。O4CS 板上光接口适用的光纤连接器类型为 SC/PC 型(SC/PC 及光接口的定义具体参见第 5 章)。

可以说,全交叉光接口板的功能等于交叉板+光板。

O1CS 对外提供 1 路(O1CSS)或 2 路(O1CSD)STM-1 的光接口,与 O4CS 的主要区别就是 O1CS 提供的光接口为 STM-1 级别的光接口,及能提供 13×13 AU-4 容量的低阶交叉能力,功能、原理和面板指示等都与 O4CS 的基本相同。

O4CSS/D 和 O1CSS/D 的安插具有如下特殊要求:

(1) 每台设备仅安插一块 O4CSS/D 或 O1CSS/D;

(2) 安插在交叉板槽位,即 6 槽或者 7 槽;

(3) 不能与交叉板共存。

7. 电支路板(ET1、ET3)

电支路板的位置在第 8~12 槽(ET3 不能放置在第 11 槽),其中 8~11 槽放置主用支路板,12 槽放置备用支路板。

(1) ET1 单板

ET1 可以完成 8 路或 16 路 E1 信号(2Mbps)经 TUG-2 至 VC-4 的映射和去映射,支路信号的对外连接通过背板接口区连接相应型号的支路插座板实现。ET1 从 E1 支路信号抽取时钟并供系统同步定时使用。ET1 完成对本板 E1 支路信号的性能和告警分析并上报,但对支路信号的内容不作任何处理。

(2) ET3 单板

ET3 单板兼容 E3 信号(34Mbps)和 DS3 信号(45Mbps),通过设置可以选择支持 E3 或 DS3 支路信号接口,对应于 E3 信号的 ET3 板型号表示为 ET3E,对应于 DS3 信号的 ET3 板型号表示为 ET3D。

ET3 可以完成 1 路 E3/DS3 信号经 TUG-3 至 VC-4 的映射和去映射,支路信号的对外连接通过背板接口区连接相应型号的支路插座板来实现。其中支持 34Mbps 信号的称为 ET3E,处理 45Mbps 信号的称为 ET3D。

ET3 完成对本板 E3/DS3 支路信号的性能和告警分析并上报,但对支路信号的内容不作任何处理。

8. 4 接口智能快速以太网板(SFE4)

SFE4 板在 S320 设备中的位置与 ET1 的位置相同,是在 SDH 基础上传输以太网帧的单板。每块 SFE4 板可提供 4 个用户接口和 8 个系统接口。

S320 的 SFE4 单板只能用交叉网线。

单板支持以下四种运行模式。

(1) 默认模式:这种模式能够实现一一对应的用户接口和系统接口间所有数据的透明传输。

(2) 透传模式:仅在测试时使用,此时以太网板相当于一个 HUB,所有的接口都处于一个接口组内,相当于透明传输。

(3) 虚拟局域网模式:不支持 QinQ 功能,能够进行基于 VLAN+MAC 地址的交换,需要设置用户接口和系统接口的 VLAN 模式,需要创建虚拟局域网。

(4) 虚拟通道模式:与虚拟局域网模式的区别在于支持 QinQ 功能,能够进行基于 VLAN+MAC 地址的交换。

9. 勤务板(OW)

OW 板位于第 13 槽,它利用 SDH 段开销中的 E1 字节和 E2 字节提供两条互不交叉的话音通道,一条用于再生段(E1),一条用于复用段(E2),从而实现各个 SDH 网元之间的语音联络。

10. 电源板（PWA/PWB/PWC）

电源板位于 S320 设备单板区的最右侧，也就是第 14、15 槽位，主要提供各单板的工作电源即二次电源。一块电源板相当于一个小功率的 DC/DC 变换器，能为 ZXMP S320 设备内的各个单板提供其运行所需的 +3.3V、+5V、−5V 和 −48V 直流电源。为满足不同的供电环境，ZXMP S320 提供了 PWA、PWB 和 PWC 三种电源板，其中 PWA 适用于 −48V 直流电源，PWB 适用于 +24V 直流电源。为提高系统供电的可靠性，ZXMP S320 设备支持 PWA/PWB 电源板的热备份工作方式。PWC 适用于 220V 交流电源，一台设备上仅能有一块 PWC，在实际设备中很少使用。

电源板的面板上设有一个电源开关，开关置 ON 时将机箱电源接入电源板，置 OFF 时将电源板与机箱电源断开。

11. 空面板

由于实际需求不同，ZXMP S320 设备的单板配置也各不相同，而且在配置确定后常常还会有一定数量的空板位，为此 ZXMP S320 提供了空面板，用于设备装饰和箱体密封。空面板的结构和单板基本一样，两者最大的区别在于空面板用一块塑料板替代了功能单板中的 PCB 板。

由于各个单板的尺寸不一，因此对应的也有不同尺寸的空面板。

实训 1 ZXMP S320 单板选择

例 2-1 链状网络拓扑单板选择。假设 A、B、C、D 四个网元均采用 ZXMP S320 设备，组成拓扑结构如图 2-6 所示。

已知各站之间的业务类型及数量如下：

(1) A→D 2 个 E1 业务；

(2) A→C 1 个 E3 业务；

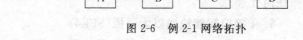

图 2-6 例 2-1 网络拓扑

(3) B→D 5 个 E1 业务。

请根据拓扑和业务对各网元做出合理的单板配置。

【解题思路】

(1) 必选单板

光传输设备的系统单板可以分为必配的和选配的。对于 S320 设备而言，电源板、时钟板 SCB、NCP 板以及具有交叉功能的单板（即交叉板或者全交叉光接口板）都是必选的。如果题目没有要求最简配置，那么为了系统的稳定，凡是可以提供 1+1 的热备份的单板都配置两块，即电源板、时钟板及交叉板（如选择全交叉光接口板的情况下交叉板不选）。

电源板很少选择 PWC，通常根据实际电源在 PWA 或 PWB 中选，由于题目没有要求，假设选择 PWA。

提供交叉功能的单板有交叉板和全交叉光接口板两种，两者只能选用其一。其中交叉板仅提供交叉的功能，选用时没有特别要求时选用 2 块，为系统提供 1+1 的热备份。而全交叉光接口板可以同时提供交叉功能和光接口功能，选用时只能选一块。能够提供 STM-4 光接口的只有 O4CSS/D，因此如果 S320 设备需要提供 STM-4 速率的光接口，只能选择 O4CSS/D 单板。如果按照业务要求，速率等级为 STM-1 的话，可以选择 CSB/CSBE+

OIB1S/D 的组合，或者 O1CSS/D(＋OIB1S/S)，光板的数量及型号选择取决于该设备需要提供的光接口数目。

（2）光板选择

由于该网络拓扑的业务量最集中处在 B→C 段，共需要传输 7 个 E1 业务和 1 个 E3 业务，使用 STM-1 即可实现。根据网络拓扑，显然可以看出，A 和 D 网元处于链状网络的两端，仅需要 1 个光接口与其他设备相连；B 和 C 网元处于链形网络的中间网元，需要 2 个光接口分别与其他设备相连。由此可以分析得到光板的具体选择。

A 和 D 网元设备需要提供一个光接口，光板选择可以有以下两种方式。

① CSB/CSBE＋OIB1S

② O1CSS

B 和 C 网元设备需要提供 2 个光接口，光板选择可以从下面几种方式中任选其一：

① CSB/CSBE＋OIB1S×2

② CSB/CSBE＋OIB1D

③ O1CSS＋OIB1S

④ O1CSD

（3）业务单板选择

根据各站之间的业务，可以得到：A、B、C、D 各网元均有上下业务，因此都需要配置业务单板。

① A 网元有 2 个 E1 的业务和 1 个 E3 的业务，需要配置 ET1 和 ET3E 各一；

② B 网元有 5 个 E1 的业务，需要配置 1 个 ET1；

③ C 网元有 1 个 E3 的业务，需要配置 1 个 ET3E；

④ D 网元有 7 个 E1 的业务，需要配置 1 个 ET1。

（4）其他单板

由于题目没有要求公务电话，因此 OW 板可不选择。

由此可以列出各站所需的单板类型及数量(仅列出其中的一种单板选择方式)，如表 2-1 所示。

表 2-1　例 2-1 各站配置明细表

	13#	12#	11#	10#	9#	8#	7#	6#	5#/4#	3#/2#	1#	14#/15#
A				ET1	ET3E		O1CSS			SCB×2	NCP	PWA×2
B				ET1			O1CSD			SCB×2	NCP	PWA×2
C					ET3E		O1CSD			SCB×2	NCP	PWA×2
D				ET1			O1CSS			SCB×2	NCP	PWA×2

例 2-2　环状网络拓扑单板选择。假设 A、B、C、D 四个网元均采用 ZXMP S320 设备，组成速率为 STM-4 的环状拓扑，如图 2-7 所示。

已知各站之间可通公务电话，业务类型及数量如下：

（1）A→D　2 个 E1 业务；

（2）A→C　1 个 E3 业务；

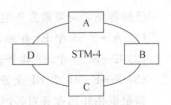

图 2-7　例 2-2 网络拓扑

（3）B→D　5个E1业务。

请根据拓扑和业务对各网元做出最简单板配置。

【解题思路】

（1）必选单板

根据上题的分析，很显然，必选单板有电源板、SCB板与NCP板，由于题目要求最简配置，因此各选一个。

（2）光板选择

由于题目要求网络拓扑的速率为STM-4，因此只能选择O4CS单板来实现。根据网络拓扑，显然可以看出，A、B、C、D网元位于环状网络上，各需要2个光接口分别与其他设备相连，因此各网元设备光板均选择O4CSD。

（3）业务单板选择

业务类型与上题一致，业务单板配置也是一样的，具体配置可以参考上题。

（4）其他单板

由于题目要求公务联络，因此要选择OW板。

由此可以列出各站所需的单板类型及数量（仅列出其中的一种单板选择方式），如表2-2所示。

表 2-2　例 2-2 各站配置明细表

	13#	12#	11#	10#	9#	8#	7#	6#	5#/4#	3#	2#	1#	14#	15#
A	OW			ET1	ET3E		O4CSD			SCB		NCP		PWA
B	OW			ET1			O4CSD			SCB		NCP		PWA
C	OW				ET3E		O4CSD			SCB		NCP		PWA
D	OW			ET1			O4CSD			SCB		NCP		PWA

✐ **练习 2-1**　复杂网络拓扑单板选择。假设 A、B、C、D、E、F 六个网元均采用 ZXMP S320 设备，其中 B、C、D、E 组成速率为 STM-4 的环状拓扑，A、B 网元和 E、F 网元分别组成速率为 STM-1 的链状结构，具体拓扑如图 2-8 所示。

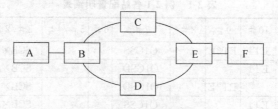

图 2-8　练习 2-1 网络拓扑

已知各站之间可通公务电话，业务类型及数量如下：

（1）A→F　8个E1业务；

（2）C→D　1个E3业务；

（3）B→F　10个E1业务。

请根据拓扑和业务对各网元做出合理的单板配置并填写表2-3。

表 2-3　练习 2-1 各站配置明细表

	13#	12#	11#	10#	9#	8#	7#	6#	5#	4#	3#/2#	1#	14#/15#
A													
B													
C													
D													

2.2　中兴光传输设备 ZXMP S380/S390

　　ZXMP S380/S390 的结构和原理基本一致,所以放在一起来介绍。ZXMP S380/S390 是中兴通讯公司推出的基于 SDH 的多业务结点设备,其中 S380 的最高传输速率为 2.5Gbps,可以平滑升级到 10Gbps;S390 的最高传输速率为 10Gbps。因此一般 S380/S390 都称为 10Gbps 传输设备。

2.2.1　设备子架

　　子架作为设备的核心组件安装在机柜中。高度为 2000mm 和 2200mm 的机柜可以安装一个子架,高度为 2600mm 的机柜可以安装两个子架,通过子架中单板的不同配置实现设备的各项功能。ZXMP S380/S390 子架如图 2-9 所示。

1. 背板

　　背板上部为子架接口,为子架提供电源插座和信号连接接口;中部正对插板区,为各槽位单板提供信号插座和电源插座;下部正对风扇插箱,为风扇插箱提供电源插座和信号插座。子架接口排列示意图如图 2-10 所示。

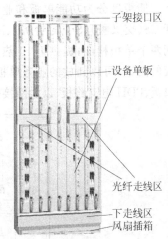

图 2-9　ZXMP S380/S390 子架

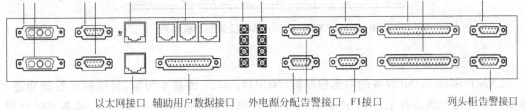

图 2-10　ZXMP S380/S390 子架接口排列示意图

2. 设备单板区

设备单板为双层结构,用于插装 ZXMP S390 设备的单板。

3. 光纤走线区

光纤走线区位于上、下两层单板之间,为上层单板面板引出的光纤提供走线通道,设有可以开合的小门;下走线区位于子架底部,用于为下层单板面板引出的电缆、光纤提供走线通道,设有可以拆卸的挡板,用于保护线缆,使布线后的子架整洁、美观。

2.2.2 风扇插箱

ZXMP S380/S390 设备子架的底层设有一个可拆卸的风扇插箱,装在设备子架的底层,采取抽拉式结构,根据需要可以方便地拆卸下来进行维护和清理。NCP 板收集各单板温度参数,计算所需的转速信号并下发到 FAN 板,由 FAN 板对风扇进行转速调节。当 NCP 板损坏或不在位时,为保证系统的正常工作,风扇将保持最大转速正常工作。风扇插箱自带温度传感器,保证在与 NCP 板失去联系的情况下监测设备温度。通过在 NCP 板下发复位指令可实现 FAN 板复位。

在中兴网管软件 ZXMP E300 中对 ZXMP S380/S390 设备进行单板选择时,风扇 FAN 是必选的,千万不要忽略。

2.2.3 设备单板

插板区分为功能单板和业务单板两个部分,功能单板区板位固定,不允许混插、错插,包括 CS(交叉板)、SC(时钟板)、NCP(网元控制板)、OW(公务板)。其中,CS 板和 SC 板均占用两个单板槽位,提供 1+1 热备份。业务单板区共有 12 个槽位,对称分布在 CS 板和 SC 板的两边,可以插放的业务单板包括 STM-1/STM-4/STM-16/STM-64 光线路板 STM-1 电接口板、PDH 电支路板、以太网接口板等。ZXMP S380/S390 设备的单板排列如图 2-11 所示。

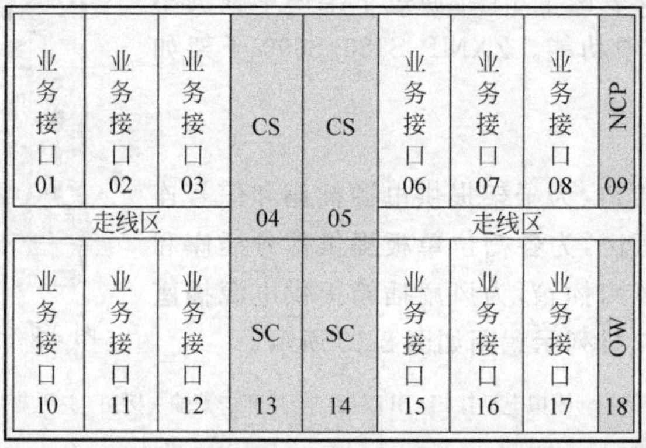

业务接口 01	业务接口 02	业务接口 03	CS	CS	业务接口 06	业务接口 07	业务接口 08	NCP 09
走线区			04	05	走线区			
业务接口 10	业务接口 11	业务接口 12	SC 13	SC 14	业务接口 15	业务接口 16	业务接口 17	OW 18

图 2-11 ZXMP S380/S390 设备的单板排列

1. 网元控制板(NCP)

ZXMP S380/S390 设备的网元控制板(NCP)与 S320 的基本相似,提供网元管理功能,是整个系统网元级监控中心,上连 Manager,下连单板管理控制单元(MCU),具备实时处理和通信的能力。NCP 能在 Manager 不接入的情况下,进行管理信息的收集和简单的控制管理。

按 NCP 板面板上的单板复位键 RST 可以复位 NCP 单板。NCP 板的 PCB 板上有一个八位拨码开关。当拨码开关全部置于 ON 时,NCP 板处于 Download 状态,具有固定 IP 地址 192.192.192.11,此时可以下载应用程序,设置网元 IP 地址,更改数据库设置;当拨码开关不全置于 ON 时,NCP 板处于正常运行状态。因此,如对设备进行重新配置的时候,

50

S320 设备无须取下 NCP 单板就可完成开局配置,而 S380/S390 设备需要在开局过程中对 NCP 板进行插拔,调整拨码开关,以更改数据库设置。

2. 交叉板(CS)

CS 是整个系统功能的核心,是群路和支路净负荷的汇集地,完成业务交叉、开销交叉以及保护倒换等功能;空分交叉部分主要完成空分交叉和开销交叉的功能。时分交叉部分,英文全称 Timeslot Cross Switch,缩写 TCS。可以简单地理解为,空分交叉主要处理的是 AU 级别的交叉,低于 AU 级别的交叉就称为时分交叉,如 TU-12 的交叉。

交叉板可以分为 CSA、CSB、CSD 和 CSE 四种。其中 ZXMP S380 与 S390 的区别主要就在于 CS 板的选择。S380 通常选用 CSA 交叉板,S390 选用 CSB、CSD 和 CSE 交叉板。中兴网管软件中默认使用的是 CSD 交叉板。下面对这四种交叉板的性能逐一介绍。

(1) CSA:交叉容量为 256×256 VC-4;业务接入的容量为 192×192 VC-4;时分交叉的总容量为 64×64 VC-4;1,2,3,6,7,8,10,11,12,15,16,17 槽位可以配置 STM-16 及以下等级单板;只要速率相等,任意两个槽位都可以配置复用段保护关系。

(2) CSB:交叉容量为 256×256 VC-4;不带时分交叉板;可以处理 2 个 10G 和 8 个 2.5G 群路方向;3,6 号槽位最高速率可以配置 10G 单板,12,15 号槽位不插业务单板,只能插非业务板;只要速率相等,任意两个槽位都可以配置复用段保护关系。

(3) CSD:交叉容量为 512×512 VC-4;业务接入的容量为 384×384 VC-4;时分交叉的总容量为 128×128 VC-4;可以处理 4 个 10G 和 8 个 2.5G 群路方向;3,6,12,15 号槽位最高速率可以配置 10G 单板,其他槽位可以配置 STM-16 及以下速率单板;只要速率相等,任意两个槽位都可以配置复用段保护关系。

(4) CSE:交叉容量为 1024×1024 VC-4;业务接入的容量为 896×896 VC-4;时分交叉的总容量为 256×256 VC-4;可以处理 12 个 10G 或 48 个 2.5G 群路方向;只要速率相等,任意两个槽位都可以配置复用段保护关系。时分交叉部分可分为 TCS128、TCS64、TCS32 和 TCS16:TCS128 的时分交叉能力为 8064×8064 TU-12;TCS64 的时分交叉能力为 4032×4032 TU-12;TCS32 的时分交叉能力为 2016×2016 TU-12;TCS16 的时分交叉能力为 1008×1008 TU-12。

3. 时钟板(SC)

ZXMP S380/390 系统采用的时钟同步方式为主从同步方式,以主基准时钟的频率控制从时钟的信号频率,即数字网中的同步结点时钟受控于主基准时钟的同步信息。同步信息按规定顺序从一个时钟传到另一个时钟,利用 SSM 同步字节实现全网时钟同步。SC 提供 4 个标准的 BITS 时钟输入接口(包括 2 个 2.048Mbps 和 2 个 2.048MHz),以及 24 个 8kHz 的线路定时输入频率基准,并且能对输入的频率基准进行保护倒换;另外 SC 提供 4 个外时钟输出接口(包括 2 个 2.048Mbps 和 2 个 2.048MHz)。

4. 公务板(OW)

OW 采用 STM-N 信号中的公务字节(E1、E2),并结合网管和 CS 板交叉处理功能,实现公务电话、音频接口和会议电话等功能。

5. 光线路板

(1) STM-64 光线路板 OL64/OL64E

OL64E 板与 OL64 板的原理、功能及外观基本相同,都提供 1 个方向 STM-64 标准光接口;光接口板完成 SOH 中的开销字节提取或合成;可实现 VC-4-nC($n\leqslant 64$)和 VC-3-nC($n\leqslant 192$)级联。

OL64E 板与 OL64 板的区别在于 OL64E 的背板总线速率为 2.5Gbps,OL64 的背板总线速率为 622Mbps;OL64 不能与 CSE 配合。

(2) STM-16 光线路板 OL16/OL16E

OL16 提供 1 个方向 STM-16 标准光接口,光接口板完成 SOH 中的开销字节提取或合成,可实现 VC-4-nC($n\leqslant 16$)级联,OL16 的背板总线速率为 622Mbps。OL16E 板的功能原理与 OL16 相同,区别在于提供四个 STM-16 的标准光接口,背板总线速率为 2.5Gbps。

(3) STM-4/STM-1 光线路板 OL4/OL1

OL4 提供 STM-4 标准光接口以及总线,可供上、下业务,可提供 2 个或 4 个 STM-4 标准光接口,代号分别为 OL4×2、OL4×4。OL1 提供 STM-1 标准光接口以及总线供业务上、下,可提供 4 个或 8 个 STM-1 标准光接口,代号分别为 OL1×4、OL1×8。OL4 可实现 VC-4-nC 或 VC-3-nC 的级联,$n\leqslant 4$ 或 12;OL1 板仅可实现 VC-3-nC 的级联,$n\leqslant 3$。

6. 电接口板

2/34/140Mbps 电支路板 ET1/ET3/ ET4;每块 ET1 板可提供 63 路 2Mbps 电接口;每块 ET3 板可提供 6 路 34Mbps 电接口;每块 ET4 板可提供 4 路 140Mbps 电接口。

7. 8 路智能快速以太网电接口板(SFE8)

SFE8 板提供用户侧 8 个 10/100Mbps 电接口和系统侧 8 个 VC-G 接口。每个系统接口可由 1~46 个 VC-12 采用虚级联方式实现任意绑定,提供最小为 2Mbps,最大为 100Mbps 的带宽。8 个系统接口带宽之和最大可达到 126 个 VC-12。

实训 2　ZXMP S380/S390 单板选择

例 2-3　链状网络拓扑单板选择。假设 A、B、C、D 四个网元均采用 ZXMP S380 设备,组成拓扑如图 2-12 所示。

已知各站之间的业务类型及数量如下:

(1) A→D　50 个 E1 业务;

(2) A→C　3 个 E3 业务;

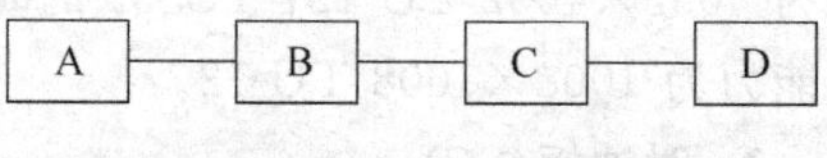

图 2-12　例 2-3 网络拓扑

(3) B→D　60 个 E1 业务。

请根据拓扑和业务对各网元做出合理的单板配置。

【解题思路】

(1) 功能单板

ZXMP S380 设备单板分为功能单板和业务单板两个部分,功能单板区板位固定,不允许混插、错插,包括 CS(交叉板)、SC(时钟板)、NCP(网元控制板)、OW(公务板)。其中,CS 板和 SC 板均占用有两个单板槽位,提供 1+1 热备份。

CS、SC、NCP 板都是必选的功能单板,其他单板视题目要求而定。本题没有要求站点之间的公务联络,因此可以不选 OW 板。

(2) 光板选择

由于该网络拓扑的业务量最集中处在 B→C 段,共需要传输 110 个 E1 业务和 3 个 E3 业务,使用 STM-4 即可实现。根据网络拓扑,显然可以看出,A 和 D 网元处于链形网络的两端,仅需要 1 个光接口与其他设备相连;B 和 C 网元处于链形网络的中间网元,需要 2 个光接口分别与其他设备相连。因此选择 OL4×2 光板即可满足要求。

(3) 业务单板选择

根据各站之间的业务,可以得到:A、B、C、D 各网元均有上下业务,因此都需要配置业务单板。

A 网元有 50 个 E1 的业务和 3 个 E3 的业务,需要配置 ET1 和 ET3 各一;

B 网元有 60 个 E1 的业务,需要配置 1 个 ET1;

C 网元有 3 个 E3 的业务,需要配置 1 个 ET3;

D 网元有 110 个 E1 的业务,需要配置 2 个 ET1。

由此可以列出各站所需的单板类型及数量(仅列出其中的一种单板选择方式),如表 2-4 所示。

表 2-4　例 2-3 各站配置明细表(未写的槽位为空)

	1#	2#	3#	4#	5#	6#	9#	13#	14#	15#	18#
A		ET1	ET3	CSA	CSA	OL4×2	NCP	SC	SC		
B		ET1		CSA	CSA	OL4×2	NCP	SC	SC		
C			ET3	CSA	CSA	OL4×2	NCP	SC	SC		
D		ET1	ET1	CSA	CSA	OL4×2	NCP	SC	SC		

例 2-4　环状网络拓扑单板选择。假设 A、B、C、D 四个网元均采用 ZXMP S390 设备,组成速率为 STM-16 的环状拓扑,各网元间均有公务联络,网络拓扑如图 2-13 所示。

已知各站之间的业务类型及数量如下:

(1) A→D　50 个 E1 业务;

(2) A→C　3 个 E3 业务;

(3) B→D　60 个 E1 业务。

请根据拓扑和业务对各网元做出最简的单板配置。

【解题思路】

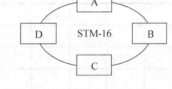

图 2-13　例 2-4 网络拓扑

(1) 功能单板

本题中显然必选的功能单板有 CS、SC、NCP 和 OW(各站有公务联络)板,而且由于题目要求最简配置,因此,CS 和 SC 均配置 1 块单板。

(2) 光板选择

由于题目要求该网络的传输速率为 STM-16,因此需要选择 OL16 的光板。又由于这是一个环状的拓扑,每个网元都需要提供 2 个光接口,因此可以采用 2 个 OL16 光板或者 1 个 OL16E 光板。

(3) 业务单板选择

分析如例 2-3。

由此可以列出各站所需的单板类型及数量(仅列出其中的一种单板选择方式),如表 2-5 所示。

表 2-5　例 2-4 各站配置明细表（未写的槽位为空）

	1#	2#	3#	4#	5#	6#	9#	13#	14#	15#	18#
A	ET3	ET1	OL16	CSD		OL16	NCP	SC			OW
B		ET1	OL16	CSD		OL16	NCP	SC			OW
C	ET3		OL16	CSD		OL16	NCP	SC			OW
D	ET1	ET1	OL16	CSD		OL16	NCP	SC			OW

⚠ **练习 2-2**　复杂网络拓扑单板选择。假设 A、B、C、D、E、F 六个网元均采用 ZXMP S380/S390 设备，其中 B、C、D、E 组成速率为 STM-64 的环状拓扑，A、B 网元和 E、F 网元分别组成速率为 STM-4 的链，具体拓扑如图 2-14 所示。

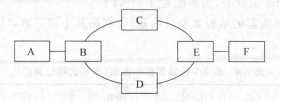

图 2-14　练习 2-2 网络拓扑

已知各站之间可通公务电话，业务类型及数量如下：

（1）A→F　38 个 E1 业务；

（2）C→D　5 个 E3 业务；

（3）B→F　10 个 E1 业务。

请根据拓扑和业务对各网元做出合理的单板配置并填写表 2-6。

表 2-6　练习 2-2 各站配置明细表

小　结

本章是实践练习，要求通过本章的学习，应该可以掌握中兴常见光传输设备的各种接口、组件和单板功能，能够按照题目要求合理的选择单板。

思考与练习

2.1　填空题

（1）ZXMP S320 设备采用_____的电路结构。

54

（2）ZXMP S320 设备采用模块化设计，将整个系统划分为不同的单板。请写出任 5 种单板名称：_____、_____、_____、_____、_____。

（3）ZXMP S320 设备提供的光接口板速率最高可达_____。

（4）ZXMP S320 设备可以提供_____、_____、_____电源板。

2.2　简答题

（1）ZXMP S320 背板有哪些接口？各有什么作用？

（2）ZXMP S320 设备能够提供的光板有哪几种？

（3）电支路板共有多少个槽位？不同槽位的电支路板在使用时有区别吗？如有，请简要说明。

（4）根据业务需求，在配置设备单板时该注意哪些？举例说明。

第3章 传输网的搭建及业务配置

3.1 传输网的设备类型及网管构架

3.1.1 SDH 传输网的常见网元

SDH 传输网是由不同类型的网元通过光缆线路的连接组成的,通过不同的网元完成 SDH 网的传送功能:上/下业务、交叉连接业务、网络故障自愈等。下面讲述 SDH 网中常见网元的特点和基本功能。

1. TM——终端复用器

终端复用器用在网络的终端站点上,例如一条链的两个端点上,它是一个双接口器件,如图 3-1 所示。

它的作用是将支路接口的低速信号复用到线路接口的高速信号 STM-N 中,或从 STM-N 的信号中分出低速支路信号。请注意,它的线路接口输入/输出一路 STM-N 信号,而支路接口却可以输出/输入多路低速支路信号。在将低速支路信号复用进 STM-N 帧(将低速信号复用到线路)上时,有一个交叉的功能。例如:可将支路的一个 STM-1

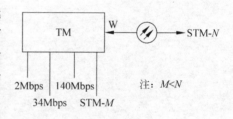

图 3-1 TM 模型

信号复用进线路上的 STM-16 信号中的任意位置上,也就是指复用在 1～16 个 STM-1 的任一个位置上。将支路的 2Mbps 信号可复用到一个 STM-1 中 63 个 VC-12 的任一个位置上去。

2. ADM——分/插复用器

分/插复用器用于 SDH 传输网络的转接站点处,例如链的中间结点或环上结点,是 SDH 网上使用最多、最重要的一种网元,它是一个三接口的器件,如图 3-2 所示。

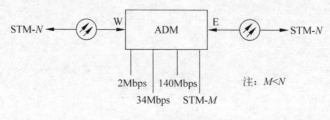

图 3-2 ADM 模型

ADM 有两个线路接口和一个支路接口。两个线路接口各接一侧的光缆(每侧收/发共两根光纤),为了描述方便我们将其分为西向(W)、东向(E)两个线路接口。ADM 的作用是将低速支路信号交叉复用进东向或西向线路上去,或从东侧或西侧线路接口收的线路信号中拆分出低速支路信号。另外,还可将东/西向线路的 STM-N 信号进行交叉连接,例如将东向 STM-16 中的 3♯STM-1 与西向 STM-16 中的 15♯STM-1 相连接。

请注意,东向和西向只是逻辑概念而不是实际存在的。

ADM 是 SDH 最重要的一种网元,通过它可等效成其他网元,即能完成其他网元的功能。

3. REG——再生中继器

光传输网的再生中继器有两种,一种是纯光的再生中继器,主要进行光功率放大以延长光传输距离;另一种是用于脉冲再生整形的电再生中继器,主要通过光/电变换、电信号抽样、判决、再生整形、电/光变换,以达到不积累线路噪声,保证线路上传送信号波形的完好性。此处讲的是后一种再生中继器。REG 是双接口器件,只有两个线路接口——W、E,如图 3-3 所示。

图 3-3　电再生中继器

它的作用是将 W/E 侧的光信号经 O/E、抽样、判决、再生整形、E/O 在 E 或 W 侧发出。REG 与 ADM 相比仅少了支路接口,所以 ADM 若本地不上/下话路(支路不上/下信号)时,完全可以等效一个 REG。

真正的 REG 只需处理 STM-N 帧中的 RSOH,且不需要交叉连接功能(W、E 直通即可);而 ADM 和 TM 因为要完成将低速支路信号分/插到 STM-N 中,所以不仅要处理 RSOH,而且还要处理 MSOH;另外 ADM 和 TM 都具有交叉复用能力(有交叉连接功能),因此用 ADM 来等效 REG 有点大材小用了。

例如有网络如图 3-4 所示。

若仅使用 E1 字节作为公务联络字节,A、B、C、D 四网元均可互通公务。终端复用器要处理RSOH 和 MSOH,因此用 E1、E2 字节均可通公务。再生器作用是信号的再生,只须处理 RSOH可用 E1 字节通公务。若仅使用 E2 字节作为公

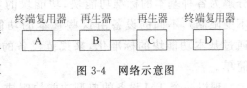

图 3-4　网络示意图

务联络字节那么就仅有 A、D 间可以通公务电话,因为 B、C 网元不处理 MSOH 也就不会处理 E2 字节。

4. DXC——数字交叉连接设备

数字交叉连接设备完成的主要是 STM-N 信号的交叉连接功能,它是一个多接口器件,它实际上相当于一个交叉矩阵,完成各个信号间的交叉连接,DXC 可将输入的 m 路 STM-N 信号(m 条入光纤)交叉连接到输出的 n 路 STM-N 信号(n 条出光纤)上,DXC 的核心是交叉连接,如图 3-5 所示。

DXC 可将输入的 m 路 STM-N 信号交叉连接到输出的 n 路 STM-N 信号上,图 3-5 表

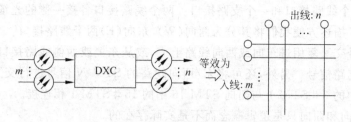

图 3-5　DXC 功能图

示有 m 条入光纤和 n 条出光纤。DXC 的核心是交叉连接,功能强的 DXC 能完成高速(如 STM-64)信号在交叉矩阵内的低级别交叉(例如 VC-12 级别的交叉)。

通常用 DXC$m/n(m \geqslant n)$ 来表示一个 DXC 的类型和性能,m 表示可接入 DXC 的最高速率等级,n 表示在交叉矩阵中能够进行交叉连接的最低速率级别。m 越大表示 DXC 的承载容量越大;n 越小表示 DXC 的交叉灵活性越大。m 和 n 的相应数值的含义见表 3-1。

表 3-1　m、n 数值与速率对应表

m 或 n	0	1	2	3	4	5	6
速率	64Kbps	2Mbps	8Mbps	34Mbps	140Mbps 155Mbps	622Mbps	2.5Gbps

小容量的 DXC 可由 ADM 来等效。

3.1.2　SDH 设备的逻辑功能块

SDH 体制要求不同厂家的产品实现横向兼容,这就必然会要求设备的实现要按照标准的规范。而不同厂家的设备千差万别,那么怎样才能实现设备的标准化,以达到互连的要求呢?

ITU-T 采用功能参考模型的方法对 SDH 设备进行规范,它将设备所应完成的功能分解为各种基本的标准功能块,功能块的实现与设备的物理实现无关(以哪种方法实现不受限制),不同的设备由这些基本的功能块灵活组合而成,以完成设备不同的功能。通过基本功能块的标准化,来规范设备的标准化,同时也使规范具有普遍性,叙述清晰简单。

现以一个 TM 设备的典型功能块组成,来讲述各个基本功能块的作用,应该特别注意的是掌握每个功能块所监测的告警、性能事件及其检测机理。TM 设备的逻辑功能块构成如图 3-6 所示。

图 3-6 为一个 TM 的功能块组成图,其信号流程是线路上的 STM-N 信号从设备的 A 参考点进入设备,依次经过 A→B→C→D→E→F→G→L→M 拆分成 140Mbps 的 PDH 信号;经过 A→B→C→D→E→F→G→H→I→J→K 拆分成 2Mbps 或 34Mbps 的 PDH 信号(这里以 2Mbps 信号为例),在这里将其定义为设备的收方向。相应的发方向就是沿这两条路径的反方向将 140Mbps、2Mbps 和 34Mbps 的 PDH 信号复用到线路上的 STM-N 信号帧中。设备的这些功能是由各个基本功能块共同完成的。

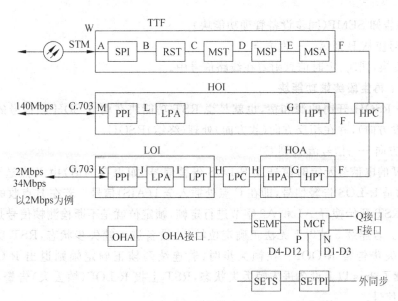

图 3-6　SDH 设备的逻辑功能构成（以 TM 设备为例）

各功能块的名称如下：

SPI——SDH 物理接口　　　　　　　TTF——传送终端功能

RST——再生段终端　　　　　　　　HOI——高阶接口

MST——复用段终端　　　　　　　　LOI——低阶接口

MSP——复用段保护　　　　　　　　HOA——高阶组装器

MSA——复用段适配　　　　　　　　HPC——高阶通道连接

PPI——PDH 物理接口　　　　　　　OHA——开销接入功能

LPA——低阶通道适配　　　　　　　SEMF——同步设备管理功能

LPT——低阶通道终端　　　　　　　MCF——消息通信功能

LPC——低阶通道连接　　　　　　　SETS——同步设备定时源

HPA——高阶通道适配　　　　　　　SETPI——同步设备定时物理接口

HPT——高阶通道终端

各功能的具体介绍如下。

1. SPI：SDH 物理接口功能块

SPI 是设备和光路的接口，主要完成光/电变换、电/光变换，提取线路定时，以及相应告警的检测。SPI 功能如图 3-7 所示。

（1）信号流从 A 到 B——收方向

光/电变换，同时提取线路定时信号并将其传给 SETS（同步设备定时源功能块）锁相，锁定频率后由 SETS 再将定时信号传给其他功能块，以此作为它们工作的定时时钟。

当 A 点的 STM-N 信号失效（例如：无光或光功率过低，传输性能劣化使 BER 劣于 10^{-3}），SPI 产生 R-LOS 告警（接收信号丢失），并将

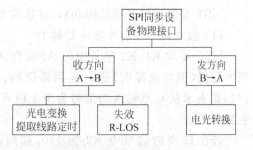

图 3-7　SPI 模块收发方向功能

R-LOS 状态告知 SEMF(同步设备管理功能块)。

(2) 信号流从 B 到 A——发方向

电/光变换,同时,定时信息附着在线路信号中。

2. RST:再生段终端功能块

RST 是 RSOH 开销的源和宿,也就是说 RST 功能块在构成 SDH 帧信号的过程中产生 RSOH(发方向),并在相反方向(收方向)处理(终结)RSOH。

(1) 收方向——信号流 B 到 C

STM-N 的电信号及定时信号或 R-LOS 告警信号(如果有的话)由 B 点送至 RST,若 RST 收到的是 R-LOS 告警信号,即在 C 点处插入全 1(AIS)信号。若在 B 点收的是正常信号流,那么 RST 开始搜寻 A1 和 A2 字节进行定帧,帧定位就是不断检测帧信号是否与帧头位置相吻合。若连续 5 帧以上无法正确定位帧头,设备进入帧失步状态,RST 功能块上报接收信号帧失步告警 R-OOF。在帧失步时,若连续两帧正确定帧则退出 R-OOF 状态。R-OOF 持续了 3ms 以上设备进入帧丢失状态,RST 上报 R-LOF(帧丢失)告警,并使 C 点处出现全 1 信号。

RST 对 B 点输入的信号进行了正确帧定位后,RST 对 STM-N 帧中除 RSOH 第一行字节外的所有字节进行解扰,解扰后提取 RSOH 并进行处理。RST 校验 B1 字节,若检测出有误码块,则本端产生 RS-BBE; RST 同时将 E1、F1 字节提取出传给 OHA(开销接入功能块)处理公务联络电话;将 D1-D3 提取传给 SEMF,处理 D1-D3 上的再生段 OAM 命令信息。

(2) 发方向——信号流从 C 到 B

RST 写 RSOH,计算 B1 字节,并对除 RSOH 第一行字节外的所有字节进行扰码。设备在 A、B、C 点处的信号帧结构如图 3-8 所示。

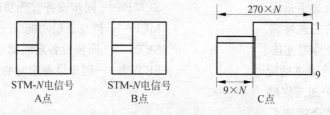

STM-N电信号　　　STM-N电信号　　　$270×N$
A点　　　　　　　B点　　　　　　　$9×N$　C点

图 3-8　A、B、C 点处的信号帧结构图

RST 收发方向信号处理流程如图 3-9 所示。

3. MST:复用段终端功能块

MST 是复用段开销的源和宿,在接收方向处理(终结)MSOH,在发方向产生 MSOH。

(1) 收方向——信号流从 C 到 D

MST 提取 K1、K2 字节中的 APS(自动保护倒换)协议送至 SEMF,以便 SEMF 在适当的时候(例如故障时)进行复用段倒换。若 C 点收到的 K2 字节的 b6-b8 连续 3 帧为 111,则表示从 C 点输入的信号为全 1 信号,MST 功能块产生 MS-AIS(复用段告警指示)告警信号。

若在 C 点的信号中 K2 为 110,则判断为这是对端设备回送回来的对告信号——

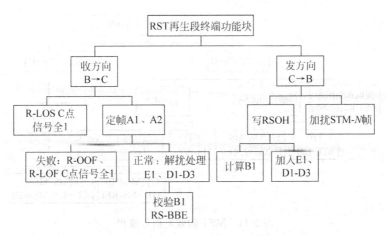

图 3-9　RST 收发方向信号处理流程

MS-RDI（复用段远端失效指示），表示对端设备在接收信号时出现 MS-AIS、B2 误码过大等劣化告警。

MST 功能块校验 B2 字节，检测复用段信号的传输误码块，若有误块检测出，则本端设备在 MS-BBE 性能事件中显示误块数，向对端发对告信息 MS-REI，由 M1 字节回告对方接收端收到的误块数。

若检测到 MS-AIS 或 B2 检测的误码块数超越门限（此时 MST 上报一个 B2 误码越限告警 MS-EXC），则在点 D 处使信号出现全 1。

另外，MST 将同步状态信息 S1（b5-b8）恢复，将所得的同步质量等级信息传给 SEMF。同时 MST 将 D4-D12 字节提取传给 SEMF，供其处理复用段 OAM 信息；将 E2 提取出来传给 OHA，供其处理复用段公务联络信息。

（2）发方向——信号流从 D 到 C

MST 写入 MSOH：从 OHP 来的 E2；从 SEMF 来的 D4-D12；从 MSP 来的 K1、K2 写入相应 B2 字节、S1 字节、M1 字节等。若 MST 在收方向检测到 MS-AIS 或 MS-EXC（B2），那么在发方向上将 K2 字节 b6-b8 设为 110。D 点处的信号帧结构如图 3-10 所示。

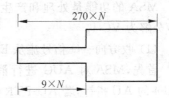

图 3-10　D 点处的信号帧结构

MST 的收发信号流程如图 3-11 所示。

4. MSP：复用段保护功能块

MSP 用以在复用段内保护 STM-N 信号，防止随路故障，它通过对 STM-N 信号的监测、系统状态评价，将故障信道的信号切换到保护信道上去（复用段倒换）。ITU-T 规定保护倒换的时间控制在 50ms 以内。

复用段倒换的故障条件是 R-LOS、R-LOF、MS-AIS 和 MS-EXC（B2），要进行复用段保护倒换，设备必须有冗余（备用）的信道。下面以两个端对端的 TM 为例进行说明，如图 3-12 所示。

（1）收方向——信号流从 D 到 E

若 MSP 收到 MST 传来的 MS-AIS 或 SEMF 发来的倒换命令，将进行信息的主备倒

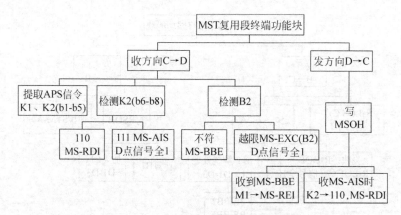

图 3-11　MST 的收发信号流程

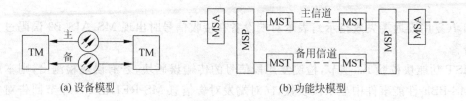

(a) 设备模型　　　　　　　　(b) 功能块模型

图 3-12　TM 的复用段保护

换,正常情况下信号流从 D 透明地传到 E。

(2) 发方向——信号流从 E 到 D

E 点的信号流透明地传至 D,E 点处信号波形同 D 点。

5. MSA:复用段适配功能块

MSA 的功能是处理和产生 AU-PTR,以及组合/分解整个 STM-N 帧,即将 AUG 组合/分解为 VC-4。

(1) 收方向——信号流从 E 到 F

首先,MSA 对 AUG 进行消间插,将 AUG 分成 N 个 AU-4 结构,然后处理这 N 个 AU-4 的 AU 指针,若 AU-PTR 的值连续 8 帧为无效指针值或 AU-PTR 连续 8 帧为 NDF,此时 MSA 上相应的 AU-4 产生 AU-LOP 告警,并使信号在 F 点的相应的通道上(VC-4)输出为全 1。若 MSA 连续 3 帧检测出 H1、H2、H3 字节全为 1,则认为 E 点输入的为全 1 信号,此时 MSA 使信号在 F 点的相应的 VC-4 上输出为全 1,并产生相应 AU-4 的 AU-AIS 告警。

(2) 发方向——信号流从 F 到 E

F 点的信号经 MSA 定位和加入标准的 AU-PTR 成为 AU-4,N 个 AU-4 经过字节间插复用成 AUG。F 点的信号帧结构如图 3-13 所示。MSA 的收发信号流程如图 3-14 所示。

6. TTF:传送终端功能块

前面讲过多个基本功能经过灵活组合,可形成复合功能块,以完成一些较复杂的工作。

图 3-13　F 点的信号
　　　　帧结构图

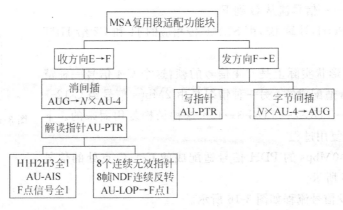

图 3-14   MSA 的收发信号流程

SPI、RST、MST、MSA 一起构成了复合功能块 TTF，它的作用是在收方向对 STM-N 光线路进行光/电变换（SPI）、处理 RSOH（RST）、处理 MSOH（MST）、对复用段信号进行保护（MSP）、对 AUG 消间插并处理指针 AU-PTR，最后输出 N 个 VC-4 信号；发方向与此过程相反，进入 TTF 的是 VC-4 信号，从 TTF 输出的是 STM-N 的光信号。

7．HPC：高阶通道连接功能块

HPC 实际上相当于一个交叉矩阵，它完成对高阶通道 VC-4 进行交叉连接的功能，除了信号的交叉连接外，信号流在 HPC 中是透明传输的（所以 HPC 的两端都用 F 点表示）。HPC 是实现高阶通道 DXC 和 ADM 的关键，其交叉连接功能仅指选择或改变 VC-4 的路由，不对信号进行处理。一种 SDH 设备功能的强大与否主要是由其交叉能力决定的，而交叉能力又是由交叉连接功能块即高阶 HPC、低阶 LPC 来决定的。

8．HPT：高阶通道终端功能块

从 HPC 中出来的信号分成了两种路由：一种进 HOI 复合功能块，输出 140Mbps 的 PDH 信号；另一种进 HOA 复合功能块，再经 LOI 复合功能块最终输出 2Mbps 的 PDH 信号。不过不管走哪一种路由都要先经过 HPT 功能块，两种路由 HPT 的功能是一样的。

HPT 是高阶通道开销的源和宿，形成和终结高阶虚容器。

（1）收方向——信号流从 F 到 G

终结 POH，检验 B3，若有误码块，则在本端性能事件中 HP-BBE 显示检出的误块数，同时在回送给对端的信号中，将 G1 字节的 b1-b4 设置为检测出的误块数，以便发端在性能事件 HP-REI 中显示相应的误块数。

HPT 检测 J1 和 C2 字节，若失配（应收的和所收的不一致），则产生 HP-TIM、HP-SLM 告警，使信号在 G 点相应的通道上输出为全 1，同时通过 G1 的 b5 往发端回传一个相应通道的 HP-RDI 告警。若检查到 C2 字节的内容连续 5 帧为 00000000，则判断该 VC-4 通道未装载，于是使信号在 G 点相应的通道上输出为全 1，HPT 在相应的 VC-4 通道上产生 HP-UNEQ 告警。

H4 字节的内容包含有复帧位置指示信息，HPT 将其传给 HOA 复合功能块的 HPA 功能块（因为 H4 的复帧位置指示信息仅对 2Mbps 有用，对 140Mbps 的信号无用）。

（2）发方向——信号流从 G 到 F

HPT 写入 POH，计算 B3，由 SEMF 传相应的 J1 和 C2 给 HPT
写入 POH 中。

G 点的信号形状实际上是 C-4 信号的帧，这个 C-4 信号一种情
况是由 140Mbps 适配成的；另一种情况是由 2Mbps 信号经 C-12→
VC-12→TU-12→TUG-2→TUG-3→C-4 这种结构复用而来的。下
面分别是它们的复用过程。

图 3-15　G 点的信号
帧结构图

先讲述由 140Mbps 的 PDH 信号适配成的 C-4，G 点处的信号
帧结构如图 3-15 所示。

HPT 的收发信号流程如图 3-16 所示。

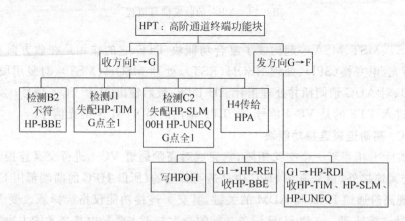

图 3-16　HPT 的收发信号流程

9. LPA：低阶通道适配功能块

LPA 的作用是通过映射和去映射将 PDH 信号适配进 C（容器），或把 C 信号去映射成
PDH 信号。

10. PPI：PDH 物理接口功能块

PPI 的功能是作为 PDH 设备和携带支路信号的物理传输媒质的接口，主要功能是进行
码型变换和支路定时信号的提取。

（1）收方向——信号流从 L 到 M

将设备内部码转换成便于支路传输的 PDH 线路码型，如 HDB3（2Mbps、34Mbps）、
CMI（140Mbps）。

（2）发方向——信号流从 M 到 L

将 PDH 线路码转换成便于设备处理的 NRZ 码，同时提取支路信号的时钟将其送给
SETS 锁相，锁相后的时钟由 SETS 送给各功能块作为它们的工作时钟。

当 PPI 检测到无输入信号时，会产生支路信号丢失告警 T-ALOS（2Mbps）或 EXLOS
（34Mbps、140Mbps），表示设备支路输入信号丢失。

PPI 的收发信号流程如图 3-17 所示。

11. HOI：高阶接口

此复合功能块由 HPT、LPA、PPI 三个基本功能块组成。完成的功能是将 140Mbps 的

PDH 信号通过复用、映射、定位处理后进入 VC-4。

下面是由 2Mbps 复用进 C4 的过程。

此时，G 点处的信号实际上是由 TUG-3 通过字节间插而成的 C-4 信号，而 TUG-3 又是由 TUG-2 通过字节间插复合而成的，TUG-2 又是由 TU-12 复合而成，TU-12 是由 VC-12＋TU-PTR 组成的。

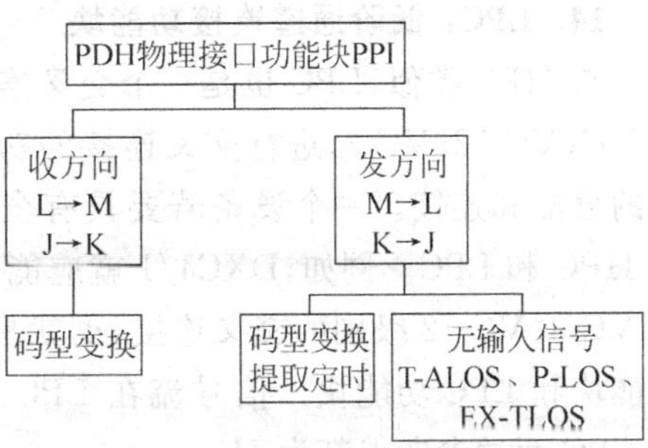

12. HPA：高阶通道适配功能块

HPA 的作用有点类似 MSA，只不过进行的是通道级的处理/产生 TU-PTR，将 C-4 这种信息结构拆/分成 TU-12（对 2Mbps 的信号而言）。

（1）收方向——信号流从 G 到 H

首先将 C-4 进行消间插成 63 个 TU-12，然后处理 TU-PTR，进行 VC-12 在 TU-12 中的定位、分离，从 H 点流出的信号是 63 个 VC-12 信号。

HPA 若连续 3 帧检测到 V1、V2、V3 全为 1，则判定为相应通道的 TU-AIS 告警，在 H 点使相应 VC-12 通道信号输出全为 1。若 HPA 连续 8 帧检测到 TU-PTR 为无效指针或 NDF，则 HPA 产生相应通道的 TU-LOP 告警，并在 H 点使相应 VC-12 通道信号输出全为 1。

HPA 根据从 HPT 收到的 H4 字节做复帧指示，将 H4 的值与复帧序列中单帧的预期值相比较；若连续几帧不吻合，则上报 TU-LOM 支路单元复帧丢失告警；若 H4 字节的值为无效值，即在 01H-04H 之外，则也会出现 TU-LOM 告警。

（2）发方向——信号流从 H 到 G

HPA 先对输入的 VC-12 进行标准定位——加上 TU-PTR，然后将 63 个 TU-12 通过字节间插复用：TUG-2→TUG-3→C-4。

HPA 的收发信号流程如图 3-18 所示。

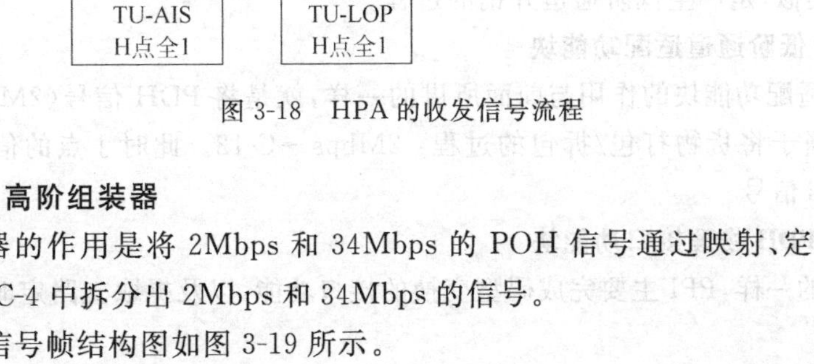

图 3-17　PPI 的收发信号流程

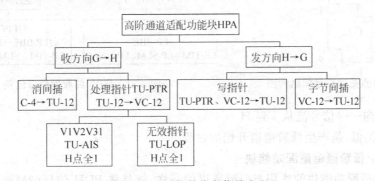

图 3-18　HPA 的收发信号流程

13. HOA：高阶组装器

高阶组装器的作用是将 2Mbps 和 34Mbps 的 POH 信号通过映射、定位、复用，装入 C-4 帧中，或从 C-4 中拆分出 2Mbps 和 34Mbps 的信号。

H 点处的信号帧结构图如图 3-19 所示。

14. LPC：低阶通道连接功能块

与 HPC 类似，LPC 也是一个交叉连接矩阵，不过它是完成对低阶 VC(VC-12/VC-3)进行交叉连接的功能，可实现低阶 VC 之间灵活的分配和连接。一个设备若要具有全级别交叉能力，就一定要包括 HPC 和 LPC。例如，DXC4/1 就应能完成 VC-4 级别的交叉连接和 VC-3、VC-12 级别的交叉连接，也就是说 DXC4/1 必须包括 HPC 功能块和 LPC 功能块。信号流在 LPC 功能块处是透明传输的(所以 LPC 两端参考点都为 H)。

图 3-19　H 点处的信号帧结构图

15. LPT：低阶通道终端功能块

LPT 是低阶 POH 的源和宿，对 VC-12 而言就是处理和产生 V5、J2、N2、K4 四个 POH 字节。

(1) 收方向——信号流从 H 到 J

LPT 处理 LP-POH，通过 V5 字节的 b1-b2 进行 BIP-2 的检验，若检测出 VC-12 的误码块，则在本端性能事件 LP-BBE 中显示误块数，同时通过 V5 的 b3 回告对端设备，并在对端设备的性能事件 LP-REI(低阶通道远端误块指示)中显示相应的误块数。检测 J2 和 V5 的 b5-b7，若失配(应收的和实际所收的不一致)，则在本端产生 LP-TIM(低阶通道踪迹字节失配)、LP-SLM(低阶通道信号标识失配)，此时 LPT 使 I 点处使相应通道的信号输出为全 1，同时通过 V5 的 b8 回送给对端一个 LP-RDI(低阶通道远端失效指示)告警，使对端了解本接收端相应的 VC-12 通道信号时出现劣化。若连续 5 帧检测到 V5 的 b5-b7 为 000，则判定为相应通道来装载，本端相应通道出现 LP-UNEQ(低阶通道未装载)告警。

I 点处的信号实际上已成为 C-12 信号，帧结构如图 3-20 所示。

HPA 的收发信号流程如图 3-21 所示。

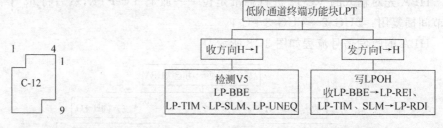

图 3-20　I 点处的信号帧结构图　　　图 3-21　HPA 的收发信号流程

(2) 发方向——信号流从 J 到 H

与 HPT 类似，是产生低阶通道开销的过程。

16. LPA：低阶通道适配功能块

低阶通道适配功能块的作用与前面所讲的一样，就是将 PDH 信号(2Mbps)装入/拆出 C-12 容器，相当于将货物打包/拆包的过程：2Mbps→C-12。此时 J 点的信号实际上已是 PDH 的 2Mbps 信号。

17. PPI：PDH 物理接口功能块

与前面讲的一样，PPI 主要完成码型变换的接口功能，以及提取支路定时供系统使用的功能。

18. LOI：低阶接口功能块

低阶接口功能块主要完成将 VC-12 信号拆包成 PDH 2Mbps 的信号（收方向），或将 PDH 的 2Mbps 信号打包成 VC-12 信号，同时完成设备和线路的接口功能——码型变换；PPI 完成映射和解映射功能。

设备组成的基本功能块就是以上 18 个，不过通过它们的灵活的组合，可构成不同的设备，例如组成 REG、TM、ADM 和 DXC，并完成相应的功能。设备还有一些辅助功能块，它们携同基本功能块一起完成设备所要求的功能，这些辅助功能块是：SEMF、MCF、OHA、SETS、SETPI。下面简单介绍。

19. SEMF：同步设备管理功能块

SEMF 的作用是收集其他功能块的状态信息，进行相应的管理操作。这就包括了本站向各个功能块下发命令，收集各功能块的告警、性能事件，通过 DCC 通道向其他网元传送 OAM 信息，向网络管理终端上报设备告警、性能数据以及响应网管终端下发的命令。

DCC(D1-D12) 通道的 OAM 内容是由 SEMF 决定的，并通过 MCF 在 RST 和 MST 中写入相应的字节，或通过 MCF 功能块在 RST 和 MST 提取 D1-D12 字节，传给 SEMF 处理。

20. MCF：消息通信功能块

MCF 功能块实际上是 SEMF 和其他功能块和网管终端的一个通信接口，通过 MCF，SEMF 可以和网管进行消息通信（F 接口、Q 接口），以及通过 N 接口和 P 接口分别与 RST 和 MST 上的 DCC 通道交换 OAM 信息，实现网元和网元间的 OAM 信息的互通。

MCF 上的 N 接口传送 D1-D3 字节（DCCR），P 接口传送 D4-D12 字节（DCCM），F 接口和 Q 接口都是与网管终端的接口，通过它们可使网管能对本设备乃至整个网络的网元进行统一管理。

21. SETS：同步设备定时源功能块

数字网都需要一个定时时钟以保证网络的同步，使设备能正常运行。而 SETS 功能块的作用就是提供 SDH 网元乃至 SDH 系统的定时时钟信号。

SETS 时钟信号的来源有 4 个。

（1）由 SPI 功能块从线路上的 STM-N 信号中提取的时钟信号；

（2）由 PPI 从 PDH 支路信号中提取的时钟信号；

（3）由 SETPI（同步设备定时物理接口）提取的外部时钟源，如 2MHz 方波信号或 2Mbps；

（4）当这些时钟信号源都劣化后，为保证设备的定时，由 SETS 的内置振荡器产生的时钟。

SETS 对这些时钟进行锁相后，选择其中一路高质量时钟信号，传给设备中除 SPI 和 PPI 外的所有功能块使用。同时 SETS 通过 SETPI 功能块向外提供 2Mbps 和 2MHz 的时钟信号，可供其他设备——交换机、SDH 网元等作为外部时钟源使用。

22. SETPI：同步设备定时物理接口

SETPI 作用于 SETS 与外部时钟源的物理接口，SETS 通过它接收外部时钟信号或提供外部时钟信号。

23. OHA：开销接入功能块

OHA 的作用是从 RST 和 MST 中提取或写入相应 E1、E2、F1 公务联络字节，进行相应的处理。

前面讲述了组成设备的基本功能块，以及这些功能块所监测的告警性能事件及其监测机理。深入了解各个功能块上监测的告警、性能事件，以及这些事件的产生机理，是以后在维护设备时能正确分析、定位故障的关键所在，希望能将这部分内容完全理解和掌握。由于这部分内容较零散，现将其综合起来，以便找出其内在的联系。

以下是 SDH 设备各功能块产生的主要告警维护信号以及有关的开销字节。

SPI：LOS

RST：LOF(A1、A2)，OOF(A1、A2)，RS-BBE(B1)

MST：MS-AIS(K2[b6-b8])、MS-RDI(K2[b6-b8])，MS-REI(M1)，MS-BBE(B2)，MS-EXC(B2)

MSA：AU-AIS(H1、H2、H3)，AU-LOP(H1、H2)

HPT：HP-RDI(G1[b5])，HP-REI(G1[b1-b4])，HP-TIM(J1)，HP-SLM(C2)，HP-UNEQ(C2)，HP-BBE(B3)

HPA：TU-AIS(V1、V2、V3)，TU-LOP(V1、V2)，TU-LOM(H4)

LPT：LP-RDI(V5[b8])，LP-REI(V5[b3])，LP-TIM(J2)，LP-SLM(V5[b5-b7])，LP-UNEQ(V5[b5-b7])，LP-BBE(V5[b1-b2])

ITU-T 建议规定了以上这些告警维护信号的含义：

LOS：信号丢失，输入无光功率、光功率过低、光功率过高，使 BER 劣于 10^{-3}。

OOF：帧失步，搜索不到 A1、A2 字节时间超过 $625\mu s$。

LOF：帧丢失，OOF 持续 3ms 以上。

RS-BBE：再生段背景误码块，B1 校验到再生段——STM-N 的误码块。

MS-AIS：复用段告警指示信号，K2[b6-b8]＝111 超过 3 帧。

MS-RDI：复用段远端劣化指示，对端检测到 MS-AIS、MS-EXC，由 K2[b6-b8]回发过来。

MS-REI：复用段远端误码指示，由对端通过 M1 字节回发由 B2 检测出的复用段误块数。

MS-BBE：复用段背景误码块，由 B2 检测。

MS-EXC：复用段误码过量，由 B2 检测。

AU-AIS：管理单元告警指示信号，整个 AU 为全 1(包括 AU-PTR)。

AU-LOP：管理单元指针丢失，连续 8 帧收到无效指针或 NDF。

HP-RDI：高阶通道远端劣化指示，收到 HP-TIM、HP-SLM。

HP-REI：高阶通道远端误码指示，回送给发端由收端 B3 字节检测出的误块数。

HP-BBE：高阶通道背景误码块，显示本端由 B3 字节检测出的误块数。

HP-TIM：高阶通道踪迹字节失配，J1 应收和实际所收的不一致。

HP-SLM：高阶通道信号标记失配，C2 应收和实际所收的不一致。

HP-UNEQ：高阶通道未装载，C2＝00H 超过了 5 帧。

TU-AIS：支路单元告警指示信号，整个 TU 为全 1(包括 TU 指针)。

TU-LOP：支路单元指针丢失，连续 8 帧收到无效指针或 NDF。

TU-LOM：支路单元复帧丢失，H4 连续 2～10 帧不等于复帧次序或无效的 H4 值。

LP-RDI：低阶通道远端劣化指示，接收到 TU-AIS 或 LP-SLM、LP-TIM。

LP-REI：低阶通道远端误码指示，由 V5[b1-b2]检测。

LP-TIM：低阶通道踪迹字节失配，由 J2 检测。

LP-SLM：低阶通道信号标记字节适配，由 V5[b5-b7]检测。

LP-UNEQ：低阶通道未装载，V5[h5-h7]＝000 超过了 5 帧。

如图 3-22 和图 3-23 所示的告警流程图可以理顺这些告警维护信号的内在关系。

图 3-22 是简明的 TU-AIS 告警产生流程图。TU-AIS 在维护设备时会经常碰到，通过图 3-22 分析，就可以方便的定位 TU-AIS 及其他相关告警的故障点和原因。

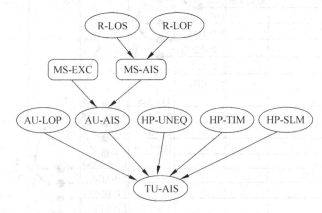

图 3-22　简明 TU-AIS 告警产生流程图

图 3-23 是一个较详细的 SDH 设备各功能块的告警流程图，通过它可看出 SDH 设备各功能块告警维护信号的相互关系。

现在来看看前面所讲过的 SDH 的常见网元是由哪些功能块组成的，从这些功能块的组成上，可以轻而易举地掌握每个网元所能完成的功能。

（1）TM——终端复用器的功能图如图 3-24 所示。

TM 的作用是将低速支路信号 PDH、STM-M 交叉复用成高速线路信号 STM-$N(M<N)$。因为有 HPC 和 LPC 功能块，所以此 TM 有高、低阶 VC 的交叉复用功能。

（2）ADM——分/插复用器的功能图如图 3-25 所示。

ADM 的作用是将低速支路信号（PDH、STM-M）交叉复用到东/西向线路的 STM-N 信号中，以及东/西线路的 STM-N 信号间进行交叉连接。

（3）REG——再生中继器的功能图如图 3-26 所示。

REG 的作用是完成信号的再生整形，将东/西侧的 STM-N 信号传到西/东侧线路上去。注意：此处不具有交叉能力。

（4）DXC——数字交叉连接设备的功能图如图 3-27 所示。

DXC 的逻辑结构类似于 ADM，只不过其交叉矩阵的功能更强大，能完成多条线路信号和多条支路信号的交叉（比 ADM 的交叉能力要强大得多），见图 3-27。

这部分内容是以后学习的基础，也是以后维护设备时再提高的关键所在。

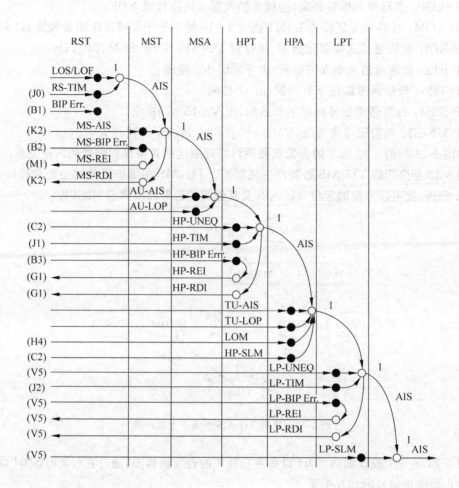

注：
○—产生出相应的告警或信号
●—检测出相应的告警

图 3-23　SDH 设备各功能块告警流程图

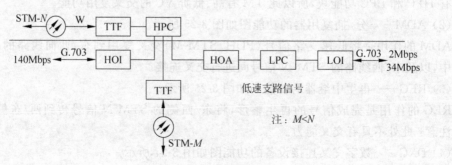

图 3-24　TM 功能示意图

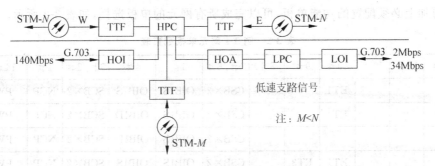

图 3-25　ADM 功能示意图

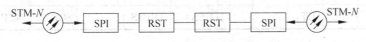

图 3-26　REG 功能示意图

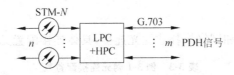

图 3-27　DXC 功能示意图

实训 3　传统 SDH 电路业务组网配置

例 3-1　组网实例（见图 3-28）。

业务要求如下：

（1）网元 A 到网元 F 之间有 3 个 2Mbps 的业务；

（2）网元 D 到网元 E 之间有 1 个 34Mbps 的业务；

（3）网元 B 到网元 D 之间有 4 个 2Mbps 的业务。

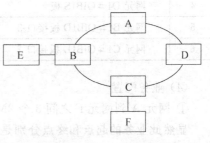

图 3-28　例 3-1 组网示意图

【解题思路】

（1）建立网元

根据业务要求分析可以得出，环上最多有 7 个 2Mbps 及 1 个 34Mbps 的业务，SMT-1 即可满足容量要求，因此，选择 S320 设备即可。由网络拓扑可以看出，网元 E、F 为 TM 设备，网元 A、B、C、D 为 ADM 设备。

（2）单板选择

根据业务要求可知，网元 A、B、D、F 需要加装 ET1 单板，网元 D、E 需要选择 ET3 单板。网元 E、F 在端点处，仅需要 1 个光接口；网元 A、D 在环上，需要 2 个光接口；而网元 B、C 位于环和链的交点处，需要提供 3 个光接口。因此，可以为网元 E、F 选择一个 OIB1S 光板；为网元 A、D 选择 2 个 OIB1S 光板；为网元 B、C 选择 1 个 OIB1S 光板、一个 OIB1D

光板;再加上必须配置的功能单板,可以完成所有网元的单板选择,如表 3-2 所示。

表 3-2　例 3-1 网元单板配置表

	13#	12#	11#	10#	9#	8#	7#/6#	5#	4#	3#/2#	1#	14#/15#
A				ET1			CSB×2	OIB1S	OIB1S	SCB×2	NCP	PWA×2
B				ET1			CSB×2	OIB1S	OIB1D	SCB×2	NCP	PWA×2
C							CSB×2	OIB1S	OIB1D	SCB×2	NCP	PWA×2
D				ET1	ET3		CSB×2	OIB1S	OIB1S	SCB×2	NCP	PWA×2
E					ET3		CSB×2	OIB1S		SCB×2	NCP	PWA×2
F				ET1			CSB×2	OIB1S		SCB×2	NCP	PWA×2

　　需要说明的是,这里以及下面的解题方法提供的都只是一种方式,只要能够满足题目要求的解题方法就是正确的。

　　(3)建立连接

　　按照网元的单板配置和网络拓扑建立光连接,具体连接配置见表 3-3。

表 3-3　例 3-1 网元连接配置表

序号	始　　端	终　　端	连接类型
1	网元 A5# OIB1S 板	网元 B5# OIB1S 板	双向光连接
2	网元 B4# OIB1D 板接口 1	网元 C4# OIB1D 板接口 1	双向光连接
3	网元 C5# OIB1S 板	网元 D5# OIB1S 板	双向光连接
4	网元 D4# OIB1S 板	网元 A4# OIB1S 板	双向光连接
5	网元 B4# OIB1D 板接口 2	网元 E5# OIB1S 板	双向光连接
6	网元 C4# OIB1D 板接口 2	网元 F5# OIB1S 板	双向光连接

　　(4)业务配置

　　① 网元 A 到网元 F 之间 3 个 2Mbps 的业务

　　显然此业务的起点和终点分别是网元 A 和网元 F 的 ET1 单板,假设工作电路采用顺时针的方向,则网元 A 到网元 F 途经网元 D 和网元 C。根据网元的具体单板和连接可以得出,具体路径如下:

　　A10# ET1(1~3)→A4# OIB1S AU-4(1)TUG-3(1)TU-12(1~3)→D4# OIB1S AU-4(1)TUG-3(1)TU-12(1~3)→D5# OIB1S AU-4(1)TUG-3(1)TU-12(1~3)→C5# OIB1S AU-4(1)TUG-3(1) TU-12(1~3)→C4# OIB1D 接口 2 AU-4(1)TUG-3(1)TU-12(1~3)→F5# OIB1S AU-4(1)TUG-3(1)TU-12(1~3)→F10# ET1(1~3)

　　其中,通过光纤相连的过程如下:

　　A4# OIB1S AU-4(1)TUG-3(1)TU-12(1~3)→D4# OIB1S AU-4(1)TUG-3(1)TU-12(1~3)

　　D5# OIB1S AU-4(1)TUG-3(1)TU-12(1~3)→C5# OIB1S AU-4(1)TUG-3(1)TU-12(1~3)

　　C4# OIB1D 接口 2 AU-4(1)TUG-3(1)TU-12(1~3)→F5# OIB1S AU-4(1)TUG-3(1) TU-12(1~3)

也就是说,这几个过程在网元连接配置上就已经做好连通了,这部分时隙是必须一致的。

而以下过程是网元光板内部的互连,是通过软件业务配置来实现的:

A10♯ET1(1～3)→A4♯OIB1S AU-4(1)TUG-3(1)TU-12(1～3)

D4♯OIB1S AU-4(1)TUG-3(1)TU-12(1～3)→D5♯OIB1S AU-4(1)TUG-3(1)TU-12(1～3)

C5♯OIB1S AU-4(1)TUG-3(1)TU-12(1～3)→C4♯OIB1D 接口 2 AU-4(1)TUG-3(1)TU-12(1～3)

F5♯OIB1S AU-4(1)TUG-3(1)TU-12(1～3)→F10♯ET1(1～3)

由于交叉功能,这部分时隙在互连的过程中是可以不同的,如 D4♯OIB1S AU-4(1)TUG-3(1)TU-12(1～3)就可以连接 D54♯OIB1S AU-4(1)TUG-3(1)TU-12(4～6)。需要注意的就是时隙的对应,即 2M 对应 TU-12,34M 对应 TUG-3,另外就是时隙是不能重叠的。

② 网元 D 到网元 E 之间有 1 个 34Mbps 的业务

分析方法如上,具体路径如下:

D9♯ET3(1)→D5♯OIB1S AU-4(1)TUG-3(2)→C5♯OIB1S AU-4(1)TUG-3(2)→C4♯OIB1D 接口 1 AU-4(1)TUG-3(2)→B4♯OIB1D 接口 1 AU-4(1)TUG-3(2)→B4♯OIB1D 接口 2 AU-4(1)TUG-3(2)→E5♯OIB1S AU-4(1)TUG-3(2)→E9♯ET3(1)

其中需要软件配置的部分如下:

D9♯ET3(1)→D5♯OIB1S AU-4(1)TUG-3(2)

C5♯OIB1S AU-4(1)TUG-3(2)→C4♯OIB1D 接口 1 AU-4(1)TUG-3(2)

B4♯OIB1D 接口 1AU-4(1)TUG-3(2)→B4♯OIB1D 接口 2 AU-4(1)TUG-3(2)

E5♯OIB1S AU-4(1)TUG-3(2)→E9♯ET3(1)

③ 网元 B 到网元 D 之间有 4 个 2Mbps 的业务

具体路径如下:

B10♯ET1(1～4)→B5♯OIB1S AU-4(1)TUG-3(1)TU-12(4～7)→A5♯OIB1S AU-4(1)TUG-3(1)TU-12(4～7)→A4♯OIB1S AU-4(1)TUG-3(1)TU-12(4～7)→D4♯OIB1S AU-4(1)TUG-3(1)TU-12(4～7)→D10♯ET1(1～3)

其中需要软件实现的部分如下:

B10♯ET1(1～4)→B5♯OIB1S AU-4(1)TUG-3(1)TU-12(4～7)

A5♯OIB1S AU-4(1)TUG-3(1)TU-12(4～7)→A4♯OIB1S AU-4(1)TUG-3(1)TU-12(4～7)

D4♯OIB1S AU-4(1)TUG-3(1)TU-12(4～7)→D10♯ET1(1～3)

练习 3-1　组网训练(见图 3-29)。

网元 A、B、C、D、E、F 皆为 ZXMP S390 光传输设备,业务要求如下:

(1) 网元 A 到网元 F 之间有 3 个 140Mbps 的业务;

(2) 网元 D 到网元 E 之间有 7 个 34Mbps 的业务;

(3) 网元 B 到网元 D 之间有 40 个 2Mbps 的业务;

(4) 四网元之间可通公务电话。

试完成以下工作:

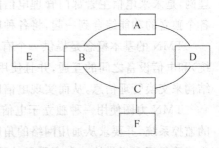

图 3-29　练习 3-1 组网示意图

（1）根据各网元单板的配置请完成表 3-4。

表 3-4　练习 3-1 网元单板配置表

A							
B							
C							
D							
E							
F							

（2）请完成网元间连接配置，填写表 3-5。

表 3-5　练习 3-1 网元连接配置表

序号	始　端	终　端	连接类型
1			
2			
3			
4			
5			
6			

（3）请写出具体业务配置。

3.2　管理网基础

3.2.1　电信管理网基础

1. TMN 简介

为对电信网实施集成、统一、高效的管理，国际电联（ITU-T）提出了电信管理网（Telecommunication Management Network，TMN）的概念。

TMN 是用来收集、传输、处理和存储有关电信网维护、运营和管理信息的一个综合管理网，是未来电信主管部门管理电信网的支柱。电信网络把网络负荷管理、设备故障监控等各个独立的功能综合到一起，将各种网络管理功能用一个公用的管理网来实现。

TMN 的基本概念是提供一个有组织的体系结构，以达到各种类型的操作系统（网管系统）和电信设备之间的互通，并且使用一种具有标准接口（包括协议和信息规定）的统一体系结构来交换管理信息，从而实现电信网的自动化和标准化管理，并提供各种管理功能。

TMN 力图使用一种独立于电信网的网络，专门进行网络管理，它需要建立一个集中式的监控系统，并要求从通用网络的角度使不同的网络在同一种操作方式下兼容。这样可以为线路租用者提供快速和高质量的服务，并可使网络管理人员轻松地掌握管理网络的方法，而无须详细了解每家厂商的网管技术。

　　TMN 在概念上是一种独立于电信网而专职进行网络管理的网络,它与电信网有若干不同的接口,可以接收来自电信网的信息并控制电信网的运行。TMN 也常常利用电信网的部分设施来提供通信联络,因而两者可以有部分重叠。TMN 与电信网的关系如图 3-30 所示。

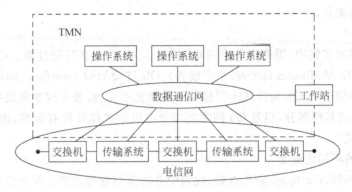

图 3-30　TMN 与电信网的关系示意图

2. TMN 物理结构

　　TMN 构思的关键是:运用面向对象的信息建模(Information Modeling)技术对网络中被管理的资源(包括设备和业务)建立抽象模型;管理系统(Operating System,OS)中的所有管理功能都基于网络资源的抽象模型视图(又称公共管理信息),而不直接和实际资源打交道。不同的网络运营部门和设备供应商只要遵循公共管理信息标准,就能屏蔽同类设备之间的差异,并能对由多个运营部门协同提供的、跨管理域的业务进行有效管理,从而实现开放式、标准化的网络管理。

　　TMN 基本上是一种有组织的体系结构,可使不同类型的管理系统和电信设备之间以一致的方式交换管理信息。在 TMN 的体系结构中有两个主要的组成部分。

　　(1) 网络单元。可管理(又称智能化)的电信设备和业务,称作网络单元(Network Element,NE)。在 NE 内部,所有与管理功能相关的资源,无论物理的或逻辑的、动态的或静态的,都被抽象成管理对象(Managed Object,MO)。NE 维持一个属于自身域的 MO 的视图,并通过代理(Agent)实体与 OS 交换管理信息。

　　(2) 管理系统。它通过内部的管理者(Manager)实体与 NE 通信,完成各种管理功能。OS 中的管理者实体通过 NE 中的代理实体向特定的 MO 发送管理操作消息;MO 响应该消息,产生相应的行为并作用于实际资源来完成该操作。同时,当有事件发生时,MO 也能产生相应的报告,并通过代理实体向 OS 中的管理者发送。

　　在 TMN 中,OS 和 NE 之间的接口是标准化的,称为 Q3 接口。这里,标准化的含义有两层:一是协议的标准化,即 TMN 采用公共管理消息协议(CMIP)作为应用层的协议标准;二是指两者之间传递信息的标准化,即双方对信息的语法和语义的理解是一致的。OS 和 NE 共享管理知识,协同完成管理功能。

3. TMN 接口

　　为了简化多厂家设备互通的问题需要规定标准的 TMN 接口,这是 TMN 的关键之一。

标准接口需要对协议栈以及协议栈所携带的消息作出统一的规定。

TMN 中共有四种接口，即 Q3、Qx、F、X。

（1）Q3 接口

目前的标准化主要集中在 Q3 接口上。Q3 接口与我们通常谈到的接口很不同，比如一个 RS-232 接口是比较单一的通信接口；而 Q3 接口是一个集合，而且是跨越了整个 OSI 七层模型的协议的集合。

（2）Qx 接口

在管理系统的实施中，很多产品采用 Qx 接口作为向 Q3 接口的过渡。Q3 接口连接 OS 与 OS，OS 与 MD（Mediation Device，中介设备），OS 与 QA（Q Interface Adapter，Q 接口适配器）。Qx 是不完善的 Q3 接口，Qx 很像 Q3，但功能不完善，处于成本和效率方面的考虑，它取舍了 Q3 中的某些部分，但是 Q3 的哪些部分可以被去掉并没有标准，因此往往是非标准的厂家的 Q 接口。

Qx 与 Q3 的不同之处是：

① 参考点不同，Qx 在 qx 参考点处，代表中介功能与管理功能之间的交互需求。

② 所承载的信息不同，Qx 上的信息模型是 MD 与 NE 之间的共享信息；Q3 上的信息模型是 OS 与其他 TMN 实体之间的共享信息。

（3）F 接口

F 接口处于工作站（WS）与具有 OSF（Operation System Function Block，运行系统功能块），MF（Mediation Function，协调功能）功能的物理构件之间（如 WS 与 MD）。它将 TMN 的管理功能呈现给人，或将人的干预转呈给管理系统，解决与 TMN 的管理功能领域相关的人机接口的支持能力，使用户（人）通过电信管理网（TMN）接入电信管理系统。人机接口（HMI）使用户与系统之间交换信息。用户与控制系统的交互是基于输入/输出、特殊动作和人机对话处理等各种交互机制。

（4）X 接口

X 接口在 TMN 的 x 参考点处实现，提供 TMN 与 TMN 之间或 TMN 与具有 TMN 接口的其他管理网络之间的连接。在这种情况下，相对 Q 接口而言，X 接口上需要更强的安全管理能力，要对 TMN 外部实体访问信息模型设置更多的限制。为了引入安全等级，防止不诚实的否认等，也需要附加的协议，但 X 接口应用层协议与 Q3 的是一致的。如何划分多个 TMN？在标准中并未明确给出划分 TMN 边界的定义。但大多认为多个电信运营公司的电信管理网的互联是多个 TMN 之间的互联。在同一个电信运营公司内，也可以根据管理问题域（Problem Domain）的不同来划分。另外，也可能按地域划分进行网络管理，这时候，X 接口的设置取决于实际情况的需要。

4. TMN 层次划分

TMN 的功能可以划分为不同的层次，由高到低依次如下。

（1）事务管理层（BML）：事务管理层是最高的管理功能层。该层负责设定目标任务，但不管具体目标的实现，通常需要管理人员的介入。

（2）服务管理层（SML）：服务管理层主要处理网络提供的服务相关事项，诸如提供用户与网络运营者之间的接口，与事务管理层及网络管理层的交互等。

（3）网络管理层（NML）：网络管理层对所辖区域内的所有网元进行管理，主要的功能包括：从全网的观点协调与控制所有网元的活动；提供、修改或终止网络服务；就网络性能、可用性等事项与上面的服务管理层进行交互。

(4) 网元管理层(EEL)：网元管理层直接行使对个别网元的管理职能，主要的功能包括：控制与协调一系列网络单元；为网络层的管理与网络单元进行通信提供协调功能；维护与网络单元有关的统计等数据。

(5) 网元层(NEL)：网元可以为 SDH 设备，也可以为 PDH 或交换机等任何可被管理的设备。

3.2.2 SDH 管理网(SMN)

SDH 的一个重要特点就是在帧结构中安排了丰富的开销字节用于网络的管理、运营和维护，从而使 SDH 的网络管理能力有了很大的增强。

从整个电信网络管理的角度来看，SDH 管理网属于电信管理网(TMN)的一部分，它的体系结构必须遵从和继承 TMN 的结构。另一方面，由于 SDH 自身的特点，使得 SDH 管理网具有其独特之处。

1. SMN 与 TMN

SDH 管理网(SMN)是 TMN 的一个子网，专门负责管理 SDH 网元。SMN 又可进一步划分为一系列的 SDH 管理子网(SMS)，这些 SMS 由一系列分离的 ECC(Embedded Control Channel，嵌入控制通路)即站内数据通信链路组成，并构成整个 TMN 的有机部分。具有智能的网络单元和采用嵌入的 ECC 是 SMN 的重要特点，这两者的结合使 TMN 信息的传送和响应时间大大缩短，而且可以将网管功能经 ECC 下载给网络单元，从而实现分布式管理。

TMN、SMN 和 SMS 的相互关系如图 3-31 所示。

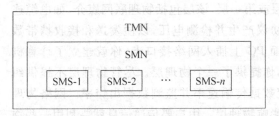

图 3-31 SMS、SMN、TMN 的关系图

TMN 是最一般的管理网范畴；SMN 是其子集，专门负责管理 SDH 网元；SMN 又是由多个 SMS 组成。在 SDH 系统内传送网管消息通道的逻辑通道为 ECC，其物理通道是 DCC，它是利用 SDH 中再生段开销 RSOH 中 D1-D3 字节和复用段开销 MSOH 中 D4-D12 字节组成的通道。前者可以接入中继站和端站，后者是端站间网管信息的快车道。

2. SDH 的管理功能

ITU-T 规定了为支持不同厂商设备间或不同网络营运商间的通信，在同一 SMS 内或跨网络接口的不同网元间的单端维护能力，以及 SMS 所需的一套最起码的管理功能。

(1) 故障管理：故障管理对不正常的网络运行状况进行实时的监控，完成对告警信号的监视、报告存储，以及故障的诊断、定位和处理等任务，并给出告警显示，使用户能在尽可能短的时间内作出反应和决定，采取相应措施，对故障进行隔离和校正，恢复被故障影响的

（2）性能管理：性能管理负责监视网络性能，收集传送网中通道和网元实际运行的质量数据，为管理人员提供评价、分析和预测传输性能的手段。

（3）配置管理：配置管理负责监控网络和网元设备的配置信息。SDH 的配置管理可分为静态配置和动态配置：静态配置包括网络的拓扑结构、网元设备内各电路盘的配置等；动态配置则包括路径的建立和删除、交叉连接、保护倒换和保护路由选择等。其中，保护倒换的状态和控制尤为重要。此外，配置管理还包括同步时钟源的配置、新版本软件的下载等。

（4）安全管理：安全管理涉及注册、口令和安全等级等，防止对网络资源和网络管理功能的非法访问，确保可靠地授权接入。

（5）计费管理：提供与计费有关的基础信息，包括电路建立时间、持续时间、服务质量等。

3.2.3 OSI 模型

1. OSI 模型的基本概念

OSI 模型，即开放系统互联基准（参考）模型（Open Systems Interconnection Reference Model，OSI/RM），是国际标准化组织（ISO）提出的一个试图使各种计算机在世界范围内互连为网络的标准框架，简称 OSI。它的主要目标是使不同的信息处理系统能够互连。OSI 是一种概念型和功能型结构，并不涉及具体实现和技术方法，但其深远影响却体现在于计算机通信密切相关的通信新领域。OSI 模型如图 3-32 所示。

2. OSI 模型各层功能及协议

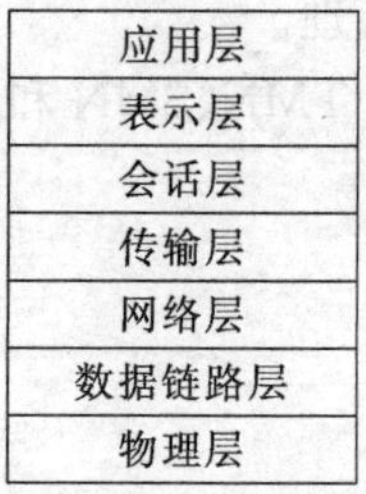

（1）物理层（Physical Layer）

OSI 模型的最低层或第一层，该层包括物理联网媒介，如电缆连线连接器。物理层的协议产生并检测电压，以便发送和接收携带数据的信号。在你的桌面 PC 上插入网络接口卡，你就建立了计算机联网的基础。换言之，你提供了一个物理层。尽管物理层不提供纠错服务，但它能够设定数据传输速率并监测数据出错率。网络物理问题，如电线断开，将影响物理层。用户要传递信息就要利用一些物

应用层
表示层
会话层
传输层
网络层
数据链路层
物理层

图 3-32 OSI 模型

理媒体，如双绞线、同轴电缆等，但具体的物理媒体并不在 OSI 的 7 层之内。有人把物理媒体当做第 0 层，物理层的任务就是为它的上一层提供一个物理连接，以及它们的机械、电气、功能和过程特性，如规定使用电缆和接头的类型、传送信号的电压等。在这一层，数据还没有被组织，仅作为原始的位流或电气电压处理，单位是比特。

属于物理层定义的典型规范代表包括：EIA/TIA、RS-232、RS-449、V.35、RJ-45 等。

（2）数据链路层（Datalink Layer）

数据链路层是 OSI 模型的第二层，它控制网络层与物理层之间的通信。它的主要功能是如何在不可靠的物理线路上进行数据的可靠传递。为了保证传输，从网络层接收到的数据被分割成特定的可被物理层传输的帧。帧是用来移动数据的结构包，它不仅包括原始数据，还包括发送方和接收方的物理地址以及纠错和控制信息。其中的地址确定了帧将发送到何处，而纠错和控制信息则确保帧无差错到达。如果在传送数据时，接收点检测到所传数

据中有差错,就要通知发送方重发这一帧。数据链路层的功能独立于网络及其结点和所采用的物理层类型,它也不关心是否正在运行 Word、Excel 或使用 Internet。有一些连接设备,如交换机,由于它们要对帧解码并使用帧信息将数据发送到正确的接收方,所以它们是工作在数据链路层的。该层的作用包括:物理地址寻址、数据的成帧、流量控制、数据的检错、重发等。

数据链路层协议的代表包括 SDLC、HDLC、PPP、STP、帧中继等。

(3) 网络层(Network Layer)

OSI 模型的第三层,其主要功能是将网络地址翻译成对应的物理地址,并决定如何将数据从发送方路由到接收方。网络层通过综合考虑发送优先权、网络拥塞程度、服务质量以及可选路由的花费,来决定从一个网络中结点 A 到另一个网络中结点 B 的最佳路径。由于网络层处理路由,而路由器因为即连接网络各段,并智能指导数据传送,属于网络层。网络层是可选的,它只用于当两个计算机系统处于不同的由路由器分割开的网段这种情况,或者当通信应用要求某种网络层或传输层提供的服务、特性或者能力时。

在这一层,数据的单位称为数据包(Packet)。

网络层协议的代表包括 IP、IPX、RIP、OSPF、ARP、RARP、ICMP、IGMP 等。

(4) 传输层(Transport Layer)

这是 OSI 模型中最重要的一层。传输协议同时进行流量控制或是基于接收方可接收数据的快慢程度规定适当的发送速率。除此之外,传输层按照网络能处理的最大尺寸将较长的数据包进行强制分割。例如,以太网无法接收大于 1500 字节的数据包。发送方结点的传输层将数据分割成较小的数据片,同时对每一数据片安排一序列号,以便数据到达接收方结点的传输层时,能以正确的顺序重组。该过程即被称为排序。

在这一层,数据的单位称为数据段(Segment)。

传输层协议的代表包括 TCP、UDP、SPX 等。

(5) 会话层(Session Layer)

负责在网络中的两结点之间建立、维持和终止通信。会话层的功能包括:建立通信链接,保持会话过程通信链接的畅通,同步两个结点之间的对话,决定通信是否被中断以及通信中断时决定从何处重新发送。

(6) 表示层(Presentation Layer)

应用程序和网络之间的翻译官,在表示层,数据将按照网络能理解的方案进行格式化,这种格式化也因所使用网络的类型不同而不同。表示层管理数据的解密与加密,如系统口令的处理。除此之外,表示层协议还对图片、视频、文本等文件格式信息进行解码和编码,例如 MPEG 和 JPEG。

(7) 应用层(Application Layer)

应用层负责对软件提供接口以使程序能使用网络服务。术语“应用层”并不是指运行在网络上的某个特别应用程序,应用层提供的服务包括文件传输、文件管理以及电子邮件的信息处理。

应用层协议的代表包括 Telnet、FTP、HTTP、SNMP 等。

如果将七层比喻为真实世界收发信的两个老板,那么这七层实现的功能及角色分别如下:

应用层(用户的应用程序和网络之间的接口)——老板;

表示层(协商数据交换格式)——替老板写信的助理;

会话层(允许用户使用简单易记的名称建立连接)——公司中收寄信、写信封与拆信封的秘书;

传输层(提供终端到终端的可靠连接)——公司中跑邮局的送信职员;

网络层(使用权数据路由经过大型网络)——相当于邮局的分拣工人;

数据链路层(决定访问网络介质的方式)——邮局的装拆箱工人;

物理层(将数据转换为可通过物理介质传送的电子信号)——邮局的搬运工人。

3.2.4 ECC 协议栈

SDH 管理系统采用 DCC 传送 OAM 信息。为此,SDH 网选择了一套与 OSI 7 层协议栈类似的 ECC 7 层协议栈,如图 3-33 所示。这套协议栈从简单程度和网络寻址能力的角度来看是一套较理想的协议组合,适合设备间的通信以及面向目标的建模和设计。它在网元等级上使服务与资源分离,因此服务可不依赖于提供服务的技术和设备而方便地、独立地加入网络。

应用层	CMISE,ROSE,ACSE
表示层	X.216,X.226
会话层	X.215,X.225
传输层	ISO 8073/AD2
网络层	ISO 8473
数据链路层	ITU-T Q.921
物理层	SDH DCC

图 3-33 ECC 协议栈

1. 物理层

ECC 协议栈的物理层由 DCC 构成,其功能是实现在物理链路上传送 OAM 消息。DCC 是由再生段开销中 D1-D3 字节和复用段开销 D4-D12 字节组成的 192Kbps 和 576Kbps 通道构成。

2. 数据链路层

数据链路层通过相邻网络结点之间的单个或多个逻辑通路,在 SDH DCC 上提供点到点的网络服务数据单元(NSUD)的传送。数据链路层应遵循 Q.921 规定的 LAPD 协议。

3. 网络层

网络层采用 ISO 8473 无连接模式网络层协议(CLNP)作为该层协议。该协议没有建立和拆除连接的过程,也无须纠错和流量控制,因而适合于高速应用进程。为了使网络层协议既可以工作于无连接模式的数据链路子网,又能工作于面向连接的数据链路子网,ISO 8473/AD3 还规定了会聚协议。

4. 传送层

传送层协议确保在网络上进行正确的端到端信息传送。G.784 选择 ISO 8073/AD2 作为传送层协议,该协议从无连接的网络服务中产生传送连接,并对该连接提供流量控制和纠错功能。该协议还选择了第 4 类传送协议(TP4)来保证在无连接模式网络服务情况下进行可靠地传递网络协议数据单元(NPDU)。

5. 会话层

会话层协议应保证通信系统能与管理者(代表表示层和应用层)和通信系统之间正在进行的对话实现同步。会话层选择 X.215、ISO 8326 的服务定义和 X.225、ISO 8327 的协议规范。

6. 表示层

表示层的基本任务是完成传送语法的选择,实现转换并传送。表示层采用 X.209 规定的 ASN.1 的基本编码规则来导出应用协议数据单元(APDU)的转移语法。该层的服务和协议分别由 X.216 和 ISO 8822 以及 X.226 和 ISO 3323 规定。

7. 应用层

应用层直接为 OSI 环境下的用户提供服务,并为访问 OSI 环境提供手段。

3.2.5 SDH 网络的整体层次结构

同 PDH 相比 SDH 具有巨大的优越性,但这种优越性只有在组成 SDH 网时才能完全发挥出来。

传统的组网概念中,提高传输设备利用率是第一位的。为了增加线路的占空系数,在每个结点都建立了许多直接通道,致使网络结构非常复杂。而现代通信的发展,最重要的任务是简化网络结构,建立强大的运营、维护和管理(OAM)功能,降低传输费用并支持新业务的发展。

我国的 SDH 网络结构分为四个层面,如图 3-34 所示。

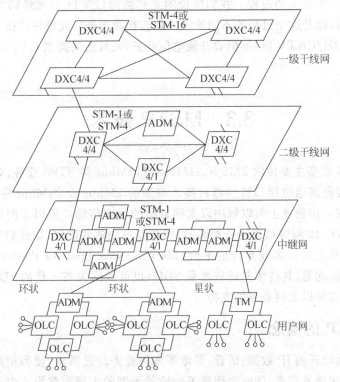

图 3-34 SDH 网络结构

最高层面为长途一级干线网,主要省会城市及业务量较大的汇接结点城市装有 DXC 4/4,其间由高速光纤链路 STM-4/STM-16 组成,形成了一个大容量、高可靠的网孔状国家骨干网结构,并辅以少量线形网。由于 DXC4/4 也具有 PDH 体系的 140Mbps 接口,因而原有的 PDH 的 140Mbps 和 565Mbps 系统也能纳入由 DXC4/4 统一管理的长途一级干线网中。

第二层面为二级干线网,主要汇接结点装有 DXC4/4 或 DXC4/1,其间由 STM-1/STM-4 组成,形成省内网状或环状骨干网结构并辅以少量线性网结构。由于 DXC4/1 有 2Mbps、34Mbps 或 140Mbps 接口,因而原来 PDH 系统也能纳入统一管理的二级干线网,并具有灵活调度电路的能力。

第三层面为中继网(即长途端局与市局之间以及市话局之间的部分),可以按区域划分为若干个环,由 ADM 组成速率为 STM-1/STM-4 的自愈环,也可以是路由备用方式的两结点环。这些环具有很高的生存性,又具有业务量疏导功能。环状网中主要采用复用段倒换环方式,但究竟是四纤还是二纤取决于业务量和经济的比较。环间由 DXC4/1 沟通,完成业务量疏导和其他管理功能。同时也可以作为长途网与中继网之间以及中继网和用户网之间的网关或接口,最后还可以作为 PDH 与 SDH 之间的网关。

最低层面为用户接入网。由于处于网络的边界处,业务容量要求低,且大部分业务量汇集于一个结点(端局)上,因而通道倒换环和星状网都十分适合于该应用环境,所需设备除 ADM 外还有光用户环路载波系统(OLC)。速率为 STM-1/STM-4,接口可以为 STM-1 光/电接口,PDH 体系的 2Mbps、34Mbps 或 140Mbps 接口,普通电话用户接口,小交换机接口,2B+D 或 30B+D 接口以及城域网接口等。

用户接入网是 SDH 网中最庞大、最复杂的部分,它占整个通信网投资的 50% 以上,用户网的光纤化是一个逐步的过程。我们所说的光到路边(FTTC)、光纤到大楼(FTTB)、光纤到家庭(FTTH)就是这个过程的不同阶段。目前在我国推广光纤用户接入网时必须考虑采用一体化的 SDH/CATV 网,不但要开通电信业务,而且还要提供 CATV 服务,这比较适合我国国情。

3.3 MSTP 技术

传统的 SDH 设备主要传输 2Mbps、34Mbps、140Mbps 等 TDM 业务,如果想传输以太网业务,那么需要把其通过接口转换器转换为单独的 2Mbps 或 34Mbps 标准信号,然后再进行传输,这样在一定程度上可以解决以太网数据的透明传输。但以太网信号并不是单个 VC-3 或单个的 VC-12 刚好可以完全封装的,即带宽不能随意调整,如遇到复杂的组网要求就显得有些力不从心了。多业务传输平台(Multi-Service Transfer Platform,MSTP)能够较好地解决这样的问题,其技术基础依然是 SDH,也可以称为新一代的 SDH 传输设备,而多业务主要体现在对以太网业务的支持。

3.3.1 MSTP 的概念

近年来,不断增长的 IP 数据、话音、图像等多种业务传送需求,使得用户接入及驻地网的宽带化技术迅速普及起来,同时也促进了传输骨干网的大规模建设。由于业务的传送环境发生了巨大变化,原先以承载话音为主要目的的城域网,在容量以及接口能力上都已经无法满足业务传输与汇聚的要求。于是,多业务传送平台(MSTP)技术应运而生。

基于 SDH 的多业务传送结点 MSTP 是指基于 SDH 平台同时实现 TDM 业务、ATM 业务、以太网业务等的接入处理和传送,提供统一网管的多业务结点。基于 SDH 的多业务传送结点除应具有标准 SDH 传送结点所具有的功能外,还具有以下主要功能特征。

(1) 具有 TDM 业务、ATM 业务和以太网业务的接入功能;

(2) 具有 TDM 业务、ATM 业务和以太网业务的传送功能;

(3) 具有 TDM 业务、ATM 业务和以太网业务的点到点传送功能保证业务的透明传送;

(4) 具有 ATM 业务和以太网业务的带宽统计复用功能;

(5) 具有 ATM 业务和以太网业务映射到 SDH 虚容器的指配功能。

基于 SDH 的 MSTP 基本功能模型见图 3-35。

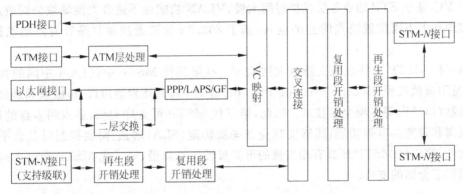

图 3-35 基于 SDH 的 MSTP 基本功能模型

首先要说明的是,MSTP 本身不是一种全新的网络,而是 SDH 的发展和延续。众所周知,SDH 原本是为传输话音业务而设计的,SDH 由于其自身的优势在全世界的范围内都占据了非常大的份额,取代 SDH 设备是要花费运营商无法承受的金钱。所以从经济上来讲,MSTP 就已经注定了它作为 SDH 延续或发展的性质。

MSTP 的兼容性是它最大的优点。一方面它支持各种速率从 155Mbps 到 10Gbps 甚至更高的各种速率话音业务,同时它又提供 ATM 处理、Ethernet 透传以及 Ethernet 或 RPR 的 L2 交换功能来满足数据业务的汇聚、整合的需要。

MSTP 是对 SDH 的增强,而且主要在多业务处理能力上下工夫。MSTP 的关键就是在传统的 SDH 上增加了 ATM 和以太网的承载能力,其余部分的功能模型没有任何改变。MSTP 设备不但可以直接提供各种速率的以太网口,而且支持以太网业务在网络中的带宽可配置,这是通过 VC 级联的方式实现的。也就是说,我们可以突破传统的限制,用若干个 VC 的带宽在逻辑上捆绑成为一个更大的容器,灵活地承载不同带宽的业务。MSTP 上提供的 10/100/1000Mbps 系列接口,解决了以太网承载的瓶颈,给网络建设带来了充分的选择空间。

3.3.2 MSTP 技术发展阶段

MSTP 技术的发展主要体现在对以太网业务的支持上,以太网新业务的 QoS 要求推动着 MSTP 的发展。一般认为，MSTP 技术发展可以划分为三个阶段。

第一代 MSTP 的特点是提供以太网点到点透传。它是将以太网信号直接映射到 SDH 的虚容器(VC)中进行点到点传送。在提供以太网透传业务时，由于业务受限于 VC，一般最小为 2Mbps，因此，第一代 MSTP 还不能提供不同以太网业务的 QoS 区分、流量控制、多个以太网业务流的统计复用和带宽共享，以及以太网业务层的保护等功能。

第二代 MSTP 的特点是支持以太网二层交换。它是在一个或多个用户以太网接口与一个或多个独立的基于 SDH 虚容器的点对点链路之间实现基于以太网链路层的数据帧交换。相对于第一代 MSTP，第二代 MSTP 作了许多改进，它可提供流量控制、多用户隔离和 VLAN 划分、基于 STP 的以太网业务层保护以及优先级转发等多项以太网方面的支持。目前正在使用的 MSTP 产品大多都属于第二代 MSTP 技术。但是，与以太网业务需求相比，第二代 MSTP 仍然存在许多不足，比如不能提供良好的 QoS 支持，业务带宽粒度仍然受限于 VC，基于 STP 的业务层保护时间太慢，VLAN 功能也不适合大型城域公网应用，还不能实现环上不同位置结点的公平接入，基于 802.3x 的流量控制只是针对点到点链路，等等。

第三代 MSTP 的特点是支持以太网 QoS。在第三代 MSTP 中，引入了中间的智能适配层、通用成帧规程(Generic Framing Procedure，GFP)、高速封装协议、虚级联和链路容量调整机制(LCAS)等多项全新技术。因此，第三代 MSTP 可支持 QoS、多点到多点的连接、用户隔离和带宽共享等功能，能够实现业务等级协定(SLA)增强、阻塞控制以及公平接入等。此外，第三代 MSTP 还具有相当强的可扩展性。可以说，第三代 MSTP 为以太网业务发展提供了全面的支持。

3.3.3 MSTP 关键技术

1. 虚级联

对于容量大于 C-4(149760Kbps)的客户信号如何传输，而对客户信号不引入附加损伤，在 SDH 中所采用的方法就是级联。级联是一种结合过程，通过它把多个虚容器组合起来，使得它们的组合容量可以当做一个仍然保持比特序列完整性的单个容器使用。C-4-XC 的级联就是将 X 个 C-4 的容量拼在一起，相当于形成一个大的容器，来满足大于 C-4 的大容量客户信号传输的要求。级联可以分为相邻级联和虚级联；相邻级联是将在同一 STM-N 中，利用相邻的 C-4 级联成 C-4-XC，成为一个整体结构进行传输；而虚级联是将分布在不同 STM-N 中的 VC-4(可以同一路由，也可能不同路由)按级联的方法，形成一个虚拟的大结构 VC-4-XV 进行传输。

在网络互连中，不可避免地会出现需要 VC-4 的相邻级联和虚级联互通的情况，也就是说，有时正在传送的 VC-4-XC 需要变成 VC-4-XV 才能继续传送。反之，有时，正在传送的 VC-4-XV 需要变成 VC-4-XC 才能继续传送，所以 VC-4 的相邻级联和虚级联必须能相互转换，才能实现它们之间的互通。

相邻级联是把相邻的通道合起来当一个通道用，虚级联是可以随便选通道合为一个大通道使用。比如一个 GE 的业务，就需要用 7 个 VC-4 来承载。可以选用相邻级联的技术，此时要求通道连续(比如从 1～7)，7 个通道走一样的网络路径(即大家一起走，而且走一条路，然后同时到达)；也可以选虚级联的技术，此时不要求通道连续，7 个通道也可以走不一样的网络路径（即大家分开走，最终到达目的地即可）。

相邻级联和老设备对接有问题，有些老设备不支持解析级联指针。因为大颗粒大级联业务是后面的 G.707 才定义的，之前的设备不支持；而虚级联就没有此问题，因为大家都是独立的一个 VC-4。

虚级联中由于各个 VC-4 可能走不同的网络路径，所以可能时间花费不一样（到达目的地的时间不一样），此时在目的地有一个重组的过程。从原理上来说，理论值是 512ms 的差分延时是可以重组的，超过来此值，将无法进行重组。对延时要求严格的业务不能使用虚级联，或使用虚级联时不能走不同的网络路径，因为延时不一样是不能容忍的。

从原理上讲，可以将级联和虚级联看成是把多个小的容器组合为一个比较大的容器来传输数据业务的技术。通过级联和虚级联技术，可以实现对以太网带宽和 SDH 虚通道之间的速率适配。尤其是虚级联技术，可以将从 VC-4 到 VC-12 等不同速率的小容器进行组合利用，能够做到非常小颗粒的带宽调节，相应的级联后的最大带宽也能在很小的范围内调节。虚级联技术的特点，就是实现了使用 SDH 经济有效地提供合适大小的信道给数据业务，避免了带宽的浪费，这也是虚级联技术最大的优势。

2. 通用成帧规程（GFP）

GFP 是在 ITU-T G.7041 中定义的一种链路层标准。它既可以在字节同步的链路中传送长度可变的数据包，又可以传送固定长度的数据块，是一种简单而又灵活的数据适配方法。

GFP 采用了与 ATM 技术相似的帧定界方式，可以透明地封装各种数据信号，利于多厂商设备互联互通；GFP 引进了多服务等级的概念，实现了用户数据的统计复用和 QoS 功能。

GFP 采用不同的业务数据封装方法对不同的业务数据进行封装，包括 GFP-F 和 GFP-T 两种方式。GFP-F 封装方式适用于分组数据，把整个分组数据（PPP、IP、RPR、以太网等）封装到 GFP 负荷信息区中，对封装数据不做任何改动，并根据需要来决定是否添加负荷区检测域。GFP-T 封装方式则适用于采用 8B/10B 编码的块数据，从接收的数据块中提取出单个的字符，然后把它映射到固定长度的 GFP 帧中。

3. 链路容量调整机制（LCAS）

LCAS 是在 ITU-T G.7042 中定义的一种可以在不中断数据流的情况下动态调整虚级联个数的功能，它所提供的是平滑地改变传送网中虚级联信号带宽，以自动适应业务带宽需求的方法。

LCAS 是一个双向的协议，它通过实时地在收发结点之间交换表示状态的控制包来动态调整业务带宽，可以将有效净负荷自动映射到可用的 VC 上，从而实现带宽的连续调整，不仅提高了带宽指配速度、对业务无损伤，而且当系统出现故障时，可以动态调整系统带宽，无须人工介入，在保证服务质量的前提下显著提高网络利用率。一般情况下，系统可以实现在通过网管增加或者删除虚级联组中成员时，保证"不丢包"；即使是由于"断纤"或者"告警"等原因产生虚级联组成员删除时，也能够保证只有少量丢包。

4. 智能适配层

虽然在第二代 MSTP 中也支持以太网业务，但却不能提供良好的 QoS 支持，其中一个主要原因就是因为现有的以太网技术是无连接的。为了能够在以太网业务中引入 QoS，第三代 MSTP 在以太网和 SDH/SONET 之间引入了一个智能适配层,并通过该智能适配层来处理以太网业务的 QoS 要求。智能适配层的实现技术主要有多协议标签交换(MPLS)和弹性分组环(RPR)两种。

(1) 多协议标签交换

MPLS 是 1997 年由思科公司提出,并由 IETF 制定的一种多协议标签交换标准协议,它利用 2.5 层交换技术,将第三层技术(如 IP 路由等)与第二层技术(如 ATM、帧中继等)有机地结合起来,从而使得在同一个网络上既能提供点到点传送,也可以提供多点传送;既能提供原来以太网尽力而为的服务,又能提供具有很高 QoS 要求的实时交换服务。MPLS 技术使用标签对上层数据进行统一封装,从而实现了用 SDH 承载不同类型的数据包。这一过程的实质就是通过中间智能适配层的引入,将路由器边缘化;同时又将交换机置于网络中心,通过一次路由、多次交换将以太网的业务要求适配到 SDH 信道上,并通过采用 GFP 高速封装协议、虚级联和 LCAS,使网络的整体性能大幅提高。

基于 MPLS 的第三代 MSTP 设备,不但能够实现端到端的流量控制,而且还具有公平的接入机制与合理的带宽动态分配机制,能够提供独特的端到端业务 QoS 功能。另外,通过嵌入二层 MPLS 技术,允许不同的用户使用同样的 VLAN ID,从根本上解决了 VLAN 地址空间的限制。再有,由于 MPLS 中采用标签机制,路由的计算可以基于以太网拓扑,大大减少了路由设备的数量和复杂度,从整体上优化了以太网数据在 MSTP 中的传输效率,达到了网络资源的最优化配置和最优化使用。

内嵌 MPLS 的 MSTP 的功能结构如图 3-36 所示。

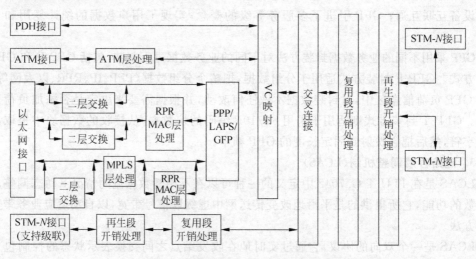

图 3-36 内嵌 MPLS 的 MSTP 功能结构

(2) 弹性分组环

RPR 是 IEEE 定义的如何在环形拓扑结构上优化数据交换的 MAC 层协议,RPR 可以承载以太网业务、IP/MPLS 业务、视频和专线业务,其目的在于更好地处理环状拓扑上数据流的问题。RPR 环由两根光纤组成,在进行环路上的分组处理时,对于每一个结点,如果数据流的目的地不是本结点的话,就简单地将该数据流前传,这就大大地提高了系统的处理性能。通过执行公平算法,使得环上的每个结点都可以公平地享用每一段带宽,大大提高了环路带宽利用率,并且一条光纤上的业务保护倒换对另一条光纤上的业务没有任何影响。RPR 使得运营商能够在城域网内以较低成本提供电信级服务,是一种非常适合在城域网骨干层、汇聚层使用的技术。

内嵌 RPR 的 MSTP 的功能结构如图 3-37 所示。

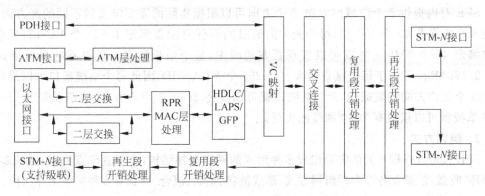

图 3-37   内嵌 RPR 的 MSTP 功能结构

(3) MPLS 技术与 RPR 技术比较

MPLS 技术与 RPR 技术各有优缺点。MPLS 技术通过 LSP 标签栈突破了 VLAN 在核心结点的 4096 地址空间限制,并可以为以太网业务 QoS、SLA 增强和网络资源优化利用提供很好的支持;而 RPR 技术为全分布式接入,提供快速分组环保护,支持动态带宽分配、空间重用和额外业务。从对整个城域网网络资源的优化功能来看,MPLS 技术可以从整个城域网网络结构上进行资源的优化,完成最佳的统计复用;而 RPR 技术只能从局部(在一个环的内部)而不是从整个网络结构对网络资源进行优化。从整个城域网的设备构成复杂性上来看,使用 MPLS 技术可以在整个城域网上避免第三层路由设备的引入;而 RPR 设备在环与环之间相连接时,却不可避免地要引入第三层路由设备。从保护恢复来看,虽然 MPLS 技术也能提供网络恢复功能,但是 RPR 却能提供更高的网络恢复速度。

3.3.4   以太网单板(SFE8/SFE4)

SFE8 和 SFE4 的区别是:SFE8 对外提供 8 个 10/100Mbps 自适应 LAN 接口,SFE4 对外提供 4 个 10/100Mbps 自适应 LAN 接口;其他的功能性能特点相同。

1. 接口模式

SFE 单板接口分为用户接口和系统接口两种。

(1) 用户接口

SFE 板提供 4 个或 8 个 10/100Mbps 自适应的以太网接口,每个接口可以实现全双工和半双工的工作方式,在全双工的工作方式下支持基于 PAUSE 帧的流控,在半双工的下支持基于背压的流控方式。传输距离不小于 100m(100Mbps 时使用五类以上无屏蔽双绞线,10Mbps 时使用三类以上无屏蔽双绞线)。用户接口间可以实现百兆无阻塞的二层交换,每个接口可以通过设置 VLAN 实现与系统接口的任意绑定,从而为用户提供非常灵活的组网方式。另外,在用户接口有比较详细的指示灯,可以为用户提供接口状态的指示,每个以太网接口提供 2 个接口状态指示灯:黄色是 ACTIVE/LINK 灯,灯亮时代表 LINK(连接上),闪烁时代表 ACTIVE(有数据收发)；绿色是接口速度指示灯,灯亮时代表 100Mbps 速度连接,灯不亮表明接口的速度是 10Mbps。在 PCB 板上每个接口还对应一个指示灯,灯亮表示接口是全双工状态,灯不亮表示接口是半双工状态。

(2) 系统接口

SFE 对内提供 8 个广域网方向,8 个方向可以根据实际的需要定义到不同的光方向,所有的 8 个方向共 63 个 VC-12,每个光方向通过网管任意配置绑定 1~63 个 VC-12,当系统接口绑定 47 个 2Mbps 时就可以实现百兆的线速,整个单板所有方向总吞吐量可以达到 63×2.176Mbps。由于每个接口最大支持 255 个 VLAN ID,因此每个系统接口可以接收来自 255 个用户方向的数据包,8 个系统口就可以支持 2040 个用户方向,也就是说使用一块 SFE 单板就可以组成有 2040 网段的大网。

2. 组网方式

SFE 板可以根据不同的需要组成多种形式的网络拓扑结构,可配置成点到点、点到多点、共享环、收敛/汇聚业务等多种组网方式,形成链状、星状、混合、网状等多种网络拓扑结构。

3. 工作模式

接入模式,表示接口预期接收的以太网帧都是不带任何 VLAN tag 的,接收到这样的帧后,将为此帧打上一层 VLAN tag,其 VLAN ID 即为后面设置的 PVID；如果接收的帧已包含 VLAN tag,则会被丢弃。接口在转发从其他接口来的帧时,先核对 VLAN ID 是否与本接口所属 VLAN 的 VLAN ID 一致,若一致,则剥离其 VLAN tag,转发出去；若不一致,则丢弃。这种模式一般用于与不支持收发 VLAN tag 的设备相连时使用。

干线模式,表示接口预期接收的以太网帧都是带 VLAN tag 的,接收到这样的帧后,将核对最外层的 VLAN tag,若其 VLAN ID 属于本接口已配置的 VLAN ID 之一,则直接转发,若不属于,则丢弃。这种模式常用于连接汇聚点、或部分分支点的设备,也常用于 VCG (EOS)接口之间互通。

4. 单板运行模式

(1) 默认模式：这种模式能够实现一一对应的用户口和系统口间所有数据的透明传输。

(2) 透传模式：仅在测试时使用,此时以太网板相当于一个 HUB,所有的接口都处于一个接口组内,相当于透明传输。

(3) 虚拟局域网模式：不支持 QinQ 功能,能够进行基于 VLAN＋MAC 地址的交换,需要设置用户口和系统口的 VLAN 模式,需要创建虚拟局域网。

(4) 虚拟通道模式：与虚拟局域网模式的区别在于支持 QinQ 功能,能够进行基于 VLAN＋MAC 地址的交换。

5. SFE 功能结构

SFE 的功能结构如图 3-38 所示。

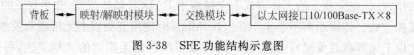

图 3-38　SFE 功能结构示意图

(1) 交换模块完成 16 个 10/100Mbps 接口的无阻塞交换(8 个用户侧接口,8 个系统侧接口)。

（2）映射/解映射模块完成以太网帧的封装解封装,映射解映射。

（3）SFE 对外可提供 8 或 4 个 LAN 接口,对内提供 8 个广域网方向,每个广域网方向由 1～48 个 VC-12 实现任意绑定(采用虚级联方式)来调整带宽。

6. 组网拓扑举例

（1）点到点组网(见图 3-39)

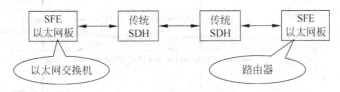

图 3-39　点到点组网示意图

点到点的网络比较简单,在一个 SDH 网络上任意选取两个点,一点是上业务的路由器,另外一点是下业务的以太网交换机。点对点的两端可以使用不同系统设备上的 SFE 板,单板可以配置不同的光方向,可以使用支路板的剩余时隙,也可以单独配置。

（2）链状拓扑组网(见图 3-40)

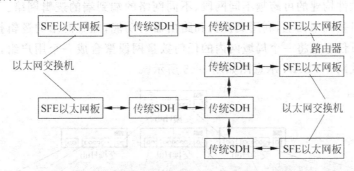

图 3-40　链状网络示意图

链状拓扑网络比较常用,一个路由器用来上业务,其他的点是下业务的以太网交换机。这样的组网结构,可以根据需要给不同的下业务的结点分配不同的 2M 数目。

（3）环状拓扑网络(见图 3-41)

环状拓扑网络主要是根据现有的 SDH 共享环网,在两个环网上有一个路由器用来上业务,其他的点是下业务的以太网交换机。

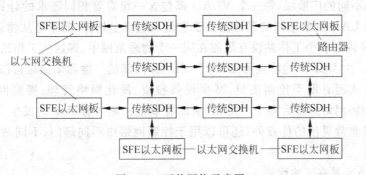

图 3-41　环状网络示意图

89

（4）网状拓扑网络（见图 3-42）

网状拓扑网络主要是也是根据现有的 SDH 网络，在网上某点有一个路由器用来上业务，其他的点是下业务的以太网交换机。

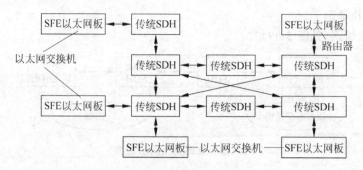

图 3-42　网状网络示意图

3.3.5　VLAN 原理

VLAN(Virtual Local Area Network)又称虚拟局域网，是指在交换局域网的基础上，采用网络管理软件构建的可跨越不同网段、不同网络的端到端的逻辑网络。所谓的虚拟网是指在物理网络基础架构上，利用交换机和路由器的功能，配置网络的逻辑拓扑结构，从而允许网络管理员任意地将一个局域网内的任何数量网段聚合成一个用户组，就好像它们是一个单独的局域网。VLAN 示意图如图 3-43 所示。

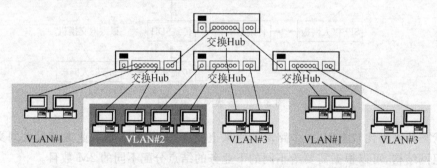

图 3-43　VLAN 示意图

VLAN 技术的出现，使得管理员根据实际应用需求，把同一物理局域网内的不同用户逻辑地划分成不同的广播域，每一个 VLAN 都包含一组有着相同需求的计算机工作站，与物理上形成的 LAN 有着相同的属性。由于它是从逻辑上划分，而不是从物理上划分，所以同一个 VLAN 内的各个工作站没有限制在同一个物理范围中，即这些工作站可以在不同物理 LAN 网段。由 VLAN 的特点可知，一个 VLAN 内部的广播和单播流量都不会转发到其他 VLAN 中，从而有助于控制流量、减少设备投资、简化网络管理、提高网络的安全性。VLAN 除了能将网络划分为多个广播域，从而有效地控制广播风暴的发生，以及使网络的拓扑结构变得非常灵活的优点外，还可以用于控制网络中不同部门、不同站点之间的互相访问。

采用 VLAN 具有下述优势。

1. 控制网络上的广播风暴

网络管理员必须控制网络上的广播风暴,其中最有效的方法之一是采用网络分段法,避免影响其余网络部分。这样,当某一网段出现过量的广播风暴后,不会影响其他网段的应用程序。网络分段可以保证有效地使用网络带宽,最小化过量的广播风暴,提高应用程序的吞吐量。随着网络向交换结构的转变,人们失去了路由器提供的防火墙功能。这样,广播风暴将发送到每一个交换接口,这也就是常说的整个网络是一个广播域。使用交换网络的优势是可以提供低延时和高吞吐量,缺点是增加了整个交换网络的广播风暴。

VLAN 可以提供建立防火墙的机制,防止交换网络的过量广播风暴。使用 VLAN 可以将某个交换接口或用户赋予某一个特定的 VLAN 组,该 VLAN 组可以在一个交换网中或跨接多个交换机,在一个 VLAN 中的广播风暴不会送到 VLAN 之外,同样相邻的接口不会收到其他 VLAN 产生的广播风暴。这样可以减少广播流量,为用户应用释放带宽,减少广播风暴的产生。

2. 增加网络的安全性

过去的几年中,LAN 的应用急剧增加,人们在 LAN 上经常传送一些保密的、关键性的数据。保密的数据应提供访问控制等安全手段。

使用共享式 LAN,安全性很难保证,只要用户插入一个活动的接口,即可访问网段上的广播风暴,广播域越大,被访问的广播包就越多,除非在 Hub 中提供安全控制的功能。一个最有效和最容易的方法是将网络分段成几个不同的广播组,使网络管理员限制 VLAN 中用户的数量,禁止未经允许而访问 VLAN 的应用。VLAN 提供安全性防火墙,限制了个别用户的访问和控制组的大小及位置等。交换接口可以基于应用类型和访问特权进行分组,被限制的应用程序和资源一般置于安全性 VLAN 中。

3. 集中化的管理控制

通过集中化的 VLAN 管理程序,网络管理员可以确定 VLAN 组,并对其分配特定的用户和交换接口,设置安全性等级,限制广播域的大小,通过冗余链路负载分担网络流量,跨越交换机配置 VLAN 通信,监控交通流量和 VLAN 使用的网络带宽。

这些能力有效地提高了网络管理程序的可控性、灵活性和监视功能,减少了管理的费用,增加了集中管理的功能。

3.3.6　VLAN 的配置

静态 VLAN 的设置,包括一个 VLAN ID 及其包含的接口的集合。一个 VLAN 可以包含多个接口,同样一个接口可能属于多个 VLAN。当一个接口配置属于某一个 VLAN 后,从其他接口收到的标记为这个 VLAN 的帧才有可能从这个接口发送出去。

为了对接收到的帧作 VLAN 处理,在帧的入口和出口需要加上必要的配置。这里需要考虑的问题包括:是否过滤标记帧,是否过滤非标记帧,是否做入口过滤,是否在出口去掉标记帧。根据 802.1Q 的定义:

(1) 接口可配置为只接收标记帧,或接收所有标记帧和未标记帧;

(2) 设置接口过滤,如果接口收到的帧的标记 VLAN 不包含接口,则此帧被过滤;

(3) 当帧在出口发送时,可以设置是否将帧的 VLAN 标记去掉或保留。

91

3.3.7 生成树协议原理

生成树算法的目的是让网桥动态地发现拓扑结构的一个无回路子集(树),并且保证最大的连通度,即只要两个 LAN 之间存在物理上的连接,就有由此及彼的生成树路径。从而既保证网络极大的连通,又有效地避免环路可能带来的"广播风暴"。

生成树算法的基本思想是:让网桥相互间传递特殊消息,其包含的信息使网桥可以进行以下工作:

(1) 在所有 LAN 的网桥中,选出其中一个作为根网桥(Root);

(2) 其他所有网桥计算自己到根的最短路径;

(3) 对于每一个 LAN,选出一个离根桥最近的指定网桥(Designated Bridge),负责其所在 LAN 上的包向根的转发;

(4) 各网桥选择一个给出到根网桥最佳路径的接口作为根接口(Root Port);

(5) 根接口及让本网桥成为指定网桥的接口构成生成树的有效接口。

数据通信就在生成树的有效接口之间进行转发和接收,而不会发到那些不包含在生成树内的接口上。

3.3.8 QoS 和流量控制

Qos 为用户业务保证配置的带宽、时延和优先级。实际上 QoS 保证了多个不相关的业务能够在同一个接口下根据配置工作,互不干扰地最大限度地利用接口的资源。流量控制是接口在通信时发现资源不够而请求对方暂缓发送的机制,目的是满足用户业务不丢包的需求。通常 QoS 与流量控制是矛盾的,QoS 认为业务超多配置的带宽限制就应该丢弃,而流量控制则只求不丢包,不管业务还有其他需求。

1. QoS 的原理

QoS 实际上限制接口的发送,原理是发送接口根据业务优先级上有许多发送队列,根据 QoS 的配置和一定的算法完成各类优先级业务的发送。因此,当一个接口可能发送来自多个来源的业务,而且总的流量可能超过发送接口的发送带宽时,可以设置接口的 QoS 能力,并相应地设置各种业务的优先级配置。

2. 流量控制

流量控制在10/100Mbps 全双工下采用 PAUSE 帧方式完成,半双工下使用反压法实现。总之,通信中的一方实施流控操作,对方则停止发送。因此对于一个接口,有可能收到的业务超过自己处理能力,并且业务要求不容许丢包,那么可设置此接口和对端具有流控能力。

3. QoS 与流量控制

在接口流量控制使能的情况下,QoS 能力消失。原因在于 QoS 是通过丢包来满足各业务类型的服务质量的,而目前流量控制尚无法区分业务类型,无法保证个别业务分配的带宽,且目标是不丢包,无法保证每个帧确定的时延。所以两种思路是矛盾的,针对不同目的,不能同时存在。

3.4　以太网单板配置

在单板管理界面中,右击 SFE/SGE 系列单板,选择快捷菜单中的"属性"命令,进入 SFE/SGE 板的单板属性设置对话框。单击"高级"按钮,进入单板高级属性设置对话框。

1. 用户接口设置

在数据接口属性页面中,完成用户接口的设置。主要参数说明如表 3-6 所示。

表 3-6　用户接口设置

参　数	描　述	备　注
接口	用户接口的类型和数量由单板类型决定	接口被启用后,与该接口相关的设置才能生效
VLAN 模式	包括接入模式和干线模式: ① 接入模式:接收数据帧不带 VLAN 标识,由本接口按照 Pvid 添加一层 VLAN 后进行交换 ② 干线模式:接收数据帧必须携带 VLAN 标识,未携带 VLAN 标识的数据帧将被过滤,发送侧不剥离 VLAN	如果接口采用接入模式,需设置接口速率、双工模式和 Pvid
速率选择	选择相应接口的工作速率	对接设备的速率和工作模式应保持一致
双工选择	选择相应接口的工作模式	
Pvid	接入模式下,接口为接收的数据帧添加的 VLAN 标识	范围 1～4095
是否流控	处理网络拥塞的两种方法,工作原理相反,不能同时启用,如果系统接口配置的带宽比对应用户接口业务的总流量小,建议启用系统接口和用户接口的流控功能;如果多用户接口共享一个系统接口,应启用 QoS 功能	① 与用户接口对接的用户设备相应接口也需要启用流控功能 ② 启用流控功能时,需要同时启用相应的用户接口和系统接口的流控
QoS 优先级		如果用户接口启用的 QoS 中的 WFQ 方式,需选择 QoS 优先级,每个 QoS 优先级需对应一个带宽比例,带宽在系统接口中设置
自学习 MAC 地址	设置接口是否支持 MAC 地址自学习,如果不启用该功能,接口必须通过静态 MAC 地址设置,才能获得目的地址	建议启用该功能
速率限制	限制用户接口发出数据帧的速率,默认值为不限制	
Trunking 组	将物理上相同类型的接口绑定为逻辑上的一个接口,提高链路的带宽容量,实现数据在多个物理链路上的均衡分布,并利用冗余路径实现链路的保护	可选配置,根据业务需求选配

2. 系统接口设置

在数据接口属性、通道组配置、接口容量设置、LCAS 配置页面中,完成系统接口的设置。主要参数说明如表 3-7 所示。

表 3-7 系统接口设置

参　数	描　述	备　注
接口	系统接口的类型和数量由单板类型决定	接口被启用后,与该接口相关的设置才能生效
VLAN 模式	包括接入模式和干线模式: ① 接入模式:接收数据帧不带 VLAN 标识,由本接口按照 Pvid 添加一层 VLAN 后进行交换 ② 干线模式:接收数据帧必须携带 VLAN 标识,未携带 VLAN 标识的数据帧将被过滤,发送侧不剥离 VLAN	建议系统接口使用干线模式
Pvid	接入模式下,接口为接收的数据帧添加的 VLAN 标识	范围 1~4095
是否流控	处理网络拥塞的两种方法,工作原理相反,不能同时启用,如果系统接口配置的带宽比对应用户接口业务的总流量小,建议启用系统接口和用户接口的流控功能;如果多用户接口共享一个系统接口,应启用 QoS 功能	启用流控功能时,需要同时启用相应的用户接口和系统接口的流控
QoS 优先级		如果系统接口启用的 QoS 中的 WFQ 方式,必须设置 QoS 优先级与带宽的对应关系
通道组配置	配置 VC-12 虚级联组	以太网两端的系统接口,其传输容量必须相同,否则业务不通
接口容量配置	为系统接口制定通道组	
LCAS 配置	即链路容量调整方案。当用户带宽发生变化时,通过 LCAS 调整虚级联组中 VC 通道的数量,使业务不中断,或仅发生瞬断。LCAS 启用时,如果通道组中的 VC 失效,系统将自动从通道组剔除失效的 VC,其余正常的 VC 可继续传输业务;当失效 VC 回复后,系统又可自动将该 VC 重新加入虚级联组	建议系统接口启用 LCAS 功能

3. 单板属性设置

在对话框的数据单板属性页面中,指定单板的运行方式和 MAC 地址。参数定义和设置原则如表 3-8 所示。

表 3-8 单板属性设置

运 行 方 式	描　述	备　注
默认模式	接口根据查找 MAC 地址表进行包的转发,实现用户接口和系统接口之间的任意交换	如果同一单板在该模式下启用两个以上的接口将可能形成广播风暴,导致业务不正常

续表

运行方式	描　述	备　注
透传模式	交换时,屏蔽 MAC 地址与 VLAN,提供点到点的透明传输通道。数据帧只在相互对应的用户接口和系统接口之间转发	① 类似物理通道的透传,可以对各种协议帧(包括 802.1x)的透明传送 ② 如果单板采用透传模式,用户接口的 VLAN 模式设置无效
虚拟局域网模式	数据帧的转发通过划分的 VLAN 及 MAC 地址表的查找实现。不同的 VLAN 间业务不可互通,具有安全隔离的作用	可以保证业务的安全性。但是当业务包含大量 VLAN 时,需要逐个配置 VLAN,工作量较大
虚拟通道模式	交换时,屏蔽 MAC 地址,按照划分的 VLAN 进行数据包的转发,该模式允许从不同接口接收相同源地址的数据包,支持各种协议包的透明传输,并按照 VLAN 进行业务汇聚	
单板 MAC 地址		
MAC 地址	十六进制表示方式,输入单板的 MAC 地址	MAC 地址应设置为不同,避免发生广播风暴

4. 虚拟局域网(VLAN)/生成树协议(STP)配置

参数说明如表 3-9 所示。

表 3-9　VLAN/STP 配置说明

参　数	描　述	配置原则
VLAN 配置	创建 VLAN,并添加用户接口和系统接口,必须配置	① SFE 板只能批量创建多个连续 ID 的 VLAN ② 接口所属 VLAN 的 ID 必须与数据接口属性页面中该接口所设的 Pvid 相同 ③ VLANID 范围 1～4095
STP 配置	当以太网业务构成环状或网状网络时,为避免业务成环,建议启用虚拟网桥的生成树协议(STP)	启用 STP 的 VLAN 数量为 30 个,使用 STP 的 VLAN * PORT 的数量最大为 120 个

5. 业务配置

在客户端操作窗口中,选择上下以太网业务的网元,单击"设备管理"→"SDH 管理"→"业务配置"菜单项,在业务配置对话框中,按照时隙交叉配置的方法,建立以太网板 VC-12 通道与光线路板 TU-12 的连接。

6. 途经站点光线路板配置

在客户端操作窗口中,选择途经站点,单击"设备管理"→"SDH 管理"→"业务配置"菜单项,在业务配置对话框中,建立途经光线路板的直通连接。

实训 4　数据业务配置

例 3-2　由 A、B、C、D、E、F 六个网元组成的网络拓扑如图 3-44 所示。

请配置 E 到 F 的一个 2Mbps 的以太网业务。

【解题思路】

（1）建立网元

根据业务要求分析可以得出，SMT-1 即可满足容量要求，因此，选择 S320 设备即可。由网络拓扑可以看出，网元 E、F 为 TM 设备，网元 A、B、C、D 为 ADM 设备。

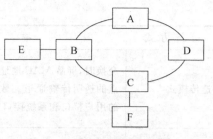

图 3-44　例 3-2 网络拓扑图

（2）单板选择

根据业务要求可知，网元 E、F 需要选择以太网单板 SFE4。网元 E、F 在端点处，仅需要 1 个光接口；网元 A、D 在环上，需要 2 个光接口；而网元 B、C 位于环和链的交点处，需要提供 3 个光接口。因此，可以为网元 E、F 选择一个 OIB1S 光板，为网元 A、D 选择 2 个 OIB1S 光板，为网元 B、C 选择 1 个 OIB1S 光板、一个 OIB1D 光板。再加上必须配置的功能单板，可以完成所有网元的单板选择，如表 3-10 所示。

表 3-10　例 3-2 网元单板配置表

	13#	12#	11#	10#	9#	8#	7#/6#	5#	4#	3#/2#	1#	14#/15#
A							CSB×2	OIB1S	OIB1S	SCB×2	NCP	PWA×2
B							CSB×2	OIB1S	OIB1D	SCB×2	NCP	PWA×2
C							CSB×2	OIB1S	OIB1D	SCB×2	NCP	PWA×2
D							CSB×2	OIB1S	OIB1S	SCB×2	NCP	PWA×2
E		SFE4					CSB×2	OIB1S		SCB×2	NCP	PWA×2
F		SFE4					CSB×2	OIB1S		SCB×2	NCP	PWA×2

（3）建立连接

按照网元的单板配置和网络拓扑建立光连接，如表 3-11 所示。

表 3-11　例 3-2 网元连接配置表

序号	始　端	终　端	连接类型
1	网元 A5#OIB1S 板	网元 B5#OIB1S 板	双向光连接
2	网元 B4#OIB1D 板接口 1	网元 C4#OIB1D 板接口 1	双向光连接
3	网元 C5#OIB1S 板	网元 D5#OIB1S 板	双向光连接
4	网元 D4#OIB1S 板	网元 A4#OIB1S 板	双向光连接
5	网元 B4#OIB1D 板接口 2	网元 E5#OIB1S 板	双向光连接
6	网元 C4#OIB1D 板接口 2	网元 F5#OIB1S 板	双向光连接

（4）以太网单板属性配置

由于本题要求使用以太网业务，因此采用 SFE4 单板。由于仅是简单的业务传输，没有涉及 VLAN 划分，因此，采用以太网透传业务。

① 用户接口属性

"接口启用状态"：单击"用户接口 1"，启用该接口。

"VLAN 模式"：接入模式。

"双工模式"：自动。

"速率"：自动。

Pvid：1

② 系统接口

"接口启用状态"：单击"系统接口 1"，启用该接口。

"VLAN 模式"：干线模式。

"封装类型"：GFP。

"是否流控"：由于业务量小于 100Mbps，使能该选项。

其余参数采用默认值。

③ 通道组配置

根据以太网业务量捆绑 TU-12 通道。在本题中，需要完成的以太网业务为 2Mbps，因此 A 网元、B 网元和 C 网元均需要捆绑 1 个 TU-12 通道。

配置要求如表 3-12 所示。

④ 以太网板接口容量配置

为网元的系统接口 1 指定相应网元的通道组 1。

⑤ LCAS 配置

进入 LCAS 配置页面。对各网元的系统接口 1 中的 TU-12 进行 LCAS 配置，配置要求如表 3-13 所示。

表 3-12　例 3-2 各网元通道组配置要求

参　　数	配　　置
占用（TU-12 通道）	01
级联方式	虚级联
通道组 ID	1

表 3-13　例 3-2 LCAS 配置要求

参　　数	配　　置
接口号	系统接口 1
LCAS 使能	选中
方向	双向
占用（TU-12 通道）	1

⑥ 数据单板属性配置

进入数据单板属性页面，选择透传模式。MAC 地址按实际填写。

（5）业务配置

与电路业务配置相似，只是 ET1 单板换为了 SFE4 单板，不再赘述。

例 3-3　实现网元 A 与网元 B，网元 A 与网元 C 数据业务的互通，网元 B 与网元 C 数据业务的隔离，如图 3-45 所示。三网元间数据业务流量为 30Mbps。

【解题思路】

（1）建立网元

根据业务要求分析可以得出，选择 S320 设备即可。由网络拓扑可以看出，网元 A、B、C 均为 ADM 设备。

（2）单板选择

根据业务要求可知，网元 A、B、C 均需要选择以太网单板 SFE4，且均需要两个光口，选择 O1CSD，再加上必须配置的功能单板，可以完成所有网元的单板选择，如表 3-14 所示。

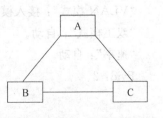

图 3-45　例 3-3 网络拓扑图

表 3-14　例 3-3 网元单板配置表

	13＃	12＃	11＃	10＃	9＃	8＃	7＃	6＃	5＃	4＃	3＃/2＃	1＃	14＃/15＃
A			SFE4					O1CSD			SCB×2	NCP	PWA×2
B			SFE4					O1CSD			SCB×2	NCP	PWA×2
C			SFE4					O1CSD			SCB×2	NCP	PWA×2

（3）建立连接

按照网元的单板配置和网络拓扑建立光连接,如表 3-15 所示。

表 3-15　例 3-3 网元连接配置表

序号	始　端	终　端	连接类型
1	网元 A6＃O1CSD 板接口 1	网元 B6＃O1CSD 板接口 1	双向光连接
2	网元 A6＃O1CSD 板接口 2	网元 C6＃O1CSD 板接口 1	双向光连接
3	网元 C6＃O1CSD 板接口 2	网元 B6＃O1CSD 板接口 2	双向光连接

（4）以太网单板属性配置

由于本题要求使用以太网业务,因此采用 SFE4 单板。由于涉及业务的隔离,因此选用 VLAN,采用以太网虚拟局域网业务。

① 用户接口属性

• A 网元

"接口启用状态":启用用户接口 1,用户接口 2。

"VLAN 模式":接入模式。

"双工模式":自动。

"速率":自动。

Pvid:1,2。

• B 网元

"接口启用状态":启用用户接口 1。

"VLAN 模式":接入模式。

"双工模式":自动。

"速率":自动。

Pvid:1

• C 网元

"接口启用状态":启用用户接口 2。

"VLAN 模式":接入模式。

"双工模式":自动。

"速率":自动。

Pvid:2。

② 系统接口

• A 网元

"接口启用状态"：启用系统接口 1，系统接口 2。

"VLAN 模式"：干线模式。

"封装类型"：GFP。

"是否流控"：由于业务量小于 100Mbps，使能该选项。

其余参数采用默认值。

• B 网元

"接口启用状态"：启用系统接口 1。

其余与 A 网元配置相同。

• C 网元

"接口启用状态"：启用系统接口 2。

其余与 A 网元配置相同。

③ 通道组配置

根据以太网业务量捆绑 TU-12 通道。在本题中，A 网元与 B 网元的业务为 30Mbps，A 网元与 C 网元的业务为 30Mbps，而 B 网元与 C 网元相隔离，因此 A 网元上有 60Mbps 的业务，B 网元和 C 网元上分别有 30Mbps 的业务，配置要求如表 3-16 所示。

表 3-16　例 3-3 各网元通道组配置要求

参　　数	A 网元	B 网元	C 网元
占用(TU-12 通道)	01~15,16~30	01~15	01~15
级联方式	虚级联	虚级联	虚级联
通道组 ID	1,16	1	1

④ 以太网板接口容量配置

为 A 网元的系统接口 1 分别指定相应网元的通道组 1，为系统接口 2 制定相应网元通道组 16。相同的，为 B 网元的系统接口 1 指定相应网元的通道组 1，为 C 网元的系统接口 2 指定相应网元的通道组 1。

⑤ LCAS 配置

进入 LCAS 配置页面。对各网元的系统接口 1 中的 TU-12 进行 LCAS 配置，配置要求如表 3-17 所示。

表 3-17　例 3-3 LCAS 配置要求

参　　数	A 网元		B 网元	C 网元
接口号	系统接口 1	系统接口 2	系统接口 1	系统接口 2
LCAS 使能	选中	选中	选中	选中
方向	双向	双向	双向	双向
占用(TU-12 通道)	01~15	16~30	01~15	01~15

⑥ 数据单板属性配置

进入数据单板属性页面，选择虚拟局域网模式。MAC 地址按实际填写。

（5）创建用户和 VLAN

在客户端操作窗口中，选择网元，创建新用户。用户名为××，用户 ID 为 1。

在客户端操作窗口中，选择所有网元的虚拟局域网设置项，进入数据板虚拟局域网设置对话框。

① 创建 VLAN

在"虚拟局域网信息"列表框中选择"××"，单击"增加 VLAN"按钮，在 VLAN 信息对话框中，按照表 3-18 所述，创建 VLAN。

② 为 VLAN 添加接口

表 3-18　VLAN 配置要求

参　　数	配　置
VLAN 名称	VLAN
VLAN 起始 ID	10
VLAN 终止 ID	10

在"虚拟局域网信息"列表框中选择"VLAN（10）"。选择"单板接口信息"中 A 网元的用户接口 1 与系统接口 1，B 网元的用户接口 1 与系统接口 1，添加到"已配置单板"中。

之后重复上一过程，将 A 网元的用户接口 2 与系统接口 2，C 网元的用户接口 2 与系统接口 2，添加到"已配置单板"中。

（6）业务配置

与电路业务配置相似，只是 ET1 单板换为了 SFE4 单板，不再赘述。

小　　结

本章是理论联系实际的重点章节，是下章学习的基础。本章的重要知识点有：

（1）SDH 的常见网元：TM、ADM、REG 和 DXC。注意它们在 SDH 网络中的位置和作用。

① TM——终端复用器，用在网络的终端站点上；

② ADM——分/插复用器用于 SDH 传输网络的转接站点处；

③ REG——再生中继器，只需处理 STM-N 帧中的 RSOH，且不需要交叉连接功能；

④ DXC——数字交叉连接设备，完成的主要是 STM-N 信号的交叉连接功能。通常用 DXC$m/n(m \geqslant n)$ 来表示一个 DXC 的类型和性能，m 表示可接入 DXC 的最高速率等级，n 表示在交叉矩阵中能够进行交叉连接的最低速率级别。m 越大表示 DXC 的承载容量越大；n 越小表示 DXC 的交叉灵活性越大。

（2）SDH 的逻辑功能块，注意每个功能块收发功能，结合 SDH 复用过程来学习，以理解为主，应该特别注意的是掌握每个功能块所监测的告警、性能事件及其检测机理。

（3）理解电信管理网、SDH 管理网、OSI 7 层模型及 ECC 协议栈的定义。

① TMN 的基本概念是提供一个有组织的体系结构，以达到各种类型的操作系统（网管系统）和电信设备之间的互通，并且使用一种具有标准接口（包括协议和信息规定）的统一体系结构来交换管理信息，从而实现电信网的自动化和标准化管理，并提供各种管理功能。

TMN 提供的接口有：Qx、Q3、X、F，注意各个接口的作用。

TMN 的功能可以划分为不同的层次由高到低依次为：事务管理层（BML）、服务管理层（SML）、网络管理层（NML）、网元管理层（EEL）、网元层（NEL）。

② SDH 管理网(SMN)是 TMN 的一个子网,专门负责管理 SDH 网元。

③ OSI 模型,即开放式通信系统互联参考模型,是国际标准化组织(ISO)提出的一个试图使各种计算机在世界范围内互连为网络的标准框架,简称 OSI。它的主要目标是使不同的信息处理系统能够互连。

④ ECC 协议栈:SDH 管理系统采用 DCC 传送 OAM 信息。为此,SDH 网选择了一套类似与 OSI 7 层协议栈相类似的 ECC 7 层协议栈。

(4) 结合以太网配置理解 MSTP 技术和 VLAN 技术。

实践技能要求能够要求在学习完本章内容之后可以根据实际情况进行电路业务的配置和以太网业务的配置。

思考与练习

3.1　填空题

(1) LPA 是＿＿＿＿＿＿＿＿＿＿功能块,MST 是＿＿＿＿＿＿＿＿＿功能块。

(2) 在 SDH 网络中基本的网元类型有＿＿＿＿＿＿＿＿＿＿＿＿＿＿＿＿＿＿。

(3) 通常用 DXCm/n 来表示一个 DXC 的类型和性能,m 表示＿＿＿＿＿＿＿＿＿＿＿,n 表示＿＿＿＿＿＿＿＿＿。

(4) TMN 的接口有＿＿＿＿＿＿＿＿＿＿＿＿＿＿＿＿＿＿。

3.2　简答题

(1) 简述 SPI 与 RST 的收发信号的处理过程。

(2) 简述 OSI 模型各层的名称及其典型协议。

(3) 简述 MSTP 的关键技术。

(4) 简述 VLAN 技术的优势。

第 4 章　确保传输网的正常运行

随着科技的发展,各种通信业务得到了迅猛的发展,我们的生活和工作对通信的依赖越来越大。有机构预计,2010 年我国光纤宽带将达到 3300 万线。广电网准备部署 700 万~800 万线 PON 用户,到 2011 年,光纤宽带接口将超过 8000 万。在如此庞大的网络中,一旦传输出现故障,损失将是难以预料的。据美国有关资料分析,通信中断 1 小时,可使保险公司损失 2 万美元,使航空公司损失 250 万美元,使投资银行损失 600 万美元;通信中断两天,足以让银行倒闭。可见,通信网络对现代社会的发展影响越来越大。因此,如何提高网络的可靠性,成为网络运营管理者所迫切要考虑的重要问题,通信网络的生存性已成为现代网络规划设计和运行的关键性因素之一。

4.1　自愈的概念与分类

4.1.1　自愈的定义和基本原理

所谓自愈,就是说当网络发生故障时,无须人工干预,设备即可在极短的时间内自动恢复所携带的业务。通常,自愈倒换时间极短,以至于用户感觉不到网络已出了故障。其基本原理是使网络具备发现替代传输路由并重新确立通信的能力。

自愈网的概念只涉及重新确立通信,而不管具体失效元部件的恢复或更换,故障的修复或者器件的更换仍需要人工干预才能完成。简单地说,就是当光缆路由出现故障的时候,线路可以自动切换到另一条路径达到终点,但是,并不能自动修复故障,故障的解除仍然需要人为修理。

那么,在定义中这个极短的时间是如何界定的呢? 我们来看表 4-1。

表 4-1　自愈保护的倒换时间

业务恢复时间	交换业务的连接丢失情况	业务恢复时间	交换业务的连接丢失情况
50~200ms	业务丢失概率<5%	10s	多数话带数据调制解调器超时
200ms~2s	业务丢失概率提高	>10s	所有通信会话丢失连接
2s	所有电路交换连接业务丢失	>5min	数字交换机阻塞

可以看出,自愈保护中的两个重要的时间门限。

(1) 50ms。作为 ITU-T 规定的设备倒换时间门限,中断时间小于 50ms,可以满足多数电路交换网的话带业务和中低速数据业务的质量要求。

(2) 2s。作为网络恢复的目标值(连接丢失门限 CDT),中断时间小于 2s,可保证中继传输和信令网的稳定性,电话、数据、图像等多数用户可忍受。

自愈定义中极短的时间,在ITU-T中规定的就是50ms以内。

自愈保护的基本原理是:为受保护业务建立一条冗余路由,当工作路由出现故障时,业务自动切换到冗余路由,并重新建立连接关系,以保证业务连续性,从而起到自愈保护的作用。

换句话说,就是相同的起点,相同的终点,不同的路由。

4.1.2　SDH网络的基本拓扑结构

SDH传输网络是由TM、ADM、REG三种基本的网络形式构成的。对于整个网络,从点上来看,是一个个孤立的网元;从线上来看,两个站点之间用光纤连接起来,就是一条链;多个链组成一个不封闭的网络,则成为一个链状网;多个链组成一个封闭的网络,则成为一个环;由链与环,又可以衍生出多种网络。一般来说,SDH传输网的基本物理拓扑形式分为链状、星状、树状、环状、网状等形式,比较复杂的网状网,最终都可以看做是有上述这些基本拓扑形式衍生组成的。

从保护意义上讲,最基本的网络形式就是环状网和链状网。

1. 链状网

当将涉及通信的所有点串联起来,并使首末两个点开放时就形成了所谓的链状网。在这种拓扑结构中,为了使两个非相邻点之间完成连接,其间的所有点都就完成连接功能。例如,在两个终端复用器(TM)中间接入若干分插复用器(ADM)就是典型的链状拓扑的应用,也是SDH早期应用的比较经济的网络拓扑形式,主要用于专网中,如图4-1所示。

图4-1　链状网拓扑结构

2. 星状(枢纽型)网

当涉及通信的所有点中有一个特殊的点与其余所有点直接相连,而其余点之间互相不能直接相连时,就形成了所谓的星状拓扑,又叫枢纽型拓扑。在这种拓扑结构中,网络中的各结点通过点到点的方式连接到一个中央结点上,由该中央结点向目的结点传送信息。因此中央结点相当复杂,负担比各结点重得多。在星状网中任何两个结点要进行通信,都必须经过中央结点控制。这种网络拓扑的特点是可通过中心结点来统一管理其他网络结点,利于分配带宽,节约成本,但存在中心特殊结点的安全保障和处理能力的潜在瓶颈问题。此种拓扑多用于本地网(接入网和用户网),如图4-2所示。

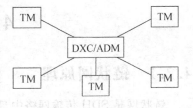

图4-2　星状网拓扑结构

3. 树状网

将点到点拓扑单元的末端点连接到几个特殊的点时就形成了树状拓扑。树状结构可以看做是星状拓扑和链状拓扑的结合,它将原来用单独链路直接连接的结点通过多级处理主机进行分级连接。这种结构与星状结构相比降低了通信线路的成本,但增加了网络复杂性。网络中除最低层结点及其连线外,任一结点或连线的故障均影响其所在支路网络的正常工作。这种拓扑结构适合于广播业务,但是存在瓶颈问题和光功率预算限制问题,也不适合于提供双向通信业务,如图 4-3 所示。

4. 环状网

当涉及通信的所有点串联起来,而且首尾相连,没有任何点开放时,就形成了环状网。将线性结构的两个首尾开放点相连就变成了环状网。在环状网中,为了完成两个非相邻点之间的连接,这两点之间的所有点都应完成连接功能。这是当前使用最多的网络拓扑形式,主要是因为它具有很强的生存性,即自愈功能较强,这对现代大容量光纤网络是至关重要的,因而环状网在 SDH 网中受到特殊的重视。环状网常用于本地网(接入网和用户网)、局间中继网,如图 4-4 所示。

5. 网孔状网

当涉及通信的许多点直接互联时就形成了网孔状拓扑。如果所有的点都直接互联时,则称为理想的网孔状。在非理想的网孔状拓扑中,没有直接相连的两个点之间需要经由其他点的连接功能才能实现连接。这种网络拓扑为两网元结点间提供多个传输路由,使网络的可靠性更强,不存在瓶颈问题和失效问题,但结构复杂、成本较高,适合于那些业务量很大的地区。网孔状网主要用于长途网中,以提供网络的高可靠性,如图 4-5 所示。

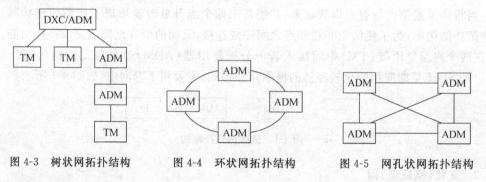

图 4-3 树状网拓扑结构   图 4-4 环状网拓扑结构   图 4-5 网孔状网拓扑结构

当前用得最多得网络拓扑是链状和环状,通过它们的灵活组合,可构成更加复杂的网络。本章所讲的网络保护主要是针对链状和环状网的拓扑结构。

4.2 链状网保护

4.2.1 链状网原理

链状网是 SDH 传输网络中最基本的网络拓扑结构之一,链上的业务既可以采用无保护方式,又可以采用 1+1、1:1 等保护方式,适用于网络中业务主要集中于相邻两个网元之间或者不能采用环状网络的情况(如沿铁路分布的传输网络),如图 4-6 所示。

链状网的特点是,具有时隙复用功能,即线路 STM-N 信号中某一序号的 VC 可在不同的传输光缆段上重复利用。

例如,图 4-6 中 A→B、B→C、C→D 以及 A→D 之间通有业务,这时可将 A→B 之间的业务占用 A→B 光缆段 X 时隙(序号为 X 的 VC,如 3 * VC-4 的第 1 个 VC-12),将 B→C 的业务占用 B→C 光缆段的 X 时隙(3 * VC-4 的第 1 个 VC-12),将 C→D 的业务占用 C→D 光缆

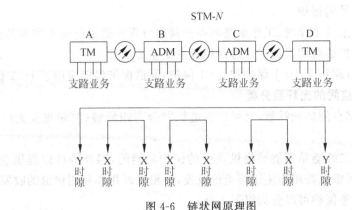

图 4-6　链状网原理图

段的 X 时隙(3 * VC-4 的第 1 个 VC-12),这种情况就是时隙重复利用。这时 A→D 的业务因为光缆的 X 时隙已被占用,所以只能占用光路上的其他时隙(如 Y 时隙),例如 3 * VC-4 的第 2 个 VC-12 或者 7 * VC-4 的第 1 个 VC-12。

　　链状网的这种时隙重复利用功能,使网络的业务容量较大。网络的业务容量指能在网上传输的业务总量。网络的业务容量与网络拓扑、网络的自愈方式和网元结点设备间业务分布关系有关。

4.2.2　链状网分类

1. 按保护业务级别分类

(1) 通道保护

通道保护是以通道为基础的,倒换与否按分出的每一通道信号质量的优劣而定。

通常利用简单的通道 PATH-AIS 信号作为倒换依据,而不需要 APS 协议,倒换时间不超过 10ms。

(2) 复用段保护

复用段保护是以复用段为基础的,倒换与否按每两站间的复用段信号质量的优劣而定。当服用段出故障时,整个站间的业务信号都转到保护通路,从而达到保护的目的。

正常工作时工作通路接收业务信号,当系统检测到 LOS、LOF、MS-AIS 以及误码> 10E-3 告警时,则切换到保护通路接收业务信号。

2. 根据业务保护的方式分类

(1) 1+1 保护

1+1 保护使用并发优收的原则。通道业务信号同时从工作通路和保护通路发送,在接收端根据接收信号的优劣选择一路作为工作通路。当系统检测到告警(通道保护为 PATH-AIS 信号,复用段保护为 LOS、LOF、MS-AIS 以及误码>10E-3 告警时),切换到保护通路接收业务信号。

通道保护只能使用 1+1 保护。

(2) 1:1 保护

1:1 保护中业务信号只在工作通路中传送,保护通路上可以开通低优先级的额外业务,当工作通路发生故障时,保护通路将丢掉额外业务,根据 APS 协议,通过跨接和切换的操作,完成对业务信号的保护。

简单地说,就是正常工作时,工作通路和保护通路分别传送主要业务和额外业务;工作通路发生故障时,保护通路切换成工作通路传送主要业务。

复用段保护可以应用于1+1保护和1:1保护,通道保护仅能应用于1+1保护。

3. 根据网元结点间的光纤数分类

如果按照网元结点间的光纤数,又可以将链状网分为四纤链(两对收发光纤)与二纤链(一对收发光纤)。

需要注意的是,二纤链是不能够提供业务的保护功能的,四纤链可以提供业务的1+1和1:1保护,其中两根光纤用作主用信道的收发,两根光纤用作备用信道的收发。

因此,链状网业务保护可以分为以下3种:

(1) 1+1通道保护;

(2) 1+1复用段保护;

(3) 1:1复用段保护。

对于保护方式,可以根据实际需要选择,主要是考虑业务的重要性和带宽的利用率(如是否上额外业务等)。

实训5 链状网配置实例

例4-1 按照图4-7所示组网规划。

图4-7 例4-1网络拓扑

数据规划要求:网元A、B、C、D、E均为ZXMP S320设备,各网元间业务配置如下:

(1) A→D 2个2Mbps;

(2) A→C 1个34Mbps;

(3) B→E 1个34Mbps;

(4) D→E 5个2Mbps。

试对其进行通道保护配置。

【解题思路】

(1) 首先需要建立网元。按照题目和拓扑图很明显可以得出结论:网元A、B、C、D、E都为S320设备,其中,A、E为TM设备,B、C、D为ADM设备。

(2) 单板选择。分析题目,由于要求对链进行保护,只有四纤链才能完成保护功能,因此可以确定此为一个四纤链网,换句话说,就是A、B、C、D、E间各有两对收/发光纤,因此,网元A、E上要配置有2对光接口(2收2发),B、C、D上配置4对光接口(4收4发)。

该四纤链业务最多处集中在B-C间,共需要传递2个34Mbps的业务和2个2Mbps的业务,STM-1已经足够;而且,一个S320设备只能配置一个O4CS单板,即使配置成O4CSD也不能满足有4对光接口的需要,因此我们配置STM-1的光板。网元A、E上可以配置一个O1CSD单板,网元B、C、D上配置1个O1CSD和2个OIB1S就可以满足传输业务的需要了。

106

网元 A 需要上下 2Mbps 和 34Mbps 的业务,因此还需要配置 1 个 ET1 板和一个 ET3 单板。同理可以得出其他几个网元的业务单板,再加上必须配置的功能单板,可以完成所有网元的单板选择,如表 4-2 所示。

表 4-2　例 4-1 网元单板配置表

	13#	12#	11#	10#	9#	8#	7#	6#	5#/4#	3#/2#	1#	14#/15#
A	OW			ET1	ET3		O1CSD			SCB×2	NCP	PWA×2
B	OW				ET3		O1CSD		OIB1S×2	SCB×2	NCP	PWA×2
C	OW				ET3		O1CSD		OIB1S×2	SCB×2	NCP	PWA×2
D	OW			ET1			O1CSD		OIB1S×2	SCB×2	NCP	PWA×2
E	OW			ET1			O1CSD			SCB×2	NCP	PWA×2

需要说明的是,这里提供的只是单板配置的一种方式,只要能够满足题目要求的单板选择就是正确的。

(3)建立连接。按照网元的单板配置和网络拓扑建立光连接,如表 4-3 所示。

表 4-3　例 4-1 网元连接配置表

序号	始　　　　端	终　　　　端	连接类型
1	网元 A7#O1CSD 板接口 1	网元 B7#O1CSD 板接口 1	双向光连接
2	网元 A7#O1CSD 板接口 2	网元 B7#O1CSD 板接口 2	双向光连接
3	网元 B4#OIB1S 板	网元 C4#OIB1S 板	双向光连接
4	网元 B5#OIB1S 板	网元 C5#OIB1S 板	双向光连接
5	网元 C7#O1CSD 板接口 1	网元 D4#OIB1S 板	双向光连接
6	网元 C7#O1CSD 板接口 2	网元 D5#OIB1S 板	双向光连接
7	网元 D7#O1CSD 板接口 1	网元 E7#O1CSD 板接口 1	双向光连接
8	网元 D7#O1CSD 板接口 2	网元 E7#O1CSD 板接口 2	双向光连接

(4)业务配置。由连接图可以判断出 A→D 网元间 2 个 2Mbps 的路径如下:

A10#→A7#-1→B7#-1→B4#→C4#→C7#-1→D4#→D7#-1→E7#-1→E10#

其中,A7#-1→B7#-1、B4#→C4#、C7#-1→D4#、D7#-1→E7#-1 间采用的是光纤连接,传送信号的时隙是完全相同的;A10#→A7#-1、B7#-1→B4#、C4#→C7#-1、D4#→D7#-1、E7#-1→E10# 之间的信号传递是在光传输设备中进行的,通过交叉功能,只需要连接双方的时隙等级相同即可。

同理可得其他业务的配置路径。表 4-4~表 4-6 即为业务配置的一种方案。

表 4-4　例 4-1 业务要求

业务类型	源网元	目的网元	数量
2M 双向业务	网元 A	网元 D	2
	网元 D	网元 E	5
34M 双向业务	网元 A	网元 C	1
	网元 B	网元 E	1

表 4-5   例 4-1 网元时隙配置表（1）

支　路　板		光 接 口 板				
支路板	2M(VC-12)/34M(TUG-3)	光接口	接口→AUG→AU-4	TUG-3	TU-12	
A10♯ET1	1～2	A7♯O1CSD	1	1	1～2	
A9♯ET3	1			2		
B9♯ET3	1	B4♯OIB1S	1	3		
C9♯ET3	1	C4♯OIB1S	1	2		
D10♯ET1	1～2	D4♯OIB1S	1	1	1～2	
	3～7	D7♯O1CSD	1	1	3～7	
E10♯ET1	1～5	E7♯O1CSD	1	1	3～7	
E9♯ET3	1		1	3		

表 4-6   例 4-1 网元时隙配置表（2）

光 接 口 板				光 接 口 板			
光接口	接口→AUG→AU-4	TUG-3	TU-12	光接口	接口→AUG→AU-4	TUG-3	TU-12
B7♯O1CSD	1	1	1～2	B4♯OIB1S	1	1	1～2
		2				2	
C4♯OIB1S	1	1	1～2	C7♯O1CSD	1	1	1～2
		3				3	
D4♯OIB1S	1	3		D7♯O1CSD	1	3	

⚠ 练习 4-1　按图 4-8 所示组网规划。

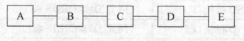

图 4-8　练习 4-1 网络拓扑

数据规划要求：网元 A、B、C、D、E 均为 ZXMP S380 设备,各网元间业务配置如下：

(1) A→E　2 个 140Mbps；

(2) A→D　5 个 34Mbps；

(3) B→E　10 个 34Mbps；

(4) C→E　50 个 2Mbps。

对其进行通道保护配置,填写下面几个表格,见表 4-7～表 4-11。

表 4-7　练习 4-1 网元单板配置表

A							
B							
C							
D							
E							

表 4-8 练习 4-1 网元连接配置表

序号	始　　端	终　　端	连 接 类 型
1			
2			
3			
4			
5			
6			
7			
8			

表 4-9 练习 4-1 业务要求

业务类型	源 网 元	目 的 网 元	数　　量

表 4-10 练习 4-1 网元时隙配置表(1)

支 路 板		光 接 口 板			
支路板		光接口	接口→AUG→AU-4	TUG-3	TU-12

表 4-11 练习 4-1 网元时隙配置表(2)

光 接 口 板				光 接 口 板			
光接口	接口→AUG→AU-4	TUG-3	TU-12	光接口	接口→AUG→AU-4	TUG-3	TU-12

4.3 环状网保护

将网络结点连成一个环状可以进一步改善网络的生存性和成本。通常环状网结点用ADM构成,利用ADM的分插能力和智能构成的自愈环是SDH的特色之一。

4.3.1 自愈环的分类

1. 按保护业务级别分类

按保护业务级别可将自愈环结构划分为两大类,即通道倒换环和复用段倒换环。对于通倒换环,业务的保护是以通道为基础的,倒换与否按离开环的每一个别通道信号质量的优劣而定;对于复用段倒换环,业务的保护是以复用段为基础的,倒换与否按每一对结点间的复用段信号质量优劣而定。当复用段出问题时,整个结点间的复用段业务信号都转向保护环。通道倒换环与复用段倒换环的一个重要区别,是前者往往使用专用保护,即正常情况下保护段也在传业务信号;后者往往使用公用保护,即正常情况下保护段是空闲的。

通道保护环和复用段保护环的区别如表4-12所示。

表 4-12　通道保护环与复用段保护环的区别

项　目	通道保护环	复用段保护环
保护单元	业务的保护以通道为基础,也就是说保护的是 STM-N 信号中的某个 VC(某一路的 PDH 信号),倒换与否按环上的某一个别通道信号的传输质量来决定的	以复用段为基础的,倒换与否是根据环上传输的复用段信号的质量决定的
倒换条件	PATH-AIS 通常利用接收端是否收到简单的 TU-AIS 信号来决定该通道是否应进行倒换	倒换由 K1、K2 字节所携带的 APS 协议来启动的,复用段保护倒换的条件是 LOF、LOS、MS-AIS、MS-EXC 告警信号
倒换方式	如果出现故障,仅将出现故障的时隙切换到备用信道上去	当复用段出现问题时,环上整个业务信号都切换到备用信道上
光纤利用率	1+1 保护,信道利用率不高	可以使用 1:1 保护,信道利用率高

2. 按支路信号分类

如果按照进入环的支路信号与由该支路信号分路结点返回的支路信号方向是否相同来区分,又可以将自愈环分为单向环和双向环。正常情况下,单向环中所有业务信号按同一方向在环中传输;双向环中,进入环的支路信号按一个方向传输,而由该支路信号分路结点返回的支路信号按相反的方向传输。

以 A、B、C、D 四点环为例,若 A、C 之间有业务互通,A 到 C 的业务路由假定为 A→B→C,若此时 C 到 A 的业务路由是 C→B→A,则业务从 A 到 C 和从 C 到 A 的路由是相同的,称为一致路由。若此时 C 到 A 的路由为 C→D→A,那么业务从 A 到 C 和从 C 到 A 的路由是不相同的,称为分离路由。我们称一致路由的业务为双向业务,称分离路由的业务为单向业务。如图 4-9 所示。

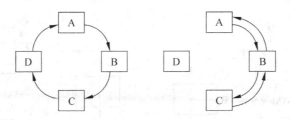

图 4-9　业务在 A 与 C 之间传递

单向业务,传递路由不同;双向业务,传递路由相同。

3. 按网元结点间的光纤数分类

如果按照网元结点间的光纤数来区分,我们又可以将自愈环分为四纤环(两对收发光纤)与二纤环(一对收发光纤)。通道保护环通常是二纤环;而复用频段保护环可以是二纤环,也可以是四纤环。

工程中常用的 SDH 自愈环结构是二纤单向通道保护环、二纤双向复用保护环和四纤双向复用段保护环,其中电力系统常用的是二纤单向通道保护环。下面我们一一来做讲解。

4.3.2　二纤单向通道保护环

单向通道保护环通常由两根光纤来实现,一根光纤用于传业务信号,称 S1 光纤;另一根光纤传相同的信号用于保护,称 P1 光纤。一般称 S1 为主环,P1 为备环。

通道保护环的保护功能通过网元支路板的倒换功能来实现的。也就是支路板将支路上环业务"并发"到主环 S1、备环 P1 上,两环上业务完全一样且流向相反,平时网元支路板"选收"主环下支路的业务,如图 4-10 所示。

例如,在结点 A 进入环以结点 C 为目的地的支路信号(AC)同时进入发送方向光纤 S1 和 P1,即所谓 1+1 保护。

其中,S1 光纤按逆时针方向将业务信号送至分路结点 C,P1 光纤顺时针方向将同样的信号作为保护信号送至分路结点 C。接收端分路结点 C 同时

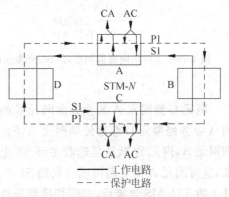

图 4-10　二纤单向通道保护环正常状态

收到两个方向支路信号,按照分路通道信号的优劣决定选其中一路作为分路信号。那么,A 与 C 业务互通的方式是 A 到 C 的业务经过网元 D 穿通,由 S1 光纤传到 C(主环业务);由 P1 光纤经过网元 B 穿通传到 C(备环业务),如图 4-11 所示。正常情况下,以 S1 光纤送来信号为主信号。同时,网元 C 到网元 A 的业务传输与此类似:S1:C→B→A;P1:C→D→A,如图 4-12 所示。

当 B 和 C 结点间光缆被切断时,也即两根光纤同时被切断,我们看看这时网元 A 与网元 C 之间的业务如何被保护。网元 A 到网元 C 的业务由网元 A 的支路板并发到 S1 和 P1 光纤上,其中 S1 业务经光纤由网元 D 穿通传至网元 C,P1 光纤的业务经网元 B 穿通,由于 B 和 C 间光缆断,所以光纤 P1 上的业务无法传到网元 C,不过由于网元 C 默认选收主环 S1 上的业务,这时网元 A 到网 C 的业务并未中断,网元 C 的支路板不进行保护倒换,如图 4-13 和图 4-14 所示。

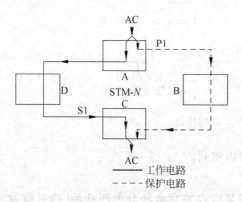

图 4-11 二纤单向通道保护环 AC 正常状态

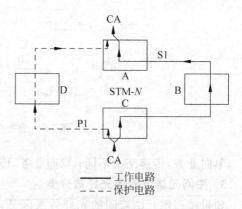

图 4-12 二纤单向通道保护环 CA 正常状态

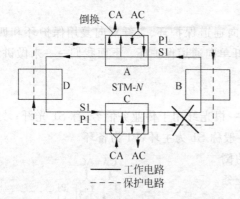

图 4-13 二纤单向通道倒换环（BC 光缆故障时）

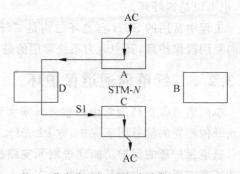

注：工作电路不变，保护电路中断

图 4-14 二纤单向通道倒换环 AC 方向
（BC 光缆故障时）

网元 C 到网元 A 的业务由网元 C 的支路板并发到 S1 环和 P1 环上，其中 P1 环上的 C 到 A 业务经网元 D 穿通传到网元 A，S1 环上的 C 到 A 业务，由于 BC 间光纤断所以无法传到网元 A，网元 A 默认是选收主环 S1 上的业务，此时由于 S1 环上的 C→A 的业务传不过来，这时网元 A 的支路板就会收到 S1 环上 TU-AIS 告警信号。网元 A 的支路板收到 S1 光纤上的 TU-AIS 告警后，立即切换到选收备环 P1 光纤上的 C 到 A 的业务，于是 C→A 的业务得以恢复，完成环上业务的通道保护，此时网元 A 的支路板处于通道保护倒换状态——切换到选收备环方式。

网元发生了通道保护倒换后，支路板同时监测主环 S1 上业务的状态，当连续一段时间未发现 TU-AIS 时，发生切换网元的支路板将选收切回到收主环业务，恢复成正常时的默认状态。如图 4-15 所示。

当故障排除，按业务是切换回主用信道还是保持使用备用信道，将切换方式分为返回式和非返回方式两种。

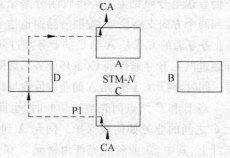

注：工作电路中断，保护电路切换成为工作电路

图 4-15 二纤单向通道倒换环 CA 方向
（BC 光缆故障时）

返回式指在主用信道发生故障时,业务切换到备用信道,当主用信道修复后,再将业务切回主用信道。一般在主要信道修复后还要再等一段时间,通常是几分钟到十几分钟,以使主用信道传输性能稳定,这时才将业务从备用信道切换过来。

非返回方式指在主用信道发生故障时,业务切换到备用信道,主用信道恢复后业务不切回主用信道,此时将原主用信道作为备用信道,原备用信道当做主用信道,在原备用信道发故障时,业务才会切回原主用信道。

二纤单向通道保护倒换环由于上环业务是并发选收,所以通道业务的保护实际上是 1+1 保护。倒换速度快,业务流向简捷明了,便于配置维护;缺点是网络的业务容量不大。二纤单向保护环的业务容量恒定是 STM-N,与环上的结点数和网元间业务分布无关。当网元 A 和网元 D 之间有一业务占用 X 时隙,由于业务是单向业务,那么 A→D 的业务占用主环的 A 光缆段的 X 时隙(占用备环的 A、B、C 光缆段的 X 时隙);D 的业务占用主环的 D、C、B 的 X 时隙(备环的 D 光缆段的 X 时隙)。也就是说 A 间占 X 时隙的业务会将环上全部光缆的(主环、各环)X 时隙占用,其他业务将不能再使用该时隙(没有时隙重复利用功能)了。这样,当业务为 STM-N 时,其他网元将不能再互通业务了,因为环上整个 STM-N 的时隙资源都已被占用,所以单向通道保护环的最大业务容量是 STM-N。

二纤单向通道保护环多用于环上有一站点是业务主站、业务集中站的情况。在目前组网中,二纤单向通道保护环多用于 STM-1、STM-4 系统。

4.3.3　二纤双向通道保护环

二纤双向通道保护环的工作原理与二纤单向通道保护环类似,不同之处仅仅是业务信号的传输方向由单向改为双向,如图 4-16 所示。

正常情况工作时,在结点 A,以结点 C 为目的地的信号 AC,同时馈入光纤 S1 与 P1,即所谓双发(1+1)。一路是沿 S1 光纤顺时针方向经结点 B 传送到结点 C,传送路径为 A→B→C;另一路是沿 P1 光纤逆时针方向经结点 D 也传送到结点 C,传送路径为 A→D→C。

因此,在 C 结点同时收到两个方向来的 AC 信号,按照信号质量的优劣选取其中一路作为主用信号(选收)。在正常情况下,选择沿 S1 光纤沿顺时针方向来的信号作为主用信号(路径:A→B→C),如图 4-17 所示。

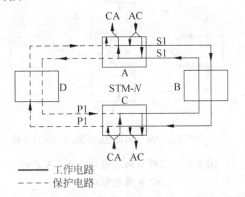

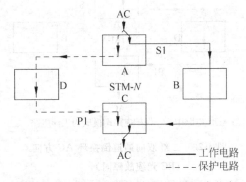

图 4-16　二纤双向通道保护环正常状态　　　　图 4-17　二纤双向通道保护环 AC 正常状态

在结点 C,以结点 A 为目的地的信号 CA,同时馈入光纤 S1 与 P1,即所谓首端桥接(1+1)。一路是沿 S1 光纤逆时针方向经结点 B 传送到结点 A,传送路径:C→B→A;另一路是沿 P1 光纤顺时针方向经结点 D 也传送到结点 A,传送路径:C→D→A。因此,在结点 A 也同时收到两个方向来的 CA 信号,按照信号质量的优劣选取其中一路作为主用信号。在正常情况下,选择沿 S1 光纤逆时针方向送来的信号作为主用信号(路径:C→B→A),如图 4-18 所示。

从以上所述可以看出双向的概念,AC 信号是沿 S1 光纤的顺时针方向传送;而 CA 信号则是沿着光纤 S1 的逆时针方向传送,而且都是在结点 A、C 之间的短径区段传送。

当发生故障时,如 BC 结点间的光缆被切断,则接收端的接收开关将会发生倒换,如图 4-19 所示。

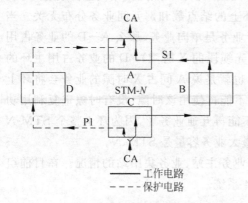

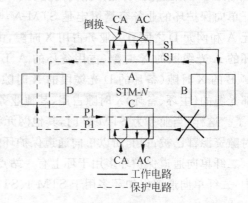

图 4-18 二纤双向通道保护环 CA 正常状态   图 4-19 二纤双向通道倒换环(BC 光缆故障时)

在结点 C,因从 A 结点沿 S1 光纤顺时针方向来的 AC 信号丢失(路径:A→B→C),按择优选用原则,接收倒换开关将由 S1 光纤转向 P1 光纤、接收从 P1 光纤沿逆时针方向来的信号作为主用(路径:A→D→C),即所谓末端倒换,如图 4-20 所示。

同样道理,在结点 A 接收的 CA 信号是从 P1 光纤沿顺时针方向送来的信号作为主用,传送路径:C→D→A,如图 4-21 所示。这样就完成了自愈功能,使 AC 两结点间的通信不受影响。

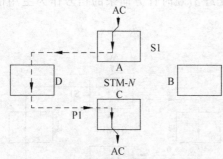

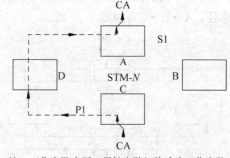

注:工作电路中断,保护电路切换成为工作电路   注:工作电路中断,保护电路切换成为工作电路

图 4-20 二纤双向通道倒换环 AC 方向   图 4-21 二纤双向通道倒换环 CA 方向
        (BC 光缆故障时)   (BC 光缆故障时)

从以上的分析可以看出,二纤双向通道保护环的网上业务容量与二纤单向通道保护环相同,但结构更复杂,与二纤单向通道保护环相比无明显优势,因此现在网中一般不采用这种自愈方式。

4.3.4　二纤单向复用段保护倒换环

在二纤单向复用段倒换环中,结点在支路信号分插功能前的每一高速线路上都有一保护倒换开关,正常情况下,低速支路信号仅仅从 S1 进行分插,P1 是空闲的,可以传递附加业务,由 A 到 C 以及由 C 返回 A 的信号都是沿 S1 顺时针方向传送的,所以它是一个单向环。即 AC：A→B→C；CA：C→D→A,如图 4-22 所示。

当 B 和 C 结点间的光缆被切断,CA 信号通过 S1 顺时针传送,不经过 BC 结点间的光缆,不产生影响。AC 信号传送中 B 和 C 结点中的保护倒换开关将利用 APS 协议执行环回功能,在 B 结点,S1 上的 AC 信号经倒换开关从 P1 返回,沿逆时针方向经过 A 和 D 结点到达 C 结点,并经过 C 结点的倒换开关环回到 S1 并落地分路。这种环回倒换功能能保证在故障状况下仍维持环的连续性,使低速支路上的业务信号不会中断,故障排除后,倒换开关返回原来位置。如图 4-23 所示。

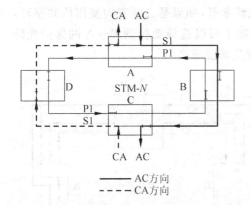

图 4-22　二纤单向复用段保护倒换环正常状态

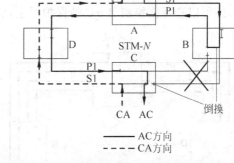

图 4-23　二纤单向复用段保护倒换环倒换状态

二纤单向复用段环的最大业务容量的推算方法与二纤单向通道保护环类似,只不过是复用段保护可以采用 1：1 保护,在正常时备用环上可以传送额外业务。因此,二纤单向复用段保护环的最大业务容量在正常时为 $2\times$STM-N(包括额外业务),发生保护倒换时为 STM-N。

二纤单向复用段保护环的业务容量与二纤单向通道保护环相差不大,倒换速度比二纤单向通道环慢,在组网时应用不多。

4.3.5　四纤双向复用段环

对于前面讲的三种自愈方式,网上业务容量都与网元结点数无关,那么随着环上网元的增多,平均每个网元可上/下的最大业务量随之减少,网络信道利用率不高。例如,二纤单向通道保护环为 STM-16 系统时,若环上有 16 个网元结点,则平均每个设备结点的上/下业务只能有 STM-1,这是对资源的巨大浪费。为了克服这种情况,出现了四纤双向复用段保护环自愈方式,这种自愈方式的特点是环上业务量随着结点数的增加而增加。

环网由四根光纤组成,两根工作光纤记为 S1、S2。S1 组成沿顺时针方向传输的环,S2 组成沿逆时针方向传输的环,因此由它们可以独立地完成环上的双向业务传输。

另外,两根保护光纤记为 P1、P2,P1 组成沿逆时针方向传输的环,P2 组成沿顺时针方向传输的环,它们可以对工作光纤提供保护。

注意:P1、P2 仅仅是一种标识,它并不代表 P1 光纤仅仅对 S1 光纤提供反方向保护,P1 光纤同样也可以对 S2 光纤提供同方向供保护;至于到底对 S1 光纤还是对 S2 光纤提供保护,根据情况由软件调度。同理,P2 光纤既可以对 S2 光纤提供反向保护,也可以对 S1 光纤提供同向保护。

当环网正常时,网元 A 到网元 C 之间的主用业务从 S1 光纤上通过网元 B 到达网元 C;相同的,网元 C 到网元 A 的主用业务从 S2 光纤通过网元 B 到达网元 A。P1 和 P2 光纤可以传送额外业务,如图 4-24 所示。

当 B→C 间光缆发生故障时,环上业务会发生跨段倒换或者跨环倒换,倒换触发条件和倒换过程如下。

1. 跨段倒换

对于四纤环,如果故障只影响工作信道,业务可以通过倒换到同一跨段的保护信道来进行恢复。如图 4-25 所示,当结点 B→C 间的工作光纤断开,如果是二纤双向复用段共享环,则倒换到 B→A 的保护段上;对于四纤复用段环,除了可以选择倒换到 B→A 的保护光纤上,还可以选择倒换到 B→C 的保护纤上,后者也就是跨段倒换。

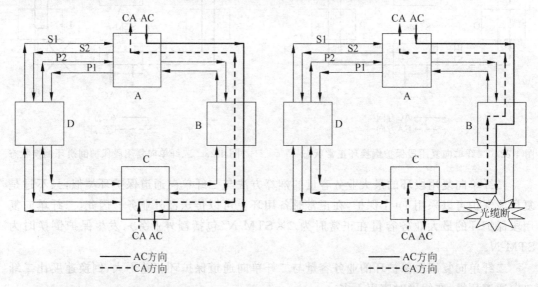

图 4-24　四纤双向复用段环　　　　图 4-25　故障状态下跨段倒换时路由示例

在进行跨段保护时,保护光纤 P1 为工作光纤 S2 提供同向保护,而保护光纤 P2 则为工作光纤 S1 提供同向保护。

2. 跨环保护

对于二纤环,都使用环倒换来保护。对于四纤环,只有在跨段倒换不能恢复业务的情况下才使用环倒换。如果一个跨段的工作信道和保护信道都发生故障,必须启动一个环桥接请求。

如图 4-26 所示,AC 信号在结点 B,执行桥接功能,把 AC 信号从 S1 光纤桥接到 P1 光纤上,并沿逆时针方向经 A、D 结点传送到 C 结点。在结点 C,执行倒换功能,再把 AC 业务信号从 P1 光纤倒换到 S1 光纤上。因此,AC 信号的传送路径为:A→B→A→D→C。CA

信号在结点 C,执行桥接功能,把 CA 业务信号从 S2 光纤桥接到 P2 光纤上,并沿顺时针方向经 D、A 结点传送到 B 结点。在结点 B,执行倒换功能;再把 CA 业务信号从 P2 光纤倒换到 S2 光纤上,并沿逆时针方向传送到结点 A。因此 CA 信号的传送路径为:C→D→A→B→A。

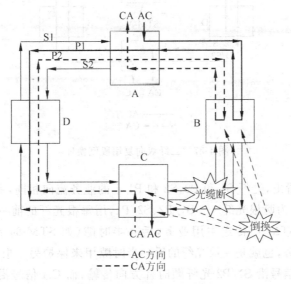

图 4-26　故障状态下跨环倒换时路由示例

跨段倒换的优先级高于跨环倒换,对于同一段光纤,如果既有跨段倒换请求又有跨环倒换请求时,会响应跨段请求,因为跨环倒换后会沿着长径方向的保护段达到对端,会挤占其他业务的保护通路,所以优先响应有跨段请求的业务。

四纤双向复用段保护环的业务容量有两种极端方式。一种是环上有一业务集中站,各网元分别与此站通业务,并无网元间的业务。这时环上的最小业务容量为 $2\times$STM-N(主用业务)和 $4\times$STM-N(包括额外业务),因为该业务集中站东西两侧均最多只可通过 STM-N(主用业务)或 $2\times$STM-N(包括额外业务);另一种情况是环网上之存在相邻网元的业务,不存在跨网元的业务,这时每个光缆段均为相邻互通业务的网元专用,不占用其他光缆段的时隙资源,这样各个光缆段都最大传送 STM-N(主用业务)或 $2\times$STM-N(包括额外业务)的业务容量(时隙可以重复利用),而环上光缆段的个数等于环上网元结点数 k,所以这时网络的业务容量达到最大:$k\cdot$STM-N 或 $2k\cdot$STM-N。

需要注意的是,复用段保护环上网元结点不包括 REG,其个数也是有限制的,由 K1、K2 字节确定,环上结点数最大为 16 个。

尽管复用段环的保护倒换速度要慢于通道环,且倒换时要通过 K1、K2 字节的 APS 协议控制,使设备倒换时涉及的单板较多,容易出现故障,但由于双向服用段环最大的优点是网上业务容量大,业务分布越分散,网元结点数越多,容量也就越大,所以双向复用段环得到了普遍的应用。

4.3.6　二纤双向复用段倒换环

由于四纤双向复用段环的成本较高,二纤双向复用段倒换环应运而生。它的保护机理与四纤环类似,只是采用了双纤方式,如图 4-27 所示,因而得到了广泛的应用。

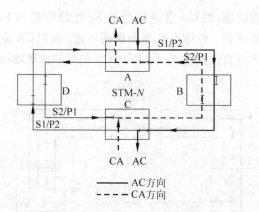

图 4-27 二纤双向复用段倒换环

由图 4-27 可以看出,光纤 S1 和 P2,S2 和 P1 上的业务流向相同,那么可以使用时分技术将这两对光线合并为两根光纤——S1/P2、S2/P1,用每根光纤的前一半时隙(如 STM-64 系统的第 1～32 个 STM-1)传送主用业务,后一半时隙(如 STM-64 系统的第 33～64 个 STM-1)传送额外业务,也就是一根光纤的后一半时隙用来保护另一根光纤的前一半时隙。如图 4-27 所示,AC 信号沿 S1/P2 光纤顺时针方向传输,而 CA 信号沿 S2/P1 逆时针方向传输,所以它是一个双向环。

在网络正常的情况下,网元 A 到网元 C 的主用业务放在 S1/P2 光纤的 S1 时隙(对于 STM-64 系统,主用业务只能放在 STM-64 的第 1～32 个 STM-1 中),备用业务放在 P2 时隙(对于 STM-64 系统,备用业务只能放在 STM-64 的第 33～64 个 STM-1 中),沿光纤 S1/P2 由网元 B 传送到网元 C,网元 C 从 S1/P2 光纤上的 S1、P2 时隙分别提取出主用、备用业务。同理,网元 C 到网元 A 的主用业务放在 S2/P1 光纤的 S2 时隙,备用业务放在 P1 时隙,经网元 B 传送到网元 A,网元 A 从 S2/P1 光纤上分别提取相应的业务,如图 4-27 所示。

当 B 和 C 结点间光缆被切断,B 和 C 结点内的倒换开关将根据 APS 协议,将 S1/P2 与 S2/P1 沟通,利用时隙交换技术,可将 S1/P2 和 S2/P1 上的业务信号时隙移到另一根光纤上的保护信号时隙,从而完成保护倒换作用,保护倒换时间小于 30ms。例如,网元 A 到网元 C 的主用业务沿 S1/P2 光纤传到网元 B,在网元 B 处进行环回(故障端点处网元环回),环回是将 S1/P2 光纤上 S1 时隙的业务全部环到 S2/P1 光纤的 P1 时隙上去,此时 S2/P1 光纤上传送的额外业务中断;然后沿 S2/P1 光纤经网元 A、网元 D 传到网元 C,在网元 C 执行环回功能,即将 S2/P1 光纤上的 P1 时隙所承载的 AC 主用业务环回到 S1/P2 光纤上的 S1 时隙。网元 C 提取该时隙的业务,完成网元 A 到网元 C 的主用业务的接收,如图 4-28 所示。

B→C 间发生故障时,网元 CA 的业务倒换分析如上。先由网元 C 将网元 C 到网元 A 的主用业务从 S2/P1 光纤的 S2 时隙环回到 S1/P2 光纤的 P2 时隙上,此时 P2 时隙的额外业务中断;然后沿 S1/P2 光纤经网元 D、A 到网元 B 处执行环回功能,将 S1/P2 光纤的 P2 时隙业务环回到 S2/P1 光纤的 S2 时隙上去,经 S2/P1 光纤传到网元 A,网元 A 提取该时隙的业务,完成网元 C 到网元 A 的主用业务的接收,如图 4-29 所示。

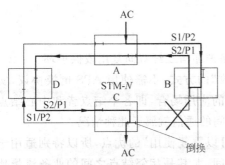

图 4-28　二纤双向复用段倒换环
（BC 间故障，AC 信号传送方向）

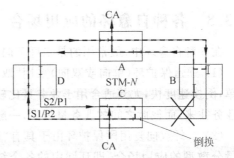

图 4-29　二纤双向复用段倒换环
（BC 间故障，CA 信号传送方向）

二纤双向复用段环的业务容量是四纤双向复用段保护环的一半，为$\frac{k}{2}\cdot$STM-N（主用业务）或 $k\cdot$STM-N（包括额外业务），k 为网元结点数。

4.3.7　自愈环的优缺点比较

1. 二纤单向和二纤双向通道保护环

（1）优点：双发选收实现简单；不使用 APS 倒换协议，倒换速度快，倒换时间一般小于 30ms。

（2）缺点：因不能重复使用结点间的时隙，环传输容量较小，整个环的传输容量为 STM-N。

2. 二纤单向复用段保护环

（1）优点：备用光纤可以传送额外业务，增大了环网的传输容量；如不发生故障，整个环网的传输容量可达 $2\times$STM-N。

（2）缺点：因为需要使用 APS 倒换协议，它的倒换速度相对较慢（其倒换速度比通道环慢，但比二纤双向复用段共享保护环要快一些）。

3. 二纤双向复用段保护环

（1）优点：时隙可以重复使用，增大了环的传输容量$\left(\text{可达}\frac{k}{2}\cdot\text{STM-}N\right)$；可利用保护通道传送额外业务。

（2）缺点：使用桥接与倒换技术，技术比较复杂。因为需要使用 APS 协议，倒换速度较慢。当环的传输路径小于 1200km 时，其保护倒换时间小于 50ms；当环网的传输路径很长时，保护倒换时间可能会高达 $100\sim200$ms。

4. 四纤双向复用段保护环

（1）优点：时隙可以重复使用，增大了环的传输容量（可达 $k\cdot$STM-N）；可以利用保护光纤传送额外业务；可抗多结点失效。

（2）缺点：因为需要使用 APS 协议，倒换速度慢。当环网的长度小于 1200km 时，其保护倒换时间小于 50ms；当环网的长度大于 1200km 时，其保护倒换时间可能会高达 $100\sim200$ms。技术复杂，结点成本高。四纤双向复用段保护环对同步复用设备提出了更高的要求：一是设备必须具有 4 个光线路接口；二是必须是双系统设计，即不仅要具有 2 个系统的容量，而且要具有更强的交叉连接能力。

4.3.8 各种自愈环的应用场合

在 5 种自愈环中，最常用的是二纤单向通道保护环与二纤双向复用段保护环。

(1) 通道保护环（单向或双向）采用"双发选收"的方式，不需使用 APS 倒换协议，实现简单，倒换速度快，尤其适合用于业务量比较集中的应用场合，即各个结点皆和中心结点发生业务往来，而彼此之间的业务量较少，一般县局间的通信就属于此种情况。

(2) 二纤双向复用段保护环由于具有"时隙可以重复使用"的优点，所以特别适用于业务量分散型的应用场合，即环网中的各个结点之间，尤其是相邻结点之间的业务流量比较多，而且分布比较均匀的情况，一般局间通信就属于此种情况。

(3) 四纤双向复用段保护环具有"时隙可以重复使用"的优点，环的容量较大，并且同步复用设备一般采用双系统结构设计，所以适用于业务量大而分散、组网复杂的应用场合。对于接入网，由于它处于网络的边界，所需的业务量较小，而且大部分业务量汇集在一个结点上，因此，可使用比较简单经济的通道保护环（单向或双向）。

对于局间通信部分，由于各个结点之间均有较大的业务量，而且结点一般需要较大的业务分插能力，所以可使用具有较大业务容量的二纤双向复用段保护环。但如果业务量集中在某个结点（枢纽局），则使用通道环更合适。对于网格型和相邻型网络，则复用段保护环较适合。至于究竟是采用二纤复用段保护环，还是四纤复用段保护环，则取决于容量要求和经济性考虑的综合比较。业务量不太大时，二纤复用段保护环比较合适；业务量很大时，则应采用四纤复用段保护环。

实训 6 环状网配置实例

例 4-2 按如图 4-30 所示组网规划。

数据规划要求：网元 A、B、C、D 均为 ZXMP S320 设备，各网元间业务配置如下：

(1) A→D 5 个 2Mbps；

(2) A→C 2 个 34Mbps；

(3) B→C 1 个 34Mbps；

(4) C→D 6 个 2Mbps。

试对其进行保护配置。

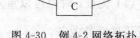

图 4-30 例 4-2 网络拓扑

【解题思路】

(1) 首先需要建立网元。按照题目和拓扑图很明显可以得出结论：网元 A、B、C、D 都为 S320 设备，且都为 ADM 设备。

(2) 单板选择。分析题目，要求对环进行保护，没有做过多要求，所以我们可以选择二纤环。换句话说，就是 A、B、C、D 间各有一对收/发光纤，因此，所有网元上都要配置有 2 对光接口（2 收 2 发）；又由于题目规定是 STM-4 的环，因此要选择 O4CSD 单板才可以满足传输业务的需要。

网元 A 需要上、下 2Mbps 和 34Mbps 的业务，因此还需要配置 1 个 ET1 板和一个 ET3 单板。同理可以得出其他几个网元的业务单板，再加上必须要配置的功能单板，可以完成所有网元的单板选择，如表 4-13 所示。

表 4-13　例 4-2 网元单板配置表

	13#	12#	11#	10#	9#	8#	7#	6#	5#/4#	3#/2#	1#	14#/15#
A	OW			ET1	ET3	ET3	O4CSD			SCB×2	NCP	PWA×2
B	OW				ET3		O4CSD			SCB×2	NCP	PWA×2
C	OW		ET3	ET1	ET3	ET3	O4CSD			SCB×2	NCP	PWA×2
D	OW			ET1			O4CSD			SCB×2	NCP	PWA×2

需要注意的是，S320 的一个 ET3 单板只支持 1 个 34Mbps 业务，因此，有几个 34Mbps 业务就需要配置几个 ET3 单板。

（3）建立连接。按照网元的单板配置和网络拓扑建立光连接，如表 4-14 所示。

表 4-14　例 4-2 网元连接配置表

序号	始　　端	终　　端	连接类型
1	网元 A7# O1CSD 板接口 1	网元 B7# O1CSD 板接口 1	双向光连接
2	网元 A7# O1CSD 板接口 2	网元 D7# O1CSD 板接口 2	双向光连接
3	网元 C7# O1CSD 板接口 2	网元 B7# O1CSD 板接口 2	双向光连接
4	网元 C7# O1CSD 板接口 1	网元 D7# O1CSD 板接口 1	双向光连接

（4）业务配置。由连接图可以判断出，A-D 网元间 5 个 2Mbps 的路径如下：

A10#→A7#-2→D7#-2→D10#

其中，A7#-1、D7#-2 采用的是光纤连接，传送信号的时隙是完全相同的；A10#→A7#-1、D7#-2→D10#之间的信号传递是在光传输设备中进行的，通过交叉功能，只须连接双方的时隙等级相同即可。

由于位双向光连接，因此为一致路由。

同理可得其他业务的配置路径。表 4-15～表 4-17 即为业务配置的一种方案。

表 4-15　例 4-2 业务要求

业 务 类 型	源网元	目的网元	数量
2M 双向业务	网元 A	网元 D	5
	网元 C	网元 D	6
34M 双向业务	网元 A	网元 C	2
	网元 B	网元 C	1

表 4-16　例 4-2 网元时隙配置表（1）

支　路　板		光　接　口　板			
支路板	2M(VC-12)/34M(TUG-3)	光接口	接口→AUG→AU-4	TUG-3	TU-12
A10# ET1	1～5	A7# O4CSD	接口 1 AU-4(1)	1	1～5
A8# ET3	1			2	
A9# ET3	1			3	
B9# ET3	1	B7# O4CSD	接口 2 AU-4(2)	1	
C10# ET1	1～6	C7# O4CSD	接口 1 AU-4(1)	1	6～11

支路板		光接口板			
支路板	2M(VC-12)/34M(TUG-3)	光接口	接口→AUG→AU-4	TUG-3	TU-12
C9♯ET3	1		接口2 AU-4(1)	2	
C8♯ET3	1			3	
C11♯ET3	1		接口2 AU-4(2)	1	
D10♯ET1	1~11	D7♯O4CSD	接口1 AU-4(1)	1	1~11

表 4-17　例 4-2 网元时隙配置表(2)

光接口板				光接口板			
光接口	接口→AUG→AU-4	TUG-3	TU-12	光接口	接口→AUG→AU-4	TUG-3	TU-12
B7♯O4CSD	接口1 AU-4(1)	1	1~5	B7♯O4CSD	接口2 AU-4(1)	1	1~5
		2~3				2~3	
C7♯O4CSD	接口1 AU-4(1)	1	6~11	C7♯O4CSD	接口2 AU-4(1)	1	6~11

(5) 通道保护配置。通道保护本质来说也就是相同的起点和终点,另外建立一条传输路径。在链状网上就是选择刚才业务配置中没有使用到的另外一对光纤即可,如表 4-18 和表 4-19 所示。

表 4-18　例 4-2 网元时隙配置表(3)

支路板		光接口板			
支路板	2M(VC-12)/34M(TUG-3)	光接口	接口→AUG→AU-4	TUG-3	TU-12
A10♯ET1	1~5		接口2 AU-4(1)	1	1~5
A8♯ET3	1	A7♯O4CSD		2	
A9♯ET3	1			3	
B9♯ET3	1	B7♯O4CSD	接口1 AU-4(2)	1	
C10♯ET1	1~6		接口2 AU-4(1)	1	6~11
C9♯ET3	1	C7♯O4CSD	接口1 AU-4(1)	2	
C8♯ET3	1			3	
C11♯ET3	1		接口1 AU-4(2)	1	
D10♯ET1	1~11	D7♯O4CSD	接口2 AU-4(1)	1	1~11

表 4-19　例 4-2 网元时隙配置表(4)

光接口板				光接口板			
光接口	接口→AUG→AU-4	TUG-3	TU-12	光接口	接口→AUG→AU-4	TUG-3	TU-12
A7♯O4CSD	接口1 AU-4(1)	1	6~11	A7♯O4CSD	接口2 AU-4(1)	1	6~11
	接口1 AU-4(2)	1			接口2 AU-4(2)	1	
B7♯O4CSD	接口1 AU-4(1)	1	6~11	B7♯O4CSD	接口2 AU-4(1)	1	6~11
D7♯O4CSD	接口1 AU-4(1)	2~3		D7♯O4CSD	接口2 AU-4(1)	2~3	
	接口1 AU-4(2)	1			接口2 AU-4(2)	1	

上面讲的是通道保护的实现,复用段保护主要是使用后一半时隙去保护前一半时隙,通过软件具体配置实现,在本书电子资源(下载网站:www.tup.com.cn)里会具体讲到。

　练习 4-2　如图 4-31 所示网络拓扑,网元 A、B、C、D 为中兴 ZXMP S380 设备,组成一个 STM-16 的二纤环状拓扑,具体业务规划如下:

(1) A→D　50 个 2Mbps;

(2) A→C　2 个 140Mbps;

(3) B→C　6 个 34Mbps;

(4) C→D　15 个 2Mbps,2 个 34Mbps。

环网间存在通道保护,各网元间可以通话,请填写下列表格,见表 4-20～表 4-24。

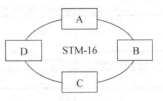

图 4-31　练习 4-2 网络拓扑

表 4-20　练习 4-2 网元单板配置表

A									
B									
C									
D									

表 4-21　练习 4-2 网元连接配置表

序号	始　端	终　端	连 接 类 型
1			
2			
3			
4			

表 4-22　练习 4-2 业务要求

业 务 类 型	源　网　元	目 的 网 元	数　量

表 4-23　练习 4-2 网元时隙配置表（1）

支 路 板		光 接 口 板			
支路板		光接口	接口→AUG→AU-4	TUG-3	TU-12

表 4-24　练习 4-2 网元时隙配置表（2）

光 接 口 板				光 接 口 板			

实训 7　复杂网络拓扑配置

🔥 **例 4-3**　按如图 4-32 所示组网规划。

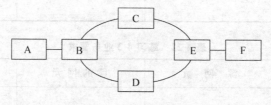

图 4-32　例 4-3 网络拓扑

　　数据规划要求：网元 B、C、D、E 组成一个容量 10Gbps 的传输环，A→B、E→F 各组成一个 622Mbps 的链，各网元间业务配置如下：

　　(1) A→F　6 个 2Mbps；

　　(2) A→C　1 个 34Mbps，2 个 2Mbps；

　　(3) D→F　1 个 34Mbps；

　　(4) B→D　5 个 2Mbps。

试对其进行保护配置。

【解题思路】

(1) 首先需要建立网元。按照题目要求,B、C、D、E 为 10Gbps 设备,因此只能为 S380/S390 设备,我们设定为 S380 设备。由于 A→B,E→F 分别为 622Mbps 的链,再根据数据业务量,可以看出,A 和 F 选择 S320 就够用了。另外,A 和 F 是 TM 设备,BCDE 属于 ADM 设备。

(2) 单板选择。分析题目,要求对拓扑进行保护,可以选择二纤环、四纤链。又由于题目规定是 STM-64 的环,因此要选择 OL64 单板才可以满足传输业务的需要。因此可以得出结论:A 和 F 需要能够提供 2 个 STM-4 接口,C 和 D 提供 2 个 STM-64 接口,B 和 E 由于处在环和链的交点,需要提供 2 个 STM-4 接口和 2 个 STM-64 的光接口。

网元 A 需要上、下 2Mbps 和 34Mbps 的业务,因此还需要配置 1 个 ET1 板和一个 ET3 单板。同理可以得出其他几个网元的业务单板,再加上必须要配置的功能单板,可以完成所有网元的单板选择,如表 4-25 和表 4-26 所示。

表 4-25　例 4-3 网元单板配置表(1)

	13#	12#	11#	10#	9#	8#	7#	6#	5#/4#	3#/2#	1#	14#/15#
A	OW			ET1	ET3		O4CSD			SCB×2	NCP	PWA×2
F	OW			ET1	ET3		O4CSD			SCB×2	NCP	PWA×2

表 4-26　例 4-3 网元单板配置表(2)

	1#	2#	3#	5#/4#	6#	7#	8#	9#	13#/14#	18#
B	ET1		OL64	CS×2	OL64	OL4		NCP	SCB×2	OW
C	ET1	ET3	OL64	CS×2	OL64			NCP	SCB×2	OW
D	ET1	ET3	OL64	CS×2	OL64			NCP	SCB×2	OW
E			OL64	CS×2	OL64	OL4		NCP	SCB×2	OW

(3) 建立连接。按照网元的单板配置和网络拓扑建立光连接,如表 4-27 所示。

表 4-27　例 4-3 网元连接配置表

序号	始　端	终　端	连接类型
1	网元 A7#O4CSD 板接口 1	网元 B7#OL4 板接口 1	双向光连接
2	网元 A7#O4CSD 板接口 2	网元 B7#OL4 板接口 2	双向光连接
3	网元 B3#OL64 板	网元 C3#OL64 板	双向光连接
4	网元 C6#OL64 板	网元 E6#OL64 板	双向光连接
5	网元 E3#OL64 板	网元 D3#OL64 板	双向光连接
6	网元 B6#OL64 板	网元 D6#OL64 板	双向光连接
7	网元 E7#O4CSD 板接口 1	网元 F7#OL4 板接口 1	双向光连接
8	网元 E7#O4CSD 板接口 2	网元 F7#OL4 板接口 2	双向光连接

（4）业务配置。表 4-28～表 4-30 即为业务配置的一种方案。

表 4-28 例 4-3 业务要求

业务类型	源网元	目的网元	数量
2M 双向业务	网元 A	网元 C	2
	网元 A	网元 F	6
	网元 B	网元 D	5
34M 双向业务	网元 A	网元 C	1
	网元 D	网元 F	1

表 4-29 例 4-3 网元时隙配置表（1）

支 路 板		光 接 口 板			
支路板	2M(VC-12)/34M(TUG-3)	光接口	接口→AUG→AU-4	TUG-3	TU-12
A10♯ET1	1～8	A7♯O4CSD	接口 1 AU-4(1)	1	1～8
A9♯ET3	1			2	
B1♯ET1	1～5	B3♯OL64	接口 1 AU-4(1)	1	9～13
C1♯ET1	1～2	C3♯OL64	接口 1 AU-4(1)	1	7～8
C2♯ET3	1			2	
D1♯ET1	1～5	D3♯OL64	接口 1 AU-4(1)	1	9～13
D2♯ET3	1	D6♯OL64	接口 1 AU-4(1)	3	
F1♯ET1	1～6	F7♯O4CSD	接口 1 AU-4(1)	1	1～6
F2♯ET3	1			3	

表 4-30 例 4-3 网元时隙配置表（2）

光 接 口 板				光 接 口 板			
光接口	接口→AUG→AU-4	TUG-3	TU-12	光接口	接口→AUG→AU-4	TUG-3	TU-12
B7♯OL4	接口 1 AU-4(1)	1	1～8	B3♯OL64	接口 1 AU-4(1)	1	1～8
		2				2	
B6♯OL64	接口 1 AU-4(1)	3				3	
C3♯OL64	接口 1 AU-4(1)	1	1～6	C6♯OL64	接口 2 AU-4(1)	1	1～6
			9～13				9～13
		2～3				2～3	
E6♯OL64	接口 1 AU-4(1)	1	1～6	E7♯OL4	接口 1 AU-4(1)	1	1～6
		2				2	
		1	9～13	E3♯OL64	接口 1 AU-4(1)	1	9～13

（5）通道保护配置。分析思路与环和链的近似，如表 4-31 和表 4-32 所示。

表 4-31 例 4-3 网元时隙配置表（3）

支 路 板		光 接 口 板			
支路板	2M(VC-12)/34M(TUG-3)	光接口	接口→AUG→AU-4	TUG-3	TU-12
A10♯ET1	1～8	A7♯O4CSD	接口 2 AU-4(1)	1	1～8
A9♯ET3	1			2	

续表

支　路　板		光　接　口　板			
支路板	2M(VC-12)/34M(TUG-3)	光接口	接口→AUG→AU-4	TUG-3	TU-12
B1♯ET1	1～5	B6♯OL64	接口 1 AU-4(1)	1	9～13
C1♯ET1	1～2	C6♯OL64	接口 1 AU-4(1)	1	7～8
C2♯ET3	1			2	
D1♯ET1	1～5	D6♯OL64	接口 1 AU-4(1)	1	9～13
D2♯ET3	1	D3♯OL64	接口 1 AU-4(1)	3	
F1♯ET1	1～6	F7♯O4CSD	接口 2 AU-4(1)	1	1～6
F2♯ET3	1			3	

表 4-32　例 4-3 网元时隙配置表(4)

光　接　口　板				光　接　口　板			
光接口	接口→AUG→AU-4	TUG-3	TU-12	光接口	接口→AUG→AU-4	TUG-3	TU-12
B7♯OL4	接口 2 AU-4(1)	1	1～8	B6♯OL64	接口 1 AU-4(1)	1	1～8
		2				2	
D6♯OL64	接口 1 AU-4(1)	1	1～8	D3♯OL64	接口 2 AU-4(1)	1	1～8
		2				2	
E3♯OL64	接口 2 AU-4(1)	1	1～6	E7♯OL4	接口 1 AU-4(1)	1	1～6
		2				2	
		3		E6♯OL64	接口 1 AU-4(1)	3	

练习 4-3　按如图 4-33 所示组网规划。

数据规划要求：网元 A、B、C、D 组成一个容量 STM-4 传输环,B→E、C→F 各组成一个 STM-1 的链, 各网元间业务配置如下：

(1) A→F　3 个 2Mbps;

(2) A→C　2 个 34Mbps,2 个 2Mbps;

(3) D→F　1 个 34Mbps;

(4) B→D　5 个 2Mbps,1 个 34Mbps。

试对其进行保护配置,填写下列表格,见表 4-33～ 表 4-37。

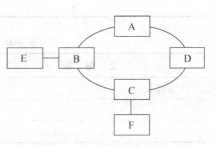

图 4-33　练习 4-3 网络拓扑

表 4-33　练习 4-3 网元单板配置表

A							
B							
C							
D							
E							
F							

表 4-34　练习 4-3 网元连接配置表

序　号	始　　端	终　　端	连接类型
1			
2			
3			
4			
5			
6			
7			
8			

表 4-35　练习 4-3 业务要求

业务类型	源网元	目的网元	数　量

表 4-36　练习 4-3 网元时隙配置表(1)

支路板		光接口板			
支路板		光接口	接口→AUG→AU-4	TUG-3	TU-12

表 4-37 练习 4-3 网元时隙配置表（2）

光 接 口 板				光 接 口 板		

4.4 同步与定时

4.4.1 什么是网同步

数字网的同步问题涉及广泛的内容，例如：

（1）对于数字传输，要求接收端与发送端同步，这是所谓点同步；

（2）对于数字复用，要求将几个准同步信号复用成单一的线路信号，采用比特塞入技术适配速率，这是所谓线同步；

（3）对数字交换，要求到达交换结点全部数字流有统一的时钟，涉及全网，这就是网同步。

网同步的目的是指使网络中各结点的时钟频率和相位都控制在预先确定的容差范围内，以免由于数字传输系统中收/发定时的不准确导致传输性能的劣化。如果数字传输不能保持同步，如两个数字网络之间不同步，或同一数字网内的设备彼此不同步，或收发之间不同步等，则会使被传输的数字信号发生混乱，根本无法达到预定通信目的。如若发送时钟快于接收时钟，接收端就会丢失一些数据，即所谓漏读滑动；如若发送时钟慢于接收时钟，接收端就会重读一些数据，即所谓重读滑动。因此为保证传输质量，不仅要使网络中的设备保持良好的同步状态，而且还应保证网络本身、网络与网络之间保持良好的同步状态。使网内各交换结点的全部数字流实现正确有效的交换，是数字网中要解决的主要问题之一。

解决数字网同步主要有两种方法：伪同步和主从同步。

4.4.2 同步方式

伪同步是指数字交换网中各数字交换局在时钟上相互独立、毫无关联，而各数字交换局的时钟都具有极高的精度和稳定度，一般用铯原子钟。由于时钟精度高，网内各局的时钟虽不完全相同（频率和相位），但误差很小接近同步，于是称为伪同步。

主从同步指网内设一时钟主局，配有高精度时钟，网内各局均受控于该主局，即跟踪主局时钟，以主局时钟为定时基准，并且逐级下控直到网络中的末端网元（终端局）。

一般伪同步方式用于国际数字网中,也就是一个国家与另一个国家的数字网之间采取这样的同步方式,例如中国和美国的国际局均各有一个铯时钟,二者采用伪同步方式。主从同步方式一般用于一个国家或地区内部的数字网,它的特点是国家或地区只有一个主局时钟,网上其他网元均以此主局时钟为基准来进行本网元的定时。伪同步和主从同步的原理如图 4-34 所示。

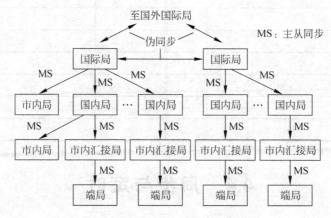

图 4-34　伪同步和主从同步原理图

为了增加主从定时系统的可靠性,可在网内设一个副时钟,采用等级主从控制方式。两个时钟均采用铯时钟,在正常时,主时钟起网络定时基准作用,副时钟亦以主时钟的时钟为基准。当主时钟发生故障时,改由副时钟给网络提供定时基准,当主时钟恢复后再切换回,由主时钟提供网络基准定时。

数字网的同步方式除伪同步和主从同步外,还有相互同步、外基准注入、异步同步(即低精度的准同步)等,下面讲一下外基准注入同步方式。

外基准注入方式起备份网络上重要结点的时钟的作用,以避免当网络重要结点主时钟基准丢失而本身内置时钟的质量又不够高,以至大范围影响网元正常工作的情况。外基准注入方法是利用 GPS(卫星全球定位系统),在网元重要结点局安装 GPS 接收机,提供高精度定时,形成地区级基准时钟 LPR,该地区其他的下级网元在主时钟基准丢失后,仍采用主从同步方式跟踪这个 GPS 提供的基准时钟。

4.4.3　SDH 同步定时参考信号来源

在 PDH 中,为了使网络中的各系统能够同步,采用来自交换设备的 2Mbps 支路传输同步信号,该同步信号的精度可达到 10E-11,且在网络中透明传输。

而在 SDH 中,由于引入了指针对净负荷进行了频率和相位的校准,使净负荷中的 2Mbps 信号在传输过程中,尤其在 SDH/PDH 网络边界处有了频率或相位的变化,因而不能直接提取其中的定时信号作为系统的时钟。所以在 SDH 中,定时参考信号可以有以下三种来源。

(1) 从 STM-N 等级的信号中提取时钟;

(2) 直接利用外部输入站时钟(2048kHz);

(3) 从来自纯 PDH 网或交换系统的 2Mbps 支路信号中提取时钟。

4.4.4　主从同步网中从时钟的工作模式

主从同步的数字网中从站的时钟通常有三种工作模式。

1. 正常工作模式——跟踪锁定上级时钟模式

此时从站跟踪锁定的时钟基准是从上一级站传来的,可能是网中的主时钟,也可能是上一级网元内置时钟源下发的时钟,也可是本地区的 GPS 时钟。

与从时钟工作的其他两种模式相比较,此种从时钟的工作模式精度最高。

2. 保持模式

当所有定时基准丢失后,从时钟进入保持模式。此时从站时钟源利用定时基准信号丢失前所存储的最后频率信息,作为其定时基准而工作,也就是说从时钟有记忆功能,通过记忆功能提供与原定时基准较相符的定时信号,以保证从时钟频率在长时间内与基准时钟频只有很小的频率偏差。但是由于振荡器的固有振荡频率会慢慢地漂移,故此种工作方式提供的较高精度时钟不能持续很久,此种工作模式的时钟精度仅次于正常工作模式的时钟精度。

3. 自由运行模式——自由振荡模式

当从时钟丢失所有外部基准定时,也失去了定时基准记忆或处于保持模式时间太长,从时钟内部振荡器就会工作于自由振荡方式。此种模式的时钟精度最低。

4.4.5　SDH 网同步原则

我国数字同步网采用分级的主从同步方式,即用单一基准时钟经同步分配网的同步链路控制全网。同步网中使用一系列分级时钟,每一级时钟都与上一级时钟或同一级时钟同步。

SDH 网的主从同步时钟可按精度分为四种类型(级别),分别对应不同的使用范围:作为全网定时基准的主时钟;作为转接局的从时钟;作为端局的从时钟;作为 SDH 设备的时钟。

ITU-T 对各级时钟精度进行了规范,时钟质量级别由高到低分列如下。

(1) 基准主时钟满足 G.811 规范;

(2) 转接局时钟满足 G.812 规范中间局转接时钟;

(3) 端局时钟满足 G.812 规范本地局时钟;

(4) SDH 网络单元时钟满足 G.813 规范 SDH 网元内置时钟。

在正常工作模式下,传到相应局的各类时钟的性能主要取决于同步传输链路的性能和定时提取电路的性能;在网元工作于保护模式或自由运行模式时,网元所使用的各类时钟的性能主要取决于产生各类时钟的时钟源的性能,时钟源相应的位于不同的网元结点处,因此高级别的时钟须采用高性能的时钟源。

在数字网中传送时钟基准应注意几个问题。

(1) 在同步时钟传送时不应存在环路,否则环路上某一网元时钟劣化就会使整个环路上网元的同步性能连锁性的劣化。

(2) 尽量减少定时传递链路的长度,避免由于链路太长影响传输的时钟信号的质量。

(3) 从站时钟要从高一级设备或同一级设备获得基准。

（4）应从分散路由获得主备用时钟基准，以防止当主用时钟传递链路中断后导致时钟基准丢失的情况。

（5）选择可用性高的传输系统来传递时钟基准。

4.4.6　网同步的实现（S1 字节的应用）

在 SDH 网中，网络定时的路由随时都有可能变化，因而其定时性能也随时可能变化，这就要求网络单元必须有较高的智能，从而能决定定时源是否还适用，是否需要搜寻其他更合适的定时源等，以保证低级的时钟只能接收更高等级或同一等级时钟的定时，并且要避免形成定时信号的环路，造成同步不稳定。为了实现上述的智能应用，我们在 SDH 的开销字节中引入了 S1 字节，即同步状态标志（SSM）字节。用该字节的 b5-b8 比特，通过消息编码以表明该 STM-N 的同步状态，并帮助进行同步网的保护倒换。

S1 字节的后 4 比特是同步信号质量等级的标志，按 ITU-T 的标准，对 S1 字节进行了如下定义，如表 4-38 所示。

表 4-38　S1 字节的定义（其他值未定义）

S1 字节(b5-b8)	SDH 同步质量等级描述
0000	等级未知
0010	G.811 时钟信号 精度 1E-11，铯钟或 GPS 铷钟、GPS 石英钟
0100	G.812 转接局时钟信号 精度 1.5E-9，GPS 铷钟、GPS 石英钟
1000	G.812 本地局从时钟信号 精度 3E-8，GPS 铷钟、GPS 石英钟
1011	同步设备定时源(SETS) 精度 4.6E-6，保持模式精度 5E-8
1111	不能用于同步

4.4.7　SDH 网元时钟源的种类

SDH 网元时钟源有以下几种。

（1）外部时钟源——由 SETPI 功能块提供输入接口。

（2）线路时钟源——由 SPI 功能块从 STM-N 线路信号中提取。

（3）支路时钟源——由 PPI 功能块从 PDH 支路信号中提取，不过该时钟一般不用，因为 SDH/PDH 网边界处的指针调整会影响时钟质量。

（4）设备内置时钟源——由 SETS 功能块提供。

同时，SDH 网元通过 SETPI 功能块向外提供时钟源输出接口。

4.4.8　SDH 网络常见的定时方式

SDH 网络是整个数字网的一部分，它的定时基准应是这个数字网的统一的定时基准。通常，某一地区的 SDH 网络以该地区高级别局的转接时钟为基准定时源，这个基准时钟可能是该局跟踪的网络主时钟、GPS 提供的地区时钟基准(LPR)或干脆是本局的内置时钟源提供的时钟(保持模式或自由运行模式)。

那么这个 SDH 网是怎样跟踪这个基准时钟保持网络同步呢?首先,在该 SDH 网中要有一个 SDH 网元时钟主站,这里所谓的时钟主站是指该 SDH 网络中的时钟主站,网上其他网元的时钟以此网元时钟为基准,也就是说其他网元跟踪该主站网元的时钟。那么这个主站的时钟是何处而来?因为 SDH 网是数字网的一部分,网上同步时钟应为该地区的时钟基准时,该 SDH 网上的主站一般设在本地区时钟级别较高的局,SDH 主站所用的时钟就是该转接局时钟。我们在讲设备逻辑组成时,讲过设备有 SETPI 功能块,该功能块的作用就是提供设备时钟的输入/输出口。主站 SDH 网元的 SETS 功能块通过该时钟输入口提取转接局时钟,以此作为本站和 SDH 网络的定时基准。若局时钟不从 SETPI 功能块提供的时钟输入口输入 SDH 主站网元,那么此 SDH 网元可从本局上/下的 PDH 业务中提取时钟信息(依靠 PPI 功能块的功能)作为本 SDH 网络的定时基准。

此 SDH 网上其他 SDH 网元是如何跟踪这个主站 SDH 网时钟呢?可通过两种方法,第一种方法是通过 SETPI 提供的时钟输出口将本网元时钟输出给其他 SDH 网元。因为 SETPI 提供的接口是 PDH 接口,一般不采用这种方式(指针调整事件较多)。第二种方法是最常用的方法,就是将本 SDH 主站的时钟放于 SDH 网上传输的 STM-N 信号中,其他 SDH 网元通过设备的 SPI 功能块来提取 STM-N 信号中的时钟信息,并进行跟踪锁定,这与主从同步方式相一致。下面以几个典型的例子来说明此种时钟跟踪方式。

图 4-35 是一个链状网的拓扑,B 站为此 SDH 网的时钟主站,B 网元的外时钟(局时钟)作为本站和此 SDH 网的定时基准。在 B 网元将业务复用进 STM-N 帧时,时钟信息也就自然而然的附在 STM-N 信号上了。这时,A 网元的定时时钟可从线路 w 侧接口的接收信号 STM-N 中提取(通过 SPI),以此作为本网元的本地时钟。同理,网元 C 可从西向线路接口的接收信号提取 B 网元的时钟信息,以此作为本网元的本地时钟,同时将时钟信息附在 STM-N 信号上往下级网元传输;D 网元通过从西向线路接口的接收信号 STM-N 中提取的时钟信息完成与主站网元 B 的同步。这样就通过一级一级的主从同步方式,实现了此 SDH 网的所有网元的同步。

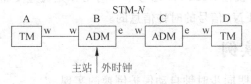

图 4-35　链状网时钟举例

当从站网元 A、C、D 丢失从上级网元来的时钟基准后,进入保持工作模式,经过一段时间后进入自由运行模式,此时网络上网元的时钟性能劣化。

不管上一级网元处于什么工作模式,下一级网元一般仍处于正常工作模式,跟踪上一级网元附在 STM-N 信号中的时钟。所以,若网元 B 时钟性能劣化,会使整个 SDH 网络时钟性能连锁反应,所有网上网元的同步性能均劣化(对应于整个数字网而言,因为此时本 SDH 网上的从站网元还是处于时钟跟踪状态)。

当链很长时,主站网元的时钟传到从站网元可能要转接多次和传输较长距离,这时为了保证从站接收时钟信号的质量可在此 SDH 网上设两个主站,在网上提供两个定时基准。每个基准分别由网上一部分网元跟踪,减少了时钟信号传输距离和转移次数。不过要注意的是,这两个时钟基准要保持同步及相同的质量等级。

为防止 SDH 主站的外部基准时钟源丢失,可将多路基准时钟源输入 SDH 主站,这多个基准时钟源可按其质量划分为不同级别。SDH 主站在正常时跟踪外部高级别时钟,在高级别基准时钟丢失后,转向跟踪较低级别的外部基准时钟,这样提高了系统同步性能的可靠性。

环状网的时钟跟踪如图 4-36 所示。

环中 A 网元为时钟主站,它以外部时钟源为本站和此 SDH 网的时钟基准,其他网元跟踪这个时钟基准,以此作为本地时钟的基准。在从站时钟的跟踪方式上与链网基本类似,只不过此时从站可以从两个线路接口西向/东向(ADM 有两个线路接口)的接收信号 STM-N 中提取出时钟信息,不过考虑到转接次数和传输距离对时钟信号的影响,从站网元最好从最短的路由和最少的转接次数的接口方向提取。例如,D 网元跟踪西向线路接口的时钟,B 网元跟踪东向线路接口的时钟较适合。

再看图 4-37。

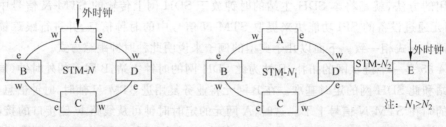

图 4-36　环状网网络图　　　　图 4-37　环状＋链状网络图

图 4-37 中 E 网元为时钟主站,它以外部时钟源(局时钟)作为本网元和 SDH 网上所有其他网元的定时基准。E 网元是环带的一个链,这个链带在网元 D 的低速支路上。

网元 A、B 和 C 通过东/西向的线路接口跟踪、锁定网元 D 的时钟,而网元 D 的时钟是跟踪主站 E 传来的时钟(放在 STM-N_2 信号中),网元 D 是通过支路光板的 SPI 模块提取网元 E 通过链传来的 STM-N_1 信号的时钟信息的。

4.4.9　时钟配置实例

下面通过举例,来说明同步时钟自动保护倒换的实现。

如图 4-38 所示的传输网中,BITS 时钟信号通过网元 A 和网元 D 的外时钟接入口接入。这两个外接 BITS 时钟,互为主备,满足 G.812 本地时钟基准源质量要求。正常工作的时候,整个传输网的时钟同步于网元 A 的外接 BITS 时钟基准源。

设置同步源时钟质量阈值"不劣于 G.812 本地时钟"。各个网元的同步源及时钟源级别配置如表 4-39 所示。

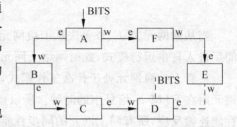

图 4-38　正常状态下的时钟跟踪

表 4-39　各网元同步源及时钟源级别配置

网元	同步源	时钟源级别
A	外部时钟源	外部时钟源、内置时钟源
B	西向时钟源	西向时钟源、东向时钟源、内置时钟源
C	西向时钟源	西向时钟源、东向时钟源、内置时钟源
D	西向时钟源	西向时钟源、东向时钟源、外部时钟源、内置时钟源
E	东向时钟源	东向时钟源、西向时钟源、内置时钟源
F	东向时钟源	东向时钟源、西向时钟源、内置时钟源

正常工作的情况下，当网元 B 和网元 C 间的光纤发生中断时，将发生同步时钟的自动保护倒换。遵循上述的倒换协议，由于网元 D 跟踪的是网元 C 的时钟，因此网元 D 发送给网元 C 的时钟质量信息为"时钟源不可用"，即 S1 字节为 0XFF。所以当网元 C 检测到西向同步时钟源丢失时，网元 C 不能使用东向的时钟源作为本站的同步源。而只能使用本板的内置时钟源作为时钟基准源，并通过 S1 字节将这一信息传递给网元 D，即网元 C 传给网元 D 的 S1 字节为 0X0B，表示"同步设备定时源（SETS）时钟信号"。网元 D 接收到这一信息后，发现所跟踪的同步源质量降低了（原来为"G.812 本地局时钟"，即 S1 字节为 0X08），不满足所设定的同步源质量阈值的要求，则网元 D 需要重新选取符合质量要求的时钟基准源。网元 D 可用的时钟源有 4 个：西向时钟源、东向时钟源、内置时钟源和外接 BITS 时钟源。显然，此时只有东向时钟源和外接 BITS 时钟源满足质量阈值的要求。由于网元 D 中配置东向时钟源的级别比外接 BITS 时钟源的级别高，所以网元 D 最终选取东向时钟源作为本站的同步源。网元 D 跟踪的同步源由西向倒换到东向后，网元 C 东向的时钟源变为可用。显然，此时网元 C 可用的时钟源中，东向时钟源的质量满足质量阈值的要求，且级别也是最高的，因此网元 C 将选取东向时钟源作为本站的同步源。最终，整个传输网的时钟跟踪情况将如图 4-39 所示。

若正常工作的情况下，网元 A 的外接 BITS 时钟出现了故障，则依据倒换协议，按照上述的分析方法可知，传输网最终的时钟跟踪情况将如图 4-40 所示。

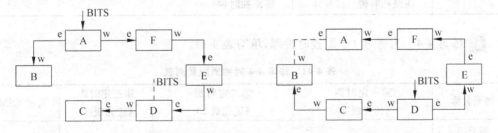

图 4-39　网元 B、C 间光纤损坏下的时钟跟踪　　图 4-40　网元 A 外接 BITS 失效下的时钟跟踪

若网元 A 和网元 D 的外接 BITS 时钟都出现了故障，则此时每个网元所有可用的时钟源均不满足基准源的质量阈值。根据倒换协议，各网元将从可用的时钟源中选择级别最高的一个时钟源作为同步源。假设所有 BITS 出故障前，网中的各个网元的时钟同步于网元 D 的时钟，则所有 BITS 出故障后，通过分析不难看出，网中各个网元的时钟仍将同步于网元 D 的时钟，如图 4-41 所示。只不过此时，整个传输网的同步源时钟质量由原来的 G.812 本地时钟降为同步设备的定时源时钟。但整个网仍同步于同一个基准时钟源。

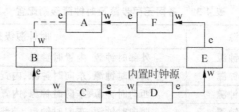

图 4-41 两个外接 BITS 均失效下的时钟跟踪

由此可见,采用了时钟的自动保护倒换后,同步网的可靠性和同步性能都大大提高了。

实训 8 时钟配置项目训练

例 4-4 给例 4-3 网络拓扑配置时钟,设 A 为外时钟。

按照表 4-40 中的规划,为每个网元配置时钟源。

表 4-40 例 4-4 时钟源配置列表

网元名称	第一定时源 (优先级 1)	第二定时源 (优先级 2)	第三定时源 (优先级 3)	自动 SSM
网元 A	外时钟,支持成帧	内时钟		√
网元 B	4＃OIB1S 板 线路抽时钟	5＃OIB1S 板 线路抽时钟	内时钟	√
网元 C	7＃O4CSD 板接口 1 线路抽时钟	7＃O4CSD 板接口 2 线路抽时钟	内时钟	
网元 D	7＃O4CSD 板接口 2 线路抽时钟	7＃O4CSD 板接口 1 线路抽时钟	内时钟	√
网元 E	7＃O4CSD 板接口 2 线路抽时钟	7＃O4CSD 板接口 1 线路抽时钟	内时钟	√
网元 F	4＃OIB1S 板 线路抽时钟	5＃OIB1S 板 线路抽时钟	内时钟	√

练习 4-4 为练习 4-3 配置时钟源,填写表 4-41。

表 4-41 练习 4-4 时钟源配置列表

网元名称	第一定时源 (优先级 1)	第二定时源 (优先级 2)	第三定时源 (优先级 3)	自动 SSM
网元 A				
网元 B				
网元 C				
网元 D				
网元 E				
网元 F				

4.5   公务配置项目训练

1. 点呼

即为一对一的通话,就如平时打电话一样,直接拨对方号码,即可达到通话目的。呼叫号码设置:P1P2P3,其中 Pn=0~9(n=0~3);摘机后,如听到拨号音,则可以拨所设 3 位号码,进行点呼。

2. 群呼

即为一对多的通话。

呼叫号码设置:群呼密码 M1M2M3,Mn=0~9(n=0~3);群呼号码 Q1Q2Q3,Qn=0~9 和通配符 *(n=0~3)。其中通配符指任意号码,如 *12 是指呼叫所有后两位为数字 12 的站点,*** 为呼叫所有站点。摘机后,如听到拨号音,拨♯M1M2M3Q1Q2Q3 七位号码,进行群呼。

3. 强插

强行插入进已经开始的通话中。

呼叫号码设置:主呼密码 N1N2N3,Nn=0~9(n=0~3);主呼号码 AAA,AAA=111(表示强插入 E1)或 222(表示强插入 E2)。摘机后无论听到忙音或拨号音,拨♯ N1N2N3AAA 七位号码,进行强插。

为防止公务电话成环,需要将环上一网元设置为公务控制点。当系统有一个以上的环需要配置多个公务控制点时,注意控制点顺序不能一样。分析组网图中每一个环路,通过设置控制点能将网络中所有的环路打断。控制点尽量少,尽量选取光方向少的网元为控制点。

为保证不同设备、光板之间的公务互通,需要统一对接光板的公务保护字节。设置是以光方向为单位的,各个光方向可以设置使用不同的开销字节。但是同一光连接上的保护字节必须一样,设置时要逐个单板挨个接口的设置。可设置的开销字节有:E2、F1、R2C9(第 2 行第 9 列)、D12。

4.6   业务组网配置综合训练

实训 9   光传输组网综合训练

💠 **例 4-5** 组网包括 A、B、C、D、E、F、G、H 8 个网元,如图 4-42 所示。

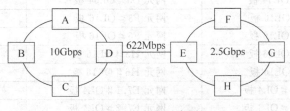

图 4-42 组网示意图

业务要求如下：

（1）网元 A 为接入网元和网头网元，也就是说网元 A 接入 ZXOM E300 并提供全网时钟；

（2）网元 A 和网元 B、C、D 间各有 6 个 STM-1 的光信号业务，网元 C 和网元 F 间有 60 个 2M 双向业务；

（3）所有网元之间可以通公务电话，要求公务号码为 800-807；

（4）配置时钟；

（5）网元 A、B、C、D 组成一个 10Gbps 的环，网元 E、F、G、H 组成一个 2.5Gbps 的环，D→F 组成一个 622Mbps 的链；采用复用段保护的形式。

【解题思路】

（1）创建网元

根据题目要求，A、B、C、D 为 10Gbps 的环，因此，我们需要采用 10Gbps 的传输设备，也就是 S380 或者 S390，我们以 S390 设备为例。

（2）单板安装

网元 A～H 的单板选择如表 4-42 所示。

表 4-42　例 4-5 单板选择

	1#	2#	3#	5#/4#	6#	7#	9#	13#/14#	18#
A、B			OL64	CS×2	OL64		NCP	SCB×2	OW
C		ET1	OL64	CS×2	OL64		NCP	SCB×2	OW
D			OL64	CS×2	OL64	OL4	NCP	SCB×2	OW
E			OL16	CS×2	OL16	OL4	NCP	SCB×2	OW
F		ET1	OL16	CS×2	OL16		NCP	SCB×2	OW
G/H			OL16	CS×2	OL16		NCP	SCB×2	OW

注意，S390 与 S320 的主要区别如下：

① 19 槽风扇是必须添加的；

② 没有 PW 单板。

（3）建立连接

按照表 4-43 建立连接。

表 4-43　例 4-5 网元连接配置表

序号	始　端	终　端	连接类型
1	网元 A6#OL64 板	网元 B6#OL64 板	双向光连接
2	网元 B3#OL64 板	网元 C3#OL64 板	双向光连接
3	网元 C6#OL64 板	网元 D6#OL64 板	双向光连接
4	网元 A3#OL64 板	网元 D3#OL64 板	双向光连接
5	网元 E3#OL16 板	网元 F3#OL16 板	双向光连接
6	网元 G6#OL16 板	网元 F6#OL16 板	双向光连接
7	网元 G3#OL16 板	网元 H3#OL16 板	双向光连接
8	网元 E6#OL16 板	网元 H6#OL16 板	双向光连接
9	网元 D7.1#OL4 板	网元 E7.1#OL4 板	双向光连接
10	网元 D7.2#OL4 板	网元 E7.2#OL4 板	双向光连接

（4）复用段配置

显然，题目的网络拓扑中由网元 ABCD 和网元 EFGH 两个环以及网元 DE 一个链组成，分别对其进行复用段保护配置。

首先配置网元 ABCD 组成的二纤环按照网络拓扑的顺序调整保护环的网元顺序，建立网元 A、网元 B、网元 C、网元 D 的 3♯OL64 与 6♯OL64 板接口 1 的连接。

同样顺序依次设置好 3 个复用段组后。

复用段关系全部设置完后，为每个网元启动 APS 协议处理器。

全部配置完之后，可以在软件中看到，网元 A 的 3♯OL64 和 6♯OL64 板的后 32 个 AUG 处于灰色不可配置状态，且前 32 个 AUG 按钮显示 W-1，表示工作通道；后 32 个 AUG 按钮显示 P-1，表示保护通道，也就是说，用后一半时隙去保护前一半时隙。

（5）业务配置

根据题目分析，可以得出网元时隙配置如表 4-44 和表 4-45 所示。

表 4-44　例 4-5 网元时隙配置表（1）

支 路 板		光 接 口 板			
支路板	2M(VC-12)	光接口	接口→AUG→AU-4	TUG-3	TU-12
C2♯ET1	1～50	C6♯OL64	接口 1 AUG(9)	1	1～21
				2	22～42
				3	43～50
F2♯ET1	1～50	F6♯OL64	接口 1 AUG(1)	1	1～21
				2	22～42
				3	43～50

表 4-45　例 4-5 网元时隙配置表（2）

光 接 口 板				光 接 口 板			
光接口	接口→AUG→AU-4	TUG-3	TU-12	光接口	接口→AUG→AU-4	TUG-3	TU-12
A6♯OL64	接口 1 AUG(1～8)			A3♯OL64	接口 1 AUG(1～8)		
B6♯OL64	接口 1 AUG(1～8)			B3♯OL64	接口 1 AUG(1～8)		
C6♯OL64	接口 1 AUG(1～8)			C3♯OL64	接口 1 AUG(1～8)		
D6♯OL64	接口 1 AUG(1～8)			D3♯OL64	接口 1 AUG(1～8)		
D6♯OL64	接口 1 AUG(9)	1	1～21	D7♯OL4	接口 1 AUG(1)	1	1～21
		2	22～42			2	22～42
		3	43～50			3	43～50
E6♯OL16	接口 1 AUG(1)	1	1～21	E7♯OL4	接口 1 AUG(1)	1	1～21
		2	22～42			2	22～42
		3	43～50			3	43～50
H6♯OL16	接口 1 AUG(1)	1	1～21	H3♯OL16	接口 1 AUG(1)	1	1～21
		2	22～42			2	22～42
		3	43～50			3	43～50
G6♯OL16	接口 1 AUG(1)	1	1～21	G3♯OL16	接口 1 AUG(1)	1	1～21
		2	22～42			2	22～42
		3	43～50			3	43～50

(6) 时钟源配置

根据题目分析,可以得出网元时钟源配置如表 4-46 所示。

表 4-46　例 4-5 网元时钟源配置表

网元名称	第一定时源 (优先级 1)	第二定时源 (优先级 2)	第三定时源 (优先级 3)	自动 SSM
网元 A	外时钟,支持成帧	内时钟		√
网元 B	6#OL64 板 线路抽时钟	3#OL64 板 线路抽时钟	内时钟	√
网元 C	6#OL64 板 线路抽时钟	3#OL64 板 线路抽时钟	内时钟	√
网元 D	3#OL64 板 线路抽时钟	6#OL64 板 线路抽时钟	内时钟	√
网元 E	7#OL4 板接口 1 线路抽时钟	7#OL4 板接口 2 线路抽时钟	内时钟	√
网元 F	3#OL16 板 线路抽时钟	6#OL16 板 线路抽时钟	内时钟	√
网元 G	3#OL16 板 线路抽时钟	6#OL16 板 线路抽时钟	内时钟	√
网元 H	6#OL16 板 线路抽时钟	3#OL16 板 线路抽时钟	内时钟	√

(7) 公务配置

① 公务号码设置,按照题目要求。

② 公务控制点设置。由于题目拓扑中有 2 个环,因此可以在每个环上设置一个公务控制点,且控制点顺序不能相同。我们可以设置 C 和 F 点分别为公务控制点 1 和 2。

③ 公务保护字节的设置。题目没有要求,可以选择自动配置。

练习 4-5　按图 4-43 所示设置组网规划。

网元 A、B、C、D 均为 ZXMP S320 设备,ABCD 是 STM-4 二纤环,各网元间业务配置如下:

(1) F　6 个 2Mbps;

(2) A→E　1 个 34Mbps;

(3) C→E　8 个 2Mbps。

然后填写下列表格,见表 4-47～表 4-52。

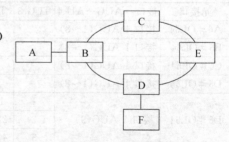

图 4-43　组网示意图

表 4-47　练习 4-5 单板选择

A							
B							
C							
D							
E							
F							

表 4-48　练习 4-5 网元连接配置表

序　号	始　　端	终　　端	连 接 类 型
1			
2			
3			
4			
5			
6			
7			
8			
9			
10			

表 4-49　练习 4-5 网元时隙配置表（1）（含通道保护）

支　路　板		光 接 口 板			
支路板		光接口	接口→AUG→AU-4	TUG-3	TU-12

表 4-50　练习 4-5 网元时隙配置表（2）（含通道保护）

光 接 口 板				光 接 口 板			

表 4-51 练习 4-5 网元时钟源配置表

网元名称	第一定时源（优先级 1）	第二定时源（优先级 2）	第三定时源（优先级 3）	自动 SSM
网元 A				
网元 B				
网元 C				
网元 D				
网元 E				
网元 F				

表 4-52 练习 4-5 网元公务配置表

网元名称	公 务 号 码	公务控制点	公务保护字节
网元 A			
网元 B			
网元 C			
网元 D			
网元 E			
网元 F			

小　　结

本章主要讲述了当光传输系统实际运行中需要注意的问题,需要能够进行保护配置、公务时钟配置、开局配置以及理解相应的知识点。下面对本章涉及的主要知识点作一个总结。

1. 自愈网

所谓自愈,就是说当网络发生故障时,无须人工干预,设备即可在极短的时间内自动恢复所携带的业务。通常,倒换时间之短,以至于用户感觉不到网络已出了故障。自愈网的本质就是建立冗余链路。

链网通道 1+1 保护:以通道为基础,倒换与否由通道信号质量的优劣而定,保护颗粒可以为 AU-4/TU-3/TU-12;基于并发优收原则:发送端,业务信号同时馈入工作通路和保护通路;接收端,选择二者中质量较高的;通常利用简单的 PATH-AIS 信号作为倒换依据,倒换时间较短。

链网复用段 1∶1 保护:可以在保护通路上开通低优先级的额外业务;当工作通路发生故障时,保护通路将舍弃额外业务,并根据 APS 协议,通过跨接和切换将主用业务改为保护通路传送。

链网复用段 1+1 保护:以复用段为基础,倒换与否由每两站间的复用段信号质量的优劣而定,保护颗粒为 AU-4;基于并发优收原则;通常利用 LOS、LOF、MS-AIS 和 MS-EXC 作为倒换条件。

三种保护方式的比较如表 4-53 所示。

表 4-53　环网保护总结

项　目	二纤单/双向通道	二纤双向复用段	四纤双向复用段
结点数	k	k	k
线路速率	STM-N	STM-N	STM-N
环传输容量	STM-N	$\frac{k}{2} \cdot$ STM-N	$k \cdot$ STM-N
APS 协议	不用	用	用
倒换时间	<20ms	20～50ms	20·50ms
结点成本	低	中	高
系统复杂性	简单	复杂	复杂
主要应用场合	接入网、中继网等（集中型业务）	中继网、长途网等（分散型业务）	中继网、长途网等（分散型业务）

2．定时与时钟

（1）数字同步网的同步方式

① 全同步方式

• 主从同步方式：正常工作模式，保持模式，自由运行模式。

• 互同步方式。

② 准同步方式（独立时钟方式）

③ 主从同步和准同步相结合的混合方式

（2）SDH 的时钟源种类

① 外部时钟源

② 线路时钟源

③ 支路时钟源

④ 设备内置时钟源

（3）时钟配置步骤

① 配置时钟源

② 启用 APS

3．公务配置

（1）公务号码配置（点呼、群呼、强插）；

（2）公务控制点配置；

（3）公务保护字节的配置。

思考与练习

4.1　填空题

（1）定时部分是整个传输系统的重要部分，提供整个系统的工作时钟，定时单元可以从线路、支路单元或者_____获取定时信号，并且可以输出定时信号作为其他设备的输入时钟源。

（2）复用段（MSP）保护功能中,常见的保护方式有 $1+1$,_____ , $1:n$ 。

（3）定时部分是整个传输系统的重要部分,提供整个系统的工作时钟,定时单元可以从线路、支路单元或者_____获取定时信号,并且可以输出定时信号作为其他设备的输入时钟源。

（4）通道保护和复用段保护是最常见的两种自愈保护方式,采用后一半通道(时隙)保护前一半通道(时隙)的是_____保护,采用双发选收的是_____保护。

（5）自愈环按环上业务的方向将自愈环分为_____和_____两大类。

4.2 简答题

（1）传送网的基本物理拓扑类型有哪些? 各有什么优缺点?

（2）简述 $1+1$ 和 $1:1$ 保护。

（3）简述二纤单向通道保护环的工作原理。

（4）简述二纤双向复用段保护环的工作原理。

（5）SDH 设备取得定时信号的来源都有哪些?

（6）图 4-44 所示为 ZXMP-S320 子架插槽,供电电压为～220V,请配置 155Mbps 二纤通道保护环中某站点的单板,该站点上下 20 个 2Mbps 业务。

OW		.	ET1	ET1	O1CSD		SCB	SCB	NCP	PWC	

图 4-44　ZXMP-S320 子架插槽

第5章 常用光传输设备及器件

5.1 光纤和光缆

5.1.1 光纤

1. 光纤结构

光纤由纤芯、包层和涂覆层3部分组成,如图5-1所示。

(1)纤芯:纤芯位于光纤的中心部位。

直径 $d_1 = 4 \sim 50 \mu m$,单模光纤的纤芯为 $4 \sim 10 \mu m$,多模光纤的纤芯为 $50 \mu m$。

纤芯的成分是高纯度 SiO_2,掺有极少量的掺杂剂(如 GeO_2、P_2O_5),作用是提高纤芯对光的折射率(n_1),以传输光信号。

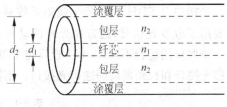

图 5-1 光纤的组成结构

(2)包层:包层位于纤芯的周围。

直径 $d_2 = 125 \mu m$,其成分也是含有极少量掺杂剂的高纯度 SiO_2。而掺杂剂(如 B_2O_3)的作用则是适当降低包层对光的折射率(n_2),使之略低于纤芯的折射率,即 $n_1 > n_2$,它使得光信号封闭在纤芯中传输。

(3)涂覆层:简称涂层。涂覆的作用是保护光纤不受水汽侵蚀和机械擦伤,同时又增加了光纤的机械强度与可弯曲性,起着延长光纤寿命的作用。涂覆后的光纤其外径约1.5mm。通常所说的光纤为涂覆后的光纤。

2. 光纤的分类

(1)按传输模的数量分类可分为多模光纤和单模光纤。

① 多模光纤。当光纤的几何尺寸(主要是芯径 d_1)远大于光波波长时(约 $1\mu m$),光纤传输的过程中会存在着几十种乃至几百种传输模式,这样的光纤称为多模光纤。

② 单模光纤。当光纤的几何尺寸(主要是芯径 d_1)较小,与光波长在同一数量级,如芯径 d_1 在 $4 \sim 10 \mu m$ 范围,这时,光纤只允许一种模式(基模)在其中传播,其余的高次模全部截止,这样的光纤称为单模光纤。

(2)按传输波长分类可分为短波长光纤和长波长光纤。

短波长光纤的波长为 $0.85 \mu m$($0.8 \sim 0.9 \mu m$);长波长光纤的波长为 $1.3 \sim 1.6 \mu m$,主要有 $1.31 \mu m$ 和 $1.55 \mu m$ 两个窗口。

(3)按光纤的折射率分布与光线的传播分类可分为阶跃折射率光纤与渐变折射率光纤,如图5-2所示。

光在阶跃折射率光纤和渐变折射率光纤的传播轨迹分别如图5-3和图5-4所示。

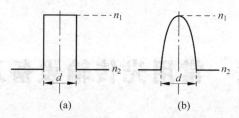

图 5-2　阶跃折射率光纤与渐变折射率光纤的折射率分布情况

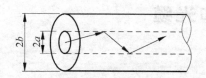 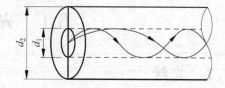

图 5-3　光在阶跃折射率多模光纤中的传播　　　图 5-4　光在渐变折射率多模光纤中的传播

3. 光接口类型

光接口是 SDH 光缆数字线路系统最具特色的部分，一般附着在光纤通信设备的表面，主要用于收发光信号，通常用光纤活动连接器来充当光接口器件。

按照应用场合不同，G.957 建议将 SDH 光接口分为三类：局内通信光接口、短距离局间通信光接口和长距离局间通信光接口。不同的应用场合用不同的代码表示，如表 5-1 所示。

表 5-1　光接口代码一览表

应 用 场 合	局内	短距离局间	长距离局间	
工作波长/nm	1310	1310,1550	1310	1550
光纤类型	G.652	G.652,G.652	G.652	G.652,G.653
传输距离/km	≤2	~15	~40	~80
STM-1	I-1	S-1.1,S-1.2	L-1.1	L-1.2,L-1.3
STM-4	I-4	S-4.1,S-4.2	L-4.1	L-4.2,L-4.3
STM-16	I-16	S-16.1,S-16.2	L-16.1	L-16.2,L-16.3

代码的第一位字母表示应用场合：I 表示局内通信；S 表示短距离局间通信；L 表示长距离局间通信；V 表示甚长距离局间通信；U 表示超长距离局间通信。字母横杠后的第一位表示 STM 的速率等级：例如 1 表示 STM-1；16 表示 STM-16。第二个数字（小数点后的第一个数字）表示工作的波长窗口和所有光纤类型：1 和空白表示工作窗口为 1310nm，所用光纤为 G.652 光纤；2 表示工作窗口为 1550nm，所用光纤为 G.652；3 表示工作窗口为 1550nm，所用光纤为 G.653 光纤；4 表示工作窗口为 1550nm，所用光纤为 G.654 光纤；5 表示工作窗口为 1550nm，所用光纤为 G.655 光纤。

例如，L-16.2 表示工作在 G.652 光纤的 1550nm 波长区，传输速率为 2.5Gbps 的长距离光接口。S-16.1 表示工作在 G.652 光纤的 1310nm 波长区，传输速率为 2.5Gbps 的短距离光接口。

5.1.2　光缆

光缆（Optical Fiber Cable）是一定数量的光纤，按照一定方式加上护套和加强材料组成的,用以实现光信号传输的一种通信媒质,如图 5-5 所示。在光传输系统中,一般室内采用光纤作为传输媒质,室外采用光缆作为传输媒质。之所以室外光传输要采用光缆,原因是:

（1）过大的张力容易使光纤断裂;

（2）光纤成缆后具有良好的传输性,以及抗拉、抗冲击、抗弯曲等机械性能;

（3）可以根据不同的使用情况,制成不同结构形式或容纳不同芯数光纤的光缆;

（4）可以在光缆中加入金属线作为加强材料。

根据使用条件,光缆可分为许多类型。一般光缆有室内光缆、架空光缆、管道光缆、直埋光缆和水底光缆等;特殊场合使用的光缆有跨越海洋的海底光缆,易燃易爆环境使用的阻燃光缆以及用作特殊用途的特种光缆等。

图 5-5　光缆

5.2　有源光器件

有源光器件是光通信系统中将电信号转换成光信号或将光信号转换成电信号的关键器件,是光传输系统的心脏。目前光纤通信领域应用的光有源器件主要有光源、光探测器、光调制器、光放大器、光波长变换器、光电收发模块和光再生器等。

1. 光源

光源是光纤通信系统中光发射机的重要组成部件,其主要作用是将电信号转换为光信号送入光纤,如图 5-6 所示。

图 5-6　手持式稳定激光光源

目前用于光纤通信的光源包括半导体激光器（Laser Diode,LD）和半导体发光二极管（Light Emitting Diode, LED）。

2. 光检测器

光信号经过光纤传输到达接收端后,在接收端有一个接收光信号的元件。但是由于目前对光的认识还没有达到对电那样充分认识的程度,所以并不能通过对光信号的直接还原而获得原来的信号。在它们之间还存在着一个将光信号转变成电信号,然后再由电子线路进行放大的过程,最后再还原成原来的信号。这一接收转换元件称作光检测器,或者光电检测器,简称检测器,又叫光电检波器或者光电二极管。

常见的光检测器包括 PN 光电二极管、PIN 光电二极管和雪崩光电二极管（APD）,如图 5-7 所示。

3. 光中继器

光中继器的主要功能是补偿光能量的损耗,恢复信号脉冲的形状。光纤通信系统中的光中继器主要有两种:一种是传统的光中继器（即光/电/光中继器）;另一种是全光中继器。

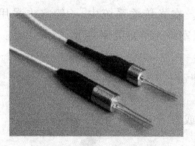

图 5-7 雪崩光电二极管

光/电/光中继器,即将接收到的微弱光信号用光电检测器转换成电信号后,进行放大、整形、再生后,恢复出原来的数字信号;然后再对光源进行调制,变换为光脉冲信号后送入光纤。

全光中继器又称为光放大器,不需要经过光电转换、电光转换和信号再生等复杂过程,可直接对信号进行全光放大,具有很好的"透明性",特别适用于长途光通信的中继放大。

5.3 无源光器件

在光纤通信传输系统中,除了必备的光终端设备、电终端设备和光纤之外,在传输线路中还需要各种辅助器件来实现光纤与光纤之间,光纤与光端机之间的连接、耦合、合/分路、线路倒换和保护等多种功能。相对于有源光器件而言,这一类本身不发光、不放大、不产生光/电转换的光学器件通常称为无源光器件。

简单地说,无源器件是其自身不能产生激励或增益的器件,有源器件则反之。

5.3.1 光纤活动连接器

光纤和光纤的连接有两种形式:一种是永久性连接;另一种是活动性连接。

永久性连接普遍采用熔接法,通过专用的熔接机进行。

光纤活动连接器,俗称活接头,国际电信联盟(ITU)建议将其定义为"用以稳定地,但并不是永久地连接两根或多根光纤的无源组件",是用于光纤与光纤之间进行活动连接的器件,它还可以将光纤与有源器件、光纤与其他无源器件、光纤与系统和仪表进行连接,是光纤应用领域中不可缺少的基础元件。

尽管光纤(缆)活动连接器在结构上千差万别,品种上多种多样,但按其功能可以分成如下几部分:连接器插头、光纤跳线、转换器、变换器等。这些部件可以单独作为器件使用,也可以合在一起成为组件使用。实际上,一个活动连接器习惯上是指两个连接器插头加一个转换器。

1. 连接器插头

使光纤在转换器或变换器中完成插拔功能的部件称为插头,连接器插头由插针体和若干外部机械结构零件组成。两个插头在插入转换器或变换器后可以实现光纤(缆)之间的对接;插头的机械结构用于对光纤进行有效的保护。

2. 光纤跳线

将一根光纤的两头都装上插头,称为光纤跳线,简称为跳线或者跳纤,如图 5-8 所示。光纤跳线用来做从设备到光纤布线链路的跳接线。有较厚的保护层,一般用在光端机和终端盒之间的连接。单模光纤跳线用黄色表示,接头和保护套为蓝色;

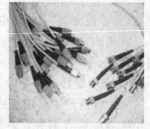

图 5-8 光纤跳线

传输距离较长。多模光纤跳线用橙色表示,也有的用灰色表示,接头和保护套用米色或者黑色;传输距离较短。

光纤跳线在使用中不要过度弯曲和绕环,这样会增加光在传输过程的衰减。

光纤跳线两端的光模块的收发波长必须一致,也就是说光纤的两端必须是相同波长的光模块,简单的区分方法是光模块的颜色要一致。一般情况下,短波光模块使用多模光纤(橙色光纤),长波光模块使用单模光纤(黄色光纤),以保证数据传输的准确性。

光纤跳线使用后一定要用保护套将光纤接头保护起来,灰尘和油污会损害光纤的耦合。在工程及仪表应用中,大量使用着各种型号、规格的跳线,跳线中光纤两头的插头可以是同一型号,也可以是不同的型号。跳线可以是单芯的,也可以是多芯的。跳线的价格主要由接头的质量决定。

3. 尾纤

尾纤又叫猪尾线,只有一端有插头,而另一端是一根光缆纤芯的断头,通过熔接与其他光缆纤芯相连,一般用在光缆熔接到 ODF 或者光缆终端盒或者光缆交接箱上用的,如图 5-9 和图 5-10 所示。

图 5-9　12 芯束状尾纤

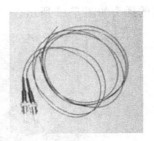

图 5-10　单芯尾纤

常见的是两端都有光纤连接器的"跳纤";只要把它从中间弄断,就成了 2 条尾纤。

4. 插头类型

在表示尾纤和跳纤接头的标注中,我们常能见到"FC/PC"、"SC/PC"等字样,其含义如下:

(1)"/"前面部分表示尾纤的连接器型号。

① FC 型光纤连接器:FC 型连接器是一种用螺纹连接,外部元件采用金属材料制作的圆形连接器。它是我国采用的主要品种,在有线电视光网络系统中大量应用;其有较强的抗拉强度,能适应各种工程的要求。一般在 ODF 侧采用(配线架上用得最多)。

② SC 型光纤连接器:SC 型连接器外壳采用工程塑料制作,采用矩形结构,便于密集安装;不用螺纹连接,可以直接插拔,操作空间小。适用于高密集安装,使用方便(路由器交换机上用得最多)。

③ ST 型光纤连接器:ST 型连接器采用带键的卡口式锁紧结构,确保连接时准确对中。常用于光纤配线架,外壳呈圆形。对于 10Base-F 连接来说,连接器通常是 ST 类型。

④ LC 型光纤连接器:连接 SFP 模块的连接器,它采用操作方便的模块化插孔(RJ)闩锁机理制成(路由器常用)。

⑤ MT-RJ:收发一体的方形光纤连接器,一头双纤收发一体。

ST、SC、FC 光纤接头是早期不同企业开发形成的标准,使用效果一样,各有优缺点。

ST、SC 连接器接头常用于一般网络。ST 头插入后旋转半周由一卡口固定,缺点是容易折断；SC连接头直接插拔，使用很方便，缺点是容易掉出来；FC连接头一般电信网络采用，有一螺帽拧到适配器上，优点是牢靠、防灰尘，缺点是安装时间稍长。

MT-RJ型光纤跳线由两个高精度塑胶成型的连接器和光缆组成。连接器外部件为精密塑胶件，包含推拉式插拔卡紧机构，适用于在电信和数据网络系统中的室内应用。

（2）"/"后面表明光纤接头截面工艺，即研磨方式。

① PC在电信运营商的设备中应用得最为广泛，其接头截面是平的。

② UPC的衰耗比PC要小，一般用于有特殊需求的设备，一些国外厂家ODF架内部跳线用的就是FC/UPC，主要是为提高ODF设备自身的指标。

③ 在广电和早期的CATV中应用较多的是APC型号，其尾纤头采用了带倾角的端面，可以改善电视信号的质量，主要原因是电视信号是模拟光调制，当接头耦合面是垂直的时候，反射光沿原路径返回。由于光纤折射率分布的不均匀会再度返回耦合面，此时虽然能量很小，但由于模拟信号是无法彻底消除噪声的，所以相当于在原来的清晰信号上叠加了一个带时延的微弱信号，表现在画面上就是重影。尾纤头带倾角可使反射光不沿原路径返回。数字信号一般不存在此问题。

各种型号的插头如图5-11所示。

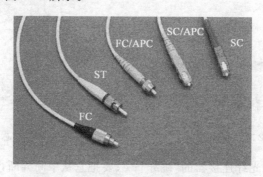

图 5-11　插头型号图

5. 转换器

把光纤接头连接在一起，从而使光纤接通的器件称为转换器，转换器俗称法兰盘。在CATV系统中用得最多的是FC型连接器；SC型连接器因使用方便、价格低廉，可以密集安装等优点，应用前景也不错；除此之外，ST型连接器也有一定数量的应用。

6. 变换器

将某一种型号的插头变换成另一型号插头的器件叫做变换器，该器件由两部分组成，其中一半为某一型号的转换器，另一半为其他型号的插头。使用时将某一型号的插头插入同型号的转换器中，就变成其他型号的插头了。在实际工程应用中，往往会遇到这种情况，即手头上有某种型号的插头，而仪表或系统中是另一型号的转换器，彼此配不上，不能工作。如果备有这种型号的变换器，问题就迎刃而解了。

对于FC、SC、ST三种连接器，要做到能完全互换，有下述6种变换器：SC—FC，将SC插头变换成FC插头；ST—FC将ST插头变换成FC插头；FC—SC将FC插头变换成SC插头；FC—ST将FC插头变换成ST插头，SC—ST将SC插头变换成ST插头；ST—SC将ST插头变换成SC插头。

7. 活动连接器的使用

活动连接器一般用于下述位置：①光端机到光配接箱之间采用光纤跳线；②在光配线箱内采用法兰盘将光端机来的跳线与引出光缆相连的尾纤连通；③各种光测试仪一般将光跳线一端头固定在测试口上，而另一端与测试点连接；④光端机内部采用尾纤与法兰盘相连以引出引入光信号；⑤光发射机内部，激光器输出尾纤通过法兰盘与系统主干尾纤相连；⑥光分路器的输入、输出尾纤与法兰盘的活动连接。

光纤活动连接器如图 5-12 所示。

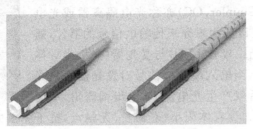

图 5-12　使用活动连接器连接前

5.3.2　光分路器

光网络系统需要将光信号进行耦合、分支、分配，这就需要光分路器来实现。光分路器又称分光器，是光纤链路中最重要的无源器件之一，是具有多个输入端和多个输出端的光纤汇接器件，规格可表示为：$N \cdot M$，N 表示输入光纤路数，M 表示输出光纤路数，在 FTTH 系统中，N 可为 1、2，M 可为 2、4、8、16、32、64、128 等。

光分路器几种常用的结构类型如图 5-13 所示。

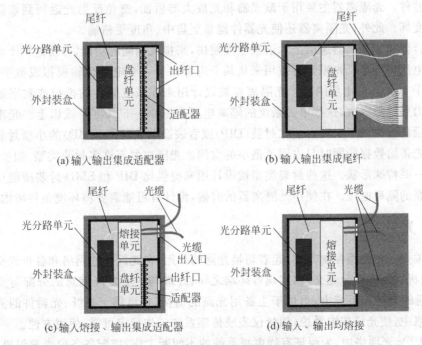

(a) 输入输出集成适配器　　　(b) 输入输出集成尾纤

(c) 输入熔接、输出集成适配器　　　(d) 输入、输出均熔接

图 5-13　光分路器结构示意图

光缆、光纤出入口可根据需要开在各个侧面。光缆出入光分路器,其弯曲半径不小于光缆直径的 15 倍。光缆光纤穿过金属板孔及沿结构件锐边转弯时,一般具备保护套及衬垫。内部盘纤单元设计为光纤、尾纤无论处于何处弯曲,其曲率半径不小于 37.5mm。光分路器设备外观如图 5-14 所示。

图 5-14 光分路器设备外观

5.3.3 光耦合器和光隔离器

光耦合器(Optical Coupler,OC)亦称光电隔离器或光电耦合器,简称光耦。它是以光为媒介来传输电信号的器件,通常把发光器(红外线发光二极管 LED)与受光器(光敏半导体管)封装在同一管壳内。当输入端加电信号时发光器发出光线,受光器接收光线之后就产生光电流,从输出端流出,从而实现了"电/光/电"转换。具有体积小、寿命长、无触点,抗干扰能力强,输出和输入之间绝缘,单向传输信号等优点,在数字电路中获得广泛的应用。

光耦隔离就是采用光耦合器进行隔离,光耦合器的结构相当于把发光二极管和光敏(三极)管封装在一起。发光二极管把输入的电信号转换为光信号传给光敏管转换为电信号输出,由于没有直接的电气连接,这样既耦合传输了信号,又有隔离作用。只要光耦合器质量好,电路参数设计合理,一般故障少见。如果系统中出现异常,使输入、输出两侧的电位差超过光耦合器所能承受的电压,就会使之被击穿损坏。可以认为光耦是一个发光二极管和一个光电二极管或三极管封装到一起。

光隔离器是一种只容许光束沿一个方向通过,阻止光波向其他方向特别是反方向传输的光无源器件。光隔离器主要用于激光器和光放大器后面,避免反射光返回到该器件致使器件性能变坏。此外,光隔离器还使光器件能量更集中、角度更精确。

光耦合器和光隔离器这两个术语被互换使用,来指代相同的功能,分辨这两个术语的特征是隔离电压的大小。光耦合器被用来从某个电势向另一个电势传输模拟或数字信息,同时保持低于 5000V 的电势隔离。光隔离器被设计用来在系统间传输模拟或数字数据的同时保持电力系统的隔离,这些电力系统的隔离电压在 5000~50 000V 或以上。光耦合器一般被特别设计为类似于双列直插式封装(DIP)或者表面贴装器件(SMD)的小型封装,这样,它们在用光传输数据的同时只占用了最小的空间。光隔离器有许多封装类型,如长方形、圆柱形以及一些特殊形状。这些封装类型被设计用来提供比 DIP 和 SMD 封装所能达到的隔离电压更高的隔离电压。在使用光隔离器的时候,设计者可能需要将环境条件考虑进来。

5.3.4 光开关

光开关是一种光路控制器件,起着切换光路的作用,在光纤传输网络和各种光交换系统中,可由微机控制实现分光交换,实现各终端之间、终端与中心之间信息的分配与交换智能化;在普通的光传输系统中,可用于主备用光路的切换,也可用于光纤、光器件的测试及光纤传感网络中,使光纤传输系统,测量仪表或传感系统工作稳定可靠,使用方便。

在 CATV 光网络中,为保证有线电视系统的不间断工作,应配备备份光发射机,当正在工作的光发射机出故障时,利用光开关就可以在极短的时间内(小于 1ms)将备份光发射机接入系统,保证其正常工作。

5.3.5　光衰减器

光衰减器用于对输入光功率的衰减,避免了由于输入光功率超强而使光接收机产生的失真。它主要用于光纤系统的指标测量、短距离通信系统的信号衰减以及系统试验等场合。

5.4　常见光传输设备

光传输设备就是把各种各样的信号转换成光信号在光纤上传输的设备,因此现代光传输设备都要用到光纤。现在常用的光传输设备有:光端机、光 MODEM、光纤收发器、光交换机、PDH、SDH 等类型的设备。

一般而言,光传输设备都具有传输距离较远,信号不容易丢失,波形不容易失真等特点,可用于各种场所,所以现在越来越多场所都使用光传输设备代替传统设备。

1. 光端机

光端机就是光信号传输的终端设备,在远程光纤传输中,光缆对信号的传输影响很小,光纤传输系统的传输质量主要取决于光端机的质量,因为光端机负责光/电转换以及光发射和光接收,它的优劣直接影响整个系统。

光端机的典型物理接口有以下几种。

(1)光纤接口。光纤接口是用来连接光纤线缆的物理接口。通常有 SC、ST、FC 等几种类型。

(2)RJ-45 接口。RJ-45 接口是以太网最为常用的接口。

(3)RS-232 接口。RS-232C 接口(又称 EIA RS-232C)是目前最常用的一种串行通信接口。

(4)RJ-11 接口。RJ-11 接口就是我们平时所说的电话线接口。

2. 光纤收发器

光纤收发器是一种将短距离的双绞线电信号和长距离的光信号进行互换的以太网传输媒体转换单元,在很多地方也被称为光/电转换器。其也称为单接口光端机,是针对特殊用户环境而设计的产品,适用于基站的光纤终端传输设备以及租用线路设备。而对于多口的光端机一般会直称作"光端机",对单接口光端机一般使用于用户端,工作类似常用的广域网专线(电路)联网用的基带 MODEM,而有称作"光 MODEM"、"光猫"、"光调制解调器"。

3. 光模块

光模块由光电子器件、功能电路和光接口等组成,光电子器件包括发射和接收两部分。发射部分是:输入一定码率的电信号经内部的驱动芯片处理后,驱动半导体激光器(LD)或发光二极管(LED)发射出相应速率的调制光信号,其内部带有光功率自动控制电路,使输出的光信号功率保持稳定。接收部分是:一定码率的光信号输入模块后,由光探测二极管转换为电信号,经前置放大器后输出相应码率的电信号。

光模块包括光接受模块、光发送模块、光收发一体模块、光转发模块等。

5.5　接入网设备

1. ODF 与 DDF

ODF(Optical Distribution Frame,光纤配线架)用于光纤通信系统中局端主干光缆的成端和分配,可方便地实现光纤线路的连接、分配和调度,如图 5-15 所示。当 16 芯以上光缆进入室内并分配给不同设备时,需要安装光配线箱,光配线箱上有活动接头、法兰盘、光分路器,既可固定光缆,又可进行光设备的配接。随着网络集成程度越来越高,出现了集 ODF、DDF、电源分配单元于一体的光数混合配线架,适用于光纤到小区、光纤到大楼、远端模块局及无线基站的中小型配线系统。

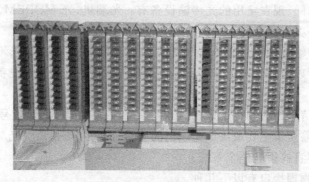

图 5-15　ODF

DDF(Digital Distribution Frame,数字配线架),又称高频配线架,在数字通信中越来越有优越性,它能使数字通信设备的数字码流的连接成为一个整体,从速率 2~155Mbps 信号的输入、输出都可终接在 DDF 架上,这为配线、调线、转接、扩容都带来很大的灵活性和方便性。简单地讲,DDF 就是用于工程中设备和设备之间跳线的无源设备。DDF 连接的不是用户线,就是中继线。

在实际应用中,除 ODF 外,还有一种光纤配线箱,其作用与 ODF 一样,仅仅外观不同,外观上与光交接箱类似,配线系统位于"箱"中。

2. 光接头盒

由于每盘光缆长度大多在 2.5km 以下,因此在长距离光缆连接时需要连接光缆,为保证连接强度和在各种环境情况下使用,都要安装光接头盒。光接头盒能够起密封和防水作用,它可以横式安装,也可以竖式安装。为了保证连接强度,先在一段连接光缆之间用钢丝加固,然后将每根熔接好的光纤用插板分层排列。一根光缆输出,选择 1×1 接头盒;如果是一根光缆输入,N 根光缆输出,选择 1×N 接头盒。当光缆芯数超过 16 对,就需要说明是多少芯光缆,以便内部增加光纤热收缩套管和光纤托板,如图 5-16 所示。

图 5-16　光接头盒

3. 光缆交接箱

光缆交接箱是一种为主干层光缆、配线层光缆提供光缆成端、跳接的交接设备，如图 5-17 所示。光缆引入光缆交接箱后，经固定、端接、配纤后，使用跳纤将主干层光缆和配线层光缆连通。

光缆交接箱的容量是指光缆交接箱最大能成端纤芯的数目。

图 5-17　光缆交接箱

4. 光纤终端盒

光纤终端盒是安装在墙上的用户光缆终端盒，如图 5-18 所示，它的功能是提供光纤与光纤的熔接、光纤与尾纤的熔接以及光连接器的交接，并对光纤及其元件提供机械保护和环境保护，并允许进行适当的检查，使其保持最高标准的光纤管理。

光纤终端盒产品特征如下：

（1）提供光缆与配线尾纤的保护性连接；

（2）使光缆金属构件与光缆端壳体绝缘，并能方便地引出接地；

（3）提供光缆终端的安放和余端光纤存储的空间，方便安装操作；

（4）具有足够的抗冲击强度的盒体固定，方便不同使用场合的安装；

（5）可选择挂墙安装或直接放置于槽道等多种安装方式。

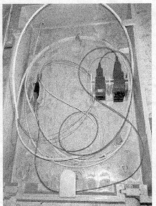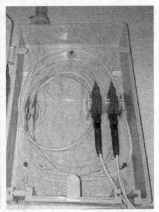

图 5-18　光纤终端盒

155

5. 光功率计

用于测量绝对光功率或通过一段光纤的光功率相对损耗。在光纤系统中,测量光功率是最基本的,非常像万用表。在光纤测量中,光功率计是重负荷常用表。通过测量发射端机或光网络的绝对功率,一台光功率计就能够评价光端设备的性能。用光功率计与稳定光源组合使用,则能够测量连接损耗、检验连续性,并帮助评估光纤链路传输质量。

小　　结

本章主要介绍了常见的光器件及光设备,属于基本认知内容,要求在日常工作学习与生活中认识这些常见的器件以及了解它们的基本功能,以便更好地理解光传输的过程。

思考与练习

5.1　列举常见的光器件,并说出其功能。

5.2　简述光传输系统中各个部分用到的光设备及其功能。

第6章 光缆通信工程

通信工程是通信运营商应客户的要求,或为了扩大再生产而对专业通信系统的范围、规模和容量进行新建、改建和扩建的项目过程。通信工程设计,主要是由相应资质的设计单位,根据业主单位提供的"可行性研究报告"、"设计任务书"等设计依据文件,规定的目标任务、设计范围、技术系统要求和其他要求,在充分勘察了解用户情况、工程建设环境和现场资料的基础上,依据相关的工程专业设计规范要求,为工程项目建立最合适的专业通信方式的设计过程。随着三网融合、光纤到户的推进,随着手机用户的普及,小区光缆改造及终端无人值守基站机房建设逐渐成为新的就业热点。本章所要讲述的就是光缆通信工程设计及以小区基站机房为例的终端通信机房设计。

通信机房设计工作一般由三部分组成:一是通过现场勘测和基础资料调查,对具体的设计任务进行深入了解,与业主单位充分交换意见之后,形成"设计勘察报告"文件;二是在此基础上进行针对性的具体工程设计,将设计方案以"工程设计图"、"工程概预算表"和"设计说明"三部分所组成的"设计文件"的形式,反映出设计成果;三是参加由业主单位组织的"设计会审"会,根据设计会审的结果,对原设计版本加以修正,形成正式的设计文件,以指导施工。本章中主要讲述设计工作的前两个部分,即勘察和设计环节。学习的时候需要注意的是,与前几章不同,本章主要以实践为主,由进行过多次工程设计的工程师根据经验总结出来的,建立在多次实践的基础上的。

6.1 光传输线路设计

线路设计在整个通信系统中具有非常重要的意义,通信线路设计工作的质量直接关系到整个通信系统的畅通和整个通信系统的通信质量。光传输线路组成如图6-1所示。

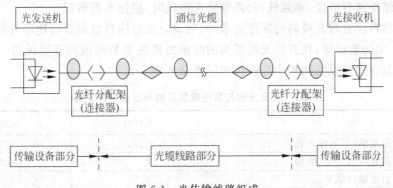

图6-1 光传输线路组成

光传输线路工程与传输设备安装工程以光纤分配架(ODF)为分界,通信机房内部的传输设备中的ODF端子到另外的通信机房的传输设备中的ODF端子之间的线路部分由光纤进行传输信号,通常被称为光传输线路部分。

在整个光传输线路部分需要做的工作如下:

(1)按照要求和国家标准设计传输网络,确定线缆的容量和结点的设置。

(2)分析整个设计方案中的经济和技术的合理性。

(3)选择合适的通信线路路由(包括走线方式),确定线路的规模。

(4)确定设计方案,作出设计图纸。

(5)考虑施工和维护要求,给出施工建议,提出各种特殊区段的保护措施。

光传输线路部分勘察设计的过程中涉及的方方面面很多,在城市线路建设的过程中需要注意城市规划建设和城市管理等诸多问题,这中间要和城市管理部门协商好才能作出最终的决定。在设计图纸中,新建的管道线路等涉及建筑方面的相关知识,这些体现了线路设计过程中的复杂性。

6.1.1 通信光缆的分类

通信光缆自20世纪70年代开始应用以来,现在已经发展成为长途干线、市内电话中继、水底和海底通信,以及局域网、专用网等有线传输的骨干,并且已开始向用户接入网发展,由光纤到路边(FTTC)、光纤到大楼(FTTB)等向光纤到户(FTTH)发展。按照光缆的敷设方式来区分,光缆可以分为直埋光缆、管道光缆、架空光缆及水下光缆。

如今各大运营商的一级干线光缆线路主要施工方式是直埋和简易塑料管道,省内二级干线是直埋、管道与架空几种形式的结合;在本地网的光缆线路中,城市光缆线路的主要施工方法是管道,在农村及少数县城仍以架空或直埋方式为主。

1. 直埋光缆

所谓直埋光缆,顾名思义,也就是将光缆直接埋入地下的敷设方式。这种方式投资比较少,但是扩展和抢修的过程比较复杂。

敷设直埋光缆必须首先进行挖沟,根据不同的环境达到足够的深度十分重要。挖沟深度的标准为:一般普通土1.2m、半石质1.0m、流沙0.8m;穿越铁、公路时1.2m。上述沟底应加垫10cm细土或沙土,沟底宽度一般为30cm。如果同沟敷设两条或两条以上光缆时,光缆间应保持5cm的间距。在路面表层经常受压的路段,应预埋钢管或预放硬质塑料管。布放光缆在遇到坡度、穿越铁、公路等特殊地段时,应作S形敷设。

除了注意敷设直埋光缆时的深度要求外,敷设时还要注意城市原有建设的很多管道,比如说下水道、消防走道等,在开挖光缆埋沟的时候需要注意与附近的管道保持一定的距离。直埋光缆与其他建筑设施间最小净距离的标准参考表6-1。

表6-1 直埋光缆与其他建筑设施间的最小净距离   单位:m

名 称	平行时	交越时
市话管道边线(不包括人孔)	0.75	0.25
非同沟的直埋通信光、电缆	0.5	0.25
埋式电力电缆(35kV以下)	0.5	0.5

续表

名　　称	平行时	交越时
埋式电力电缆（35kV 及以上）	2.0	0.5
给水管（管径小于 30cm）	0.5	0.5
给水管（管径 30～50cm）	1.0	0.5
给水管（管径大于 50cm）	1.5	0.5
高压油管、天然气管	10.0	0.5
热力、下水管	1.0～10	0.5
煤气管（压力小于 300kPa）	1.0	0.5
煤气管（压力 300～800kPa）	2.0	0.5
排水沟	0.8	0.5
房屋建筑红线或基础	1.0	
树木（市内、村镇大树、果树、行道树）	0.75	
树木（市外大树）	2.0	
水井、坟墓	3.0	
粪坑、积肥池、沼气池、氨水池等	3.0	

注：引自《长途通信干线光缆传输系统线路工程设计规范》（YD5102—2003）。

另外，直埋光缆必须做防雷和防腐、防鼠等措施。

2. 架空光缆

架空线路就是将光缆固定在直立于地面的杆塔上以传输信号的传输线路，与管道线路相比，具有建设成本低、施工周期短、架设检修方便等优点。但由于不安全，占用地面，影响市容，现在多用于郊区或者农村，还有一些不宜使用直埋和管道的地方，比如说较窄的河流。

架空线路的杆间距离，市区为 25～40m，郊区为 40～50m，其他地段最大不超过 67m。架空光缆的吊线应采用规格为 7mm/2.2mm 的镀锌钢绞线，对于采用轻铠式光缆挂设时可采用 7mm/2.0mm 或/1.8mm 的钢绞线。在采用架空光缆的方式时，需要注意光纤的特性，注意环境和温度对于光纤的影响。架空光缆线路与其他建筑物间距如表 6-2 所示。

表 6-2　架空光缆线路与其他建筑物间距表

序号	间距说明		最小净距/m	交越角度
1	光缆距地面	一般地区	3.0	
		特殊地点（在不妨碍交通和线路安全的前提下）	2.5	
		市区（人行道上）	4.5	
		高秆农林作物地段	4.5	
2	光缆距路面	跨越公路及市区街道	5.5	
		跨越通车的野外大路及市区巷弄	5.0	
3	光缆距铁路	跨越铁路（距轨面）	7.5	
		跨越电气化铁路	一般不允许	45°
		平行间距	30.0	
4	光缆距树枝	在市区：平行间距	1.25	
		垂直间距	1.0	
		在郊区：平行及垂直间距	2.0	

续表

序号	间距说明		最小净距/m	交越角度
5	光缆距房屋	跨越平顶房顶	1.5	
		跨越人字屋脊	0.6	
6	光缆距建筑物的平行间距		2.0	
7	与其他架空通信缆线交越时		0.6	≥30°
8	与架空电力线交越时		1.0	≥30°
9	跨越河流	不通航的河流,光缆距最高洪水位的垂直间距流	2.0	
		通航的河流,光缆距最高通航水位时的船桅最高点	1.0	
10	消火栓		1.0	
11	光缆沿街道架设时,电杆人行道边石		0.5	
12	与其他架空线路平行时		不宜小于4/3杆高	

注:
(1) 上述间距应为光缆在正常运行期间应保持的最小间距。沿铁路架设时间距必须大于4/3杆高。
(2) 引自《长途通信干线光缆传输系统线路工程设计规范》(YD 5012—2003)。

架空光缆防强电、防雷措施应符合设计规定。吊挂式架空光缆与电力线交越时,应采用胶管或竹片将钢绞线作绝缘处理。光缆与树木接触部位,应用胶管或蛇形管保护。

3. 管道光缆

管道线路就是光缆埋设在地下管道中进行传输,用管子、管件、阀门等连接管道起点站、中间站和终点站。通信光缆管道布放方便,提高线路施工效率,缩短施工工期;另外,通信管道还具有一定的隐蔽性,可提高通信设备的安全性和保密性,也利于市容环境美化,因此是现代通信网络基础设施的重要组成部分,现在城市光缆建设改造工程基本都采用管道的方式进行。管道光缆如图6-2所示。

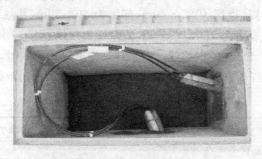

图6-2 管道光缆

与直埋光缆一样,管道光缆敷设时埋深(管道顶部距地面)也应符合设计标准,一般不小于0.8m。管道建设的过程同样也需要避开城市建设中需要注意的地方和一些特殊的场所,具体要求如表6-3所示。

通信管道一般建设在人行道上,人行道上无法建设时,可在慢车道建设管道,一般不在快车道上设置管道。通信管道中心线应平行于道路中心线与建筑红线(道路不直管道线路应顺路取直),在管道必须穿越线路的情况下,对于车流量特别大的地方应该加以钢制管道进行保护。管道位置应于杆路同侧建设,这样将有利于将管道内的光电缆引出,减少跨越马路和与其他管线交越的可能。

表 6-3 通信管道与其他管道的净距要求   单位：m

其他管线及建筑物名称	平行净距	交叉净距
给水管(管径小于 30cm)	0.5	0.15
给水管(管径 30～50cm)	1.0	0.15
给水管(管径大于 50cm)	1.5	0.15
排水管	1.0(注 1)	0.15(注 2)
热力管	1.0	0.25
煤气管(压力小于 300kPa)	1.0	0.3(注 3)
煤气管(压力 300～800kPa)	2.0	0.3(注 3)
埋式电力电缆(35kV 以下)	0.5	0.5(注 4)
埋式电力电缆(35kV 及以上)	2.0	0.5(注 4)
其他埋式通信电缆	0.75	0.25
绿化(乔木)	1.5	
绿化(灌木)	1.0	
地上杆柱	0.5～1.0	
马路边石	1.0	
路轨外侧	2.0	
房屋建筑红线或基础	1.5	
水井、坟墓	2.0	
粪坑、积肥池、沼气池、氨水池等	2.0	
其他通信管道	0.5	0.15

注：
(1) 主干排水管后敷设时,其施工边沟与管道间的水平净距不宜小于 1.5m。
(2) 当管道在排水管下部穿越时,净距不宜小于 0.4m；通信管道应作包封,包封长度自排水管两侧各加长 2m。
(3) 在交越处 2m 范围内,煤气管不应做接合装置和附属设备。
(4) 如电力电缆加保护管时,净距可减小至 0.15m。
(5) 引自《长途通信干线光缆传输系统线路工程设计规范》(YD 5012—2003)。

4. 水底光缆

水底光缆是敷设于水底穿越河流、湖泊和滩岸等处的光缆。这种光缆的敷设环境比管道敷设、直埋敷设的条件差得多。水底光缆必须采用钢丝或钢带铠装的结构,护层的结构要根据河流的水文地质情况综合考虑。例如在石质土壤、冲刷性强的季节性河床,光缆遭受磨损、拉力大的情况,不仅需要粗钢丝做铠装,甚至要用双层的铠装。施工的方法也要根据河宽、水深、流速、河床土质等情况进行选定。

6.1.2 传输光缆布放原则

光缆线路施工质量的好坏,关系到整个光纤通信系统的质量的好坏。为了提高光纤通信系统的质量,不仅仅需要完美的设计、质量优良的光纤,还需要在整个光纤布放的过程中严格遵守布放的原则。

1. 光缆检验

在光缆布放之前,要对施工所用的光缆进行检验和配盘。

所谓配盘,就是根据通信管道长度、设计要求光缆预留长度,既要考虑配盘后,在施工中出现吹缆时光缆不能吹到人孔；同时,尽量减少浪费。光缆线路工程设计中,光缆配盘十分重要。光缆配盘合理,则可节约光缆、提高光缆敷设效率;同时,减少光缆接头数量、便于维护。特别是长途管道线路,光缆敷设在硅管管道中时,合理的配盘,可以减少浪费,否则,要么出现光缆富裕量太大;要么出现光缆长度不够,光缆一端在硅管中不能到达人孔。

2. 路由复测

路由复测以设计施工图为依据,通过复测,确定光缆线路过程路程中路由的具体位置,以及准确的路由长度,为光缆的布放打下良好的基础。光缆路由复测定位时,应符合当地的建设规划和地域内文物保护、环境保护的要求。配盘预留光缆的安装方法一般可采用预留支架盘留或光缆收线储存盒安装方式。光缆重叠和预留的参考长度如表 6-4 所示。

表 6-4　光缆重叠和预留参考长度　　　　　　　　　　　　单位:m

项　目	敷设方式			
	直埋	管道	架空	水底
接头重叠长度(一般不小于)	12	12	18	5
人手孔内自然弯曲增长		0.5～1		
光缆沟或管道内弯曲增长	7‰	10‰		按实际
架空光缆平均预留(除接头预留外)			7‰～10‰	
地下局站内每侧预留	5～10,可按实际需要适当调整			
地面局站内每侧预留	10～20,可按实际需要适当调整			
因水利、道路、桥梁等建设规划导致的预留	按实际需要确定			

注:引自《长途通信干线光缆传输系统线路工程设计规范》(YD 5012—2003)。

3. 光缆敷设

(1) 光缆的弯曲半径应不小于光缆外径的 15 倍,施工过程中不应小于 20 倍。

(2) 采用牵引方式布放光缆时,布放光缆的牵引力应不超过光缆允许张力的 80%;瞬间最大牵引力不得超过光缆允许张力的 100%;主要牵引力应加在光缆的加强件(芯)上。

(3) 牵引过程中容易扭转损伤光缆,牵引端头与牵引索之间应加入转环。光缆布放中严禁光缆紧绷,由缆盘上方放出并保持松弛弧形。

(4) 光缆布放采用机械牵引时,应根据牵引长度、地形条件、牵引张力等因素选用集中牵引、中间辅助牵引或分散牵引等方式。

(5) 光缆布放采用牵引方式,应保持牵引的力度和速度,当超过规定值时应能自动警告并停止牵引。

(6) 为了确保布放光缆的质量和安全,必须严密组织并有专人指挥。严禁未经训练的人员上岗和无联络工具的情况下作业。

(7) 光缆布放完毕,应检查光纤是否良好。光缆端头应做密封防潮处理,不得浸水。

6.1.3　光缆线路工程的勘察设计

勘察和测量是工程设计中的主要工作,勘测所取得的资料是设计的重要基础资料。通过现场勘测,搜集工程设计所需的各种业务、技术和社会等有关资料,并在全面调查研究的基础上,结合初步拟定的工程方案,进行认真的分析、研究和综合,为确定设计方案提供准确和必要的依据。

目前建设项目的设计工作一般按两阶段进行,即"初步设计"和"施工图设计"。对于技术上复杂的项目,可按初步设计、技术设计、施工图设计三个阶段进行,称为"三阶段设计"。

小型建设项目中技术简单的,可简化为"一阶段设计"即直接做施工图设计。线路勘察设计的过程如图 6-3 所示。

图 6-3　线路勘察设计的过程

1. 初步设计

初步设计的任务主要是选定光缆线路路由及选定终端站及中间站的站址,并确定线路路由上采用直埋、管道、架空、过桥等敷设时各段落所使用光缆的规格和型号。

光缆路由的方案选择,应该以工程设计委托书和通信网络规划为基础,进行各种方案的对比;必须保证通信质量,线路安全可靠、经济合理、便于施工和维护的前提下进行合理选择;除此之外,光缆路由选择应符合城市道路规划的长远建设,尽量利用原有的管线路由;尽量远离铁路、河流和一些地质比较特殊的区域。

初步设计阶段需要提交的初步设计文件一般包括目录、说明、概算及图纸四个部分。其中目录按设计说明、概算及图纸三部分分列。设计说明的内容有:概述(包括设计依据、范围、与设计任务书中有变更的内容及原因、主要工程量表、工程技费及技术经济指标等内容)、路由论述、设计标准及技术措施、其他问题等;概算应包括概算依据、说明、表格等内容;而图纸应包括反映设计意图及施工所必需的有关图纸。

2. 施工图设计

施工图设计是进行光缆线路施工安装图纸的具体测绘工作,并对初步设计审核中的修改部分进行补充勘测。通过施工图测量,使线路敷设的路由位置、安装工艺、各项防护、保护措施进一步具体化,并为编制工程预算提供准确的资料。

施工图设计与初步设计在内容上是基本相同的,只是施工图设计是经过"定点定线"实地测量后而编制的,掌握和收集的资料更加详细与全面,所以要求设计文件及内容应更为精确。

在施工图设计说明中,应将初步设计说明内容更进一步论述外,还应将通过实地测量后对各个单项工程的具体问题的"设计考虑"详尽地加以说明,使施工人员能深入领会设计意图,做到按设计施工。

主要的测量工具、仪表的配备如下。

(1)绘图笔:主要在草图绘制中使用,通过使用不同的颜色来绘出不同的内容,如管孔、线缆、走道、建筑、标注分别用不同的颜色绘制,以便于设计人员区别。

(2)签字笔:用于记录勘察的信息和勘察表格等。

(3)激光测距仪、测距小车、50m 皮尺:主要用于测量距离的,根据需要测量距离的长短选择合适的测距工具。如图 6-4 所示即为测距小车。

(4)GPS:主要是测量天馈线系统的经纬度。在测量经纬度的时候,把 GPS 放在天线的正下方,打开 GPS 等候一分钟左右,然后就可记录 GPS 上测量到的数据。

(5)指北针:主要用于记录机房的方位和机房所在的方位,需要详细的记录,不允许有太大的偏差。

(6)望远镜、数码相机:判断和记录四周的地形地貌。

(7)地阻仪:测量地阻率。

图 6-4　勘察工具(测距小车)

3. 线路勘察草图的画法

在勘察过程中,要随时记录尺寸并绘制勘察草图。图面应布局合理、排列均匀、轮廓清晰、便于识别。在整个图纸中需要标注出整个路由的详细情况,以及路由所走过线路周围建筑物的大致情况;对于完全新建的路由,还需要详细地记录每一种土地状态和所走过的详细的路程。对于自己设计好的路由,要给出详细的测量结果和人手孔的选择地点的详细位置等。

制作草图工具有铅笔、橡皮、A4 白纸、简易制图板等。

制作草图规范如下:

(1) 完整的草图不能缺少方向标。方向标对于工程图纸来说非常重要,线路工程图纸之中一般所画方向标是指北针,指北针的方向一般向上或向左,不提倡向右,禁止向下;指北针一般处于草图的右上方。

(2) 中继段路由:A、B 站名;光电缆由站点 A 到站点 B 的敷设方式描绘,如架空、管线、直埋等,每两个管孔或者电线杆之间间距要准确。对于原有的管道需要给出大概路由的位置,但是两者之间的距离需要精确测量;而对于新建的管道线路,各个管孔的具体位置必须详细地给出。

(3) 对于新建的路由管孔,需要进行详细的说明,包括管孔的类型以及管孔具体的位置,尽量选择合适的参照物进行标记。

(4) 在勘察草图中需要画出参照物,比如说一些有名的建筑或者河流等具体存在的物体作为参照物。

(5) 需要对光缆进行预留的地方进行标注或者选择文字叙述的方式,确保完整和翔实。

(6) 对于一些特殊的地方需要标记或文字叙述,比如需要特殊防护的地方。

(7) 对于新建的管线路由,需要对与管线路由所走过路径的状况进行翔实的记录,包括土地的类型,所走过不同土地的管线长度,在该土地上建设管孔的数量、类型,都需要详细地标注或者文字表述。

(8) 注明中继段距离。

(9) 注名勘察人姓名和勘察日期。

4. CAD 制图

了解了光传输工程设计的一些规范后,接下来需要做的工作就是利用 CAD 软件进行工程的设计和绘制。图纸是施工人员最直观而且是最基本的施工指导资料,所以要求施工设计中的各种图纸应尽量反映出客观实际和设计意图。与机械工程设计、建筑工程设计不同,通信工程设计图关键在于布局,而不是追求把图画得如何美观、如何复杂,真正在画图上的重点不多,只需要掌握好直线、弧线、标注,以及掌握加快画图速度的技巧即可。

在通信工程设计中,设计图都要绘制在事先指定好的标准图框中,如图 6-5 所示。标准图框中包括设计项目名称、设计人、比例大小等一系列需要注明的事项,以及一些规定好的图形符号。

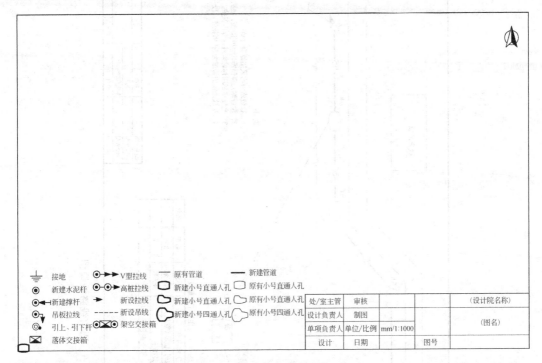

图 6-5　标准图框

在图纸的绘制过程中需要注意:

(1) 作图应遵循《通信管道与线路工程制图与图形符号》(YD/T 5015—2005),按照标准进行图纸的绘制。

(2) 线路图中必须有图框,图衔正确。

(3) 线路图中必须有指北标志。

(4) 工程中如果需要反映工程量,要在图纸中绘制工程量表。

(5) 当一张图不能完整画出时,可分为多张图纸进行,这时,第一张图纸使用标准图衔(大图衔),其后序图纸使用简易图衔(小图衔)。

(6) 线路穿越各种障碍点的施工要求及具体措施,每个较复杂的障碍点应单独绘制施工图。

(7) 通信管道、人孔、手孔、光(电)缆引上管等的具体定位位置及建筑形式,孔内有关设备的安装施工图及施工要求;管道、人孔、手孔结构及建筑施工采用定型图纸,非定型设计应附结构及建筑施工图;对于有其他地下管线或障碍物的地段,应绘制剖面设计图,标明其交点位置、埋深及管线外径等。

(8) 在图纸上需要说明的地方和一些注意的地方。

(9) 图纸中需要有图例。

下面来简要分析图 6-6 所示通信线路线缆图。

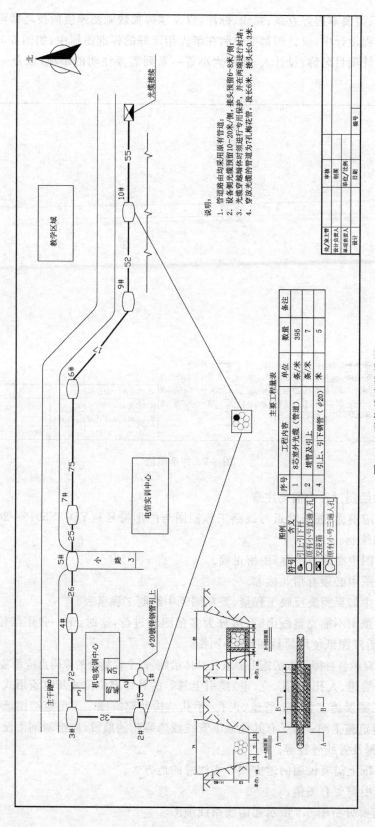

图 6-6 通信线路路线缆图

（1）首先图纸中有图框,在图纸的右上角有指北针的标注,符合图纸的绘制要求。

（2）在图框的右下角有一些信息需要填写,如绘图人、审核人、设计单位、工程名称、图纸编号、图纸比例等。当然,这张图纸上没有给出上面的信息,主要是作者考虑到一些信息需要保密,各位读者在自己作图的时候需要详细地记录和给出这些具体的信息。

（3）站点 A 和站点 B 在整个图纸上均有体现,一个是以光缆交接箱的形式给出,一个是以机房的形式给出的,而且在图纸上有详细的标明。

（4）整张图纸显得比较简单,可以看出整个线路的设计是以原有管道线路为基础进行修改的。对于每一个人（手）孔均在图纸中都有体现,两个人（手）孔的距离均详细的在图纸上标明,在人（手）孔里面的预留没有在管孔旁给出标注,但是在下面的说明处已经给出。

（5）在图纸上可以看到,作者给出了人（手）孔内部管道的分布情况,对于原有管道的勘察,这一点也是需要勘察记录的;而且对于哪一个管孔是使用的,哪一个没有使用,均需要详细地记录,在图纸上需要有所体现。

（6）对于原有的管道不需要详细的记录人（手）孔具体的位置,但是新建的管道路由需要给出详细的标注,比如距离道路边沿的距离或者距离附近建筑物的距离等,均需要在设计图纸上有所体现。原有管道,由于管线是确定的,对于周围的建筑物,每一段管道通过的路面的情况均不做要求;但是新建的线路均需要详细地记录这些情况,因为这些关系到后面预算工程设计的问题。

（7）对于一些重点地段的设计的要求也需要详细地指出,在这张图纸上没有具体的体现,比如需要对光纤特殊保护的地方,光纤进行接续的地方等。

6.2　通信机房工程设计

6.2.1　通信机房工程概述

传输机房是传输或中继模拟电视信号和数字信号的机房,是指用于装设密集型波分复用设备、同步数字传输设备、光纤分配架、数字配线架等设备,提供以 SDH、DWDM 以及传统的 PDH 等传输技术为核心的光传输网络的机房,分为一级传输机房（一级分中心）和二级传输机房（二级分中心）。一级传输机房是具有将前端模拟/数字信号传输或中继到其他一级传输机房和二级传输机房,同时能将前端通信信号分配至光结点的无线通信网络枢纽传输结点;二级传输机房是具有将一级传输机房的数字信号传输或中继到其他二级传输机房,同时能将一级传输机房的数字信号分配至光结点的无线通信网络枢纽传输结点。这类大型的机房设计本书不做详细的介绍。

常见的传输设备安装在通信机房中,与通信设备共用电源设备、监控设备、接地和防雷设备的机房。一般这种机房建设在某个小区机房中,具有典型的代表性。其设计原则中包含的各种规范,以及国家规定、行业规定均可以在大型的传输机房设计中体现出来。本章所说的通信机房主要指的就是这种机房。

在整个机房的建设的过程中,运营商根据实际情况提出建站的要求,然后由网络优化部门人员进行初步勘察,根据当地的网络状况制定网络优化初步勘察报告,检验在这一地区建立通信机房的可行性,初步确定机房所在的大概位置。随后由机房设计人员进行实地勘察,在勘察中需要从网络优化部门的初步勘察报告中确认机房的具体的位置;然后实地进行通信基站站址勘察,画出站点勘察草图以及设计图纸,做出详细的设计;根据设计图纸做出建设预算,写出设计说明,交于审核部门进行审核,出版装订。

6.2.2 通信机房勘察设计

1. 勘察的准备

勘察人员在接到勘察通知单后,就开始勘察准备。主要包括以下几步。

(1) 阅读勘察通知单、合同清单、技术建议书、组网图、分工界面图等资料,熟悉局点配置、工程要求、用户背景等信息,充分理解产品配置和产品性能。

(2) 制定勘察方案、准备工具。在去实地勘察之前,需要向相关工作人员了解工程概况,收集相关的资料,确认是否具备勘察条件。判断是否具备勘察条件的依据为有无机房用来安装设备。相关资料包括:基站联系人员的信息、最新网优基站勘测报告、工程文件、基站所在地的地图等(对于一些扩容、改造、共站机房还需要了解现有网络状况)。

勘察之前需要指定详细的勘察方案,确认勘察路线。需要制作勘察表格:①根据本工程的特点,参考勘察表的模板加以修改;②将勘察中容易遗忘的内容也列在勘察表中,如需要收集的资料、需要落实讨论的问题等。勘察表中包含的内容有基站名称、地点、经纬度等。在扩容、改造、共站的机房中,还需要对于机房原有的配置做详细的记录,以便将来的具体设计。

还要准备勘察工具。常用的工具与线路勘察基本相似,包括记录工具和勘察工具:记录工具有绘图笔、签字笔、勘察表、笔记本、地图;勘察工具包含卷尺、皮尺、数码相机、测距仪、GPS、指北针等。特殊的还需要携带笔记本电脑和望远镜等。

(3) 勘察前的记录。确认好机房,达到目的地之后,需要记录机房所在的具体位置,比如说机房所在楼的高度、层数、机房所在层数等。在进入机房内部之前,需要勘察机房所在楼楼门的高度和宽度,机房所在楼层的走廊宽度,楼层内电梯门的高度、宽度或楼梯的宽度等,主要是为了确认设备是否可以运送到机房内。

2. 机房现场勘察设计

机房现场勘察可以按下列步骤进行。

(1) 检查楼房和机房的情况。包括以下几个部分。

① 机房的建筑特征:包括地面、顶棚、墙面、承重、墙体材料是否可以承重。检查机房装修情况。根据国家标准要求,通信机房的装修应采用防火材料,不得使用木地板、木隔板、吊顶及塑料壁纸等材料,严禁装饰木墙裙。对于已经安装吊顶的机房应该予以拆除。机房内部的构造应该有足够的牢固性和耐久性,并应考虑在房间使用过程中注意防尘、防火、防静电。

② 机房的尺寸:现场勘察的尺寸其精度须达到一定的要求,行业规定精确到毫米(mm)。现场尺寸包括房间的长宽高、梁下净高、轴距、房柱尺寸位置、房门的位置、机房的建筑方向等,对于不规则机房要详细量取尺寸数据。

③ 机房附属:窗户、门或门洞的尺寸、朝向、距离地面尺寸,所有可以影响壁挂设备和正常安装走线架的因素都要体现出来。机房的外门宜向走道开启;门洞高度不宜小于

2.2m,门洞宽度不小于 1.5m,以确保设备可以进入机房。一般要求机房内部不允许有窗户,防止阳光直射到机房内部设备上面,以及灰尘的进入。如果机房内部有窗户,要进行封堵。

④ 机房的周边:观察周边环境,获取最佳出缆位置和交流电引入位置、接地位置。机房内部需要有标准的市电引入,并且有接市电的插孔。机房建筑的防雷接地和保护接地、工作接地及引线合格,接地电阻满足工程设计要求。

⑤ 机房障碍:比如吊扇、排水管、暖气管道、楼梯、屋面倾斜、梁、柱等诸多影响施工和机房安全的事件。电信机房的照明一般不采用吊式灯具,防止其阻碍走线架的布置和机房内部走线。

(2) 确定机柜位置、机柜的间距和各种设备相对位置,检查机房中设备位置之间布置是否合理,是否方便工程施工以及日后的扩容,如果不行可提出建议和协调用户解决问题。

机房中的设备包括基站无线设备、传输综合柜(可包括光端设备、微波设备、ODF 架、DDF 架等)、交流配电屏、开关电源、蓄电池组、三相电源避雷箱、环境监控箱、空调。设备的位置摆放要遵从各项相关国家标准,具体要考虑以下几点。

① 在安装设备时,需考虑防水措施,即尽量不要将设备紧靠机房外墙安装;机房在一层时,应酌情安装设备底座。

② 在电源设备放置时,首先确定馈线窗的位置,馈线窗的位置应尽量根据天馈线的位置和室内设备的安排来确定;馈线窗位置确定以后,确定交流配电箱的位置,交流配电箱的位置一般安装在靠近门的墙上,距离地面的高度不宜低于 1500mm;开关电源、传输综合柜、基站设备可以根据机房位置的大小安放成一列,其中基站设备宜安装在靠近馈线窗的地方,方便馈线的引出和其他线缆的布放;ODF 和 DDF 一般安装在传输综合柜里面,有的可以挂在墙上;蓄电池较重应该靠近承重墙安放。整个机房的布局要体现设计的合理性、美观性和整洁性。在整个设计过程中除了考虑这些问题以外,在设备的布放的过程中还需要考虑到布线的方便和简洁。

③ 主设备摆放要求正面朝向主走道方向;设备布置考虑负荷均衡摆放,设备周围应留有足够空间,正面应能开门,调试操作背面应有维护开盖的空间。

④ 室内接地排挂墙在走线架附近安装,并使各设备接地线总长度尽量短。室外接地排设在机房外墙上,靠近馈线孔洞。基站室外接地排安装位置和安装方式应保证具有防盗功能。空调机位置应达到较好的制冷效果,并尽量靠近外墙及窗户,空调外机尽量安装在外墙面以缩短室内外之间导管的长度。

(3) 根据各配套设备的位置,确定线缆型号及走线路由,绘制线缆计划表,确定各种线缆长度。

图 6-7 所示为机房各设备间的走线路由图。

室内走线一般采用上走线架的方式,走线架为 400mm 宽的标准定型产品,安装在设备正上方,走线架与设备前沿齐平,上沿距机房地面高度一般为 2300~2600mm。走线架采用顶棚吊挂、侧边支撑及终端与墙加固等加固方式,如无特殊情况每 1.5m 加固一次。走线架宜架设在馈线洞的上方或下方。走线架上均要敷设接地线,与机房室内接地排相连。机房设备的上面必须要有走线架通过。图 6-8 为室内走线架,图 6-9 为由室内走线架到馈线窗的走线。

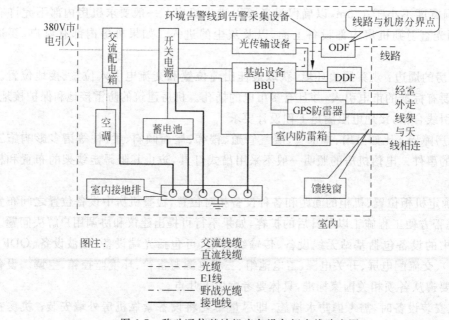

图注：
——————— 交流线缆
——————— 直流线缆
- - - - - - 光缆
——————— E1线
—·—·—·— 野战光缆
——————— 接地线

图 6-7 移动通信基站机房各设备间走线路由图

注：
① 本图基站设备以中兴 TD-SCDMA 设备 ZXTR B328＋R04 为例。
② 蓄电池安装在蓄电池架上，蓄电池架要求接地。
③ ODF、DDF 与光传输设备一般安装在标准机柜或机架中，机柜/机架要求接地。
④ 室内防雷箱一般安装在馈线窗上方；引出馈线窗的电源给 R04 供电，接地线接室外底线排。
⑤ 交流配电箱上方一般安装浪涌防雷箱，此图中未显示。
⑥ GPS 防雷器引出馈线窗的 1/2 馈线与 GPS 天线相连和接地线与室外接地排相连。
⑦ 空调线直接与交流配电箱引出，不经走线架，其余线缆都要通过走线架走线。

图 6-8 室内走线架（上走线）

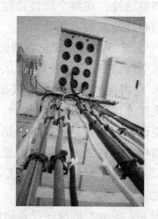

图 6-9 室内走线架到馈线窗

布放缆线需要注意以下几点。

① 走线架上的信号线、控制线和电源线应分开布放，间距应为 15～20cm。

② 基站缆线种类较多、每类的数量却较少（一般只有一两条或是几条），通信光纤、通信电缆、馈线、信号控制缆线、直流电力电缆、交流电缆和接地电缆不可绑扎在同一线束内，应分别布放在一层或多层走线架上。其中，互相易产生影响（干扰）的缆线之间应采用屏蔽保

护措施。

③ 所有线缆应顺直、整齐,应避免线缆交叉纠缠。线缆拐弯应均匀、圆滑一致,设备的走线按照图 6-7 合理的安排,其中 DDF 和 ODF 以及 DDF 和基站设备之间采用 2Mbps 跳纤;基站和避雷器之间用 1/2 射频电缆连接,避雷器和天线之间用 7/8 射频电缆连接;蓄电池和开关电源之间的电缆需要通过爬梯。

④ 馈线洞位置应根据基站机柜和铁塔的位置确定,一般是侧对机柜且与设备成一直线,并尽量减少馈线在室内的长度、转弯和扭转。馈线孔洞尽量开在铁塔侧的外墙上,可以利用窗户,尽量不要开在楼顶,以防漏水。馈线孔洞位置应考虑施工的方便性。

(4) 绘制机房平面图和电缆走线图,现场绘制草图。图纸中要有指北标识,准确定位各设备的位置,标明尺寸。要标明各设备的规格,并标明壁挂设备距离地面尺寸、电池的安装方式,标识设备正面,水平走线架的规格,距离地面高度,单层/双层,垂直走线架的规格,敷设到电池/出缆口/交流配电箱等。

3. 天馈线系统的勘察

(1) 以正北方向为基点,每隔 60°顺时针方向将基站周围情况拍照下来(在机房的内部如遇到特殊情况,也需要拍照存档)。

(2) 使用 GPS 确定基站所在的经纬度。

(3) 确定天线安装的方式以及安装的位置,确定馈线的走向和走线方式,测量室外馈线的长度。天线的安装固定方式有以下 3 种。

① 抱杆:适合与楼顶高度适合天线挂高、天面满足隔离度要求的情况,一般在市区、县城使用,抱杆有 1m、3m、5m、7m 等规格,如图 6-10 所示。

② 增高架与拉线塔:适合于楼顶较低,且天线挂高较高的情况,一般在市区、县城使用,有 12m、15m 等规格,如图 6-11 所示。

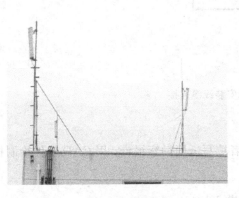

图 6-10　抱杆

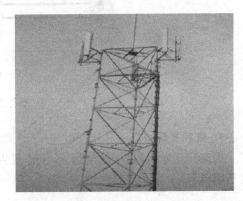

图 6-11　增高架与拉线塔

③ 铁塔:自建铁塔成本高、施工难度大并且施工周期长,但是具有高度和稳固的优势。一般用于覆盖要求较远、容易施工的站址,分为地面钢管塔、地面角钢塔和地面独杆塔 3 种,如图 6-12 所示。

地面钢管塔一般在乡村使用或者郊区使用,根开一般只有 2～3m,也有 30～60m 等规格;地面角钢塔根开较大,一般有 6～8m,适合在乡村使用且租地面积较大的区域,适合建设塔下房;地面独杆塔一般在市区或县城使用,适合基站位置附近没有合适的楼房架设天

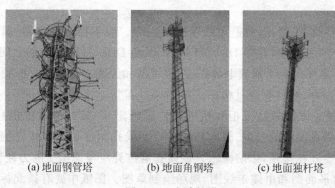

(a) 地面钢管塔   (b) 地面角钢塔   (c) 地面独杆塔

图 6-12　自建铁塔

线,且面积比较紧张的情况,一般有 30～40m 等规格。

对以上几种挂设天线方式的投资和加固进行对比:钢管组合塔＞角钢塔＞独杆塔＞楼顶增高架＞抱杆。

实际地勘察过程中,需要根据实际情况选取天线加固方式。GPS 天线与天线的线缆连接如图 6-13 所示(以中兴 TD 设备为例,注意与图 6-7 引出馈线窗的线缆相对照)。

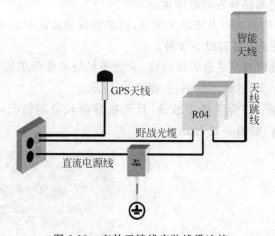

图 6-13　室外天馈线安装线缆连接

4. 资料整理

勘察完毕以后,填写勘察报告、工作报告,或者填写纸面勘察报告;用 CAD 软件绘制机房平面图等。

6.2.3　通信机房电源设备的组成与选型

由于通信设备一般都采用直流供电的方式,而机房电源都是市电交流引入,因此,通信机房电源都是交流引入—交变直转换—直流输出的设计。由图 6-7 可以看出,通信机房电源系统的组成如图 6-14 所示。

1. 变压设备

主要有高压配电设备、变压器、低压配电设备组成,实现市电高低压转换和低压电能分配。

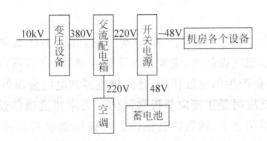

图 6-14　通信机房电源系统的组成

2. 交流配电箱

交流配电箱主要适用于移动基站、微波站及其他通信机房的交流配电,其主要功能是实现交流市电的接入,并完成人工(或自动)转换;同时机房基站内电源设备为空调设备、照明设备等提供电源。

在机房设计中,设备需要按照设计的要求进行选择合适的设备类型,根据不同型号设备的具体尺寸才能进行正确的机房布局,在对电源系统进行设计的时候,首先要确定交流配电箱的型号和安装位置。交流配电箱的型号要根据机房电流总数确定。交流配电箱体积比较小,一般不直接安装在地面或底座上,而采用挂装的形式安装在距离门较近的墙上,在画图的时候要注意表明它的距地高度、尺寸以及挂放的平面位置。

3. 交流电源线选取

现代通信通常选择 RVVZ 1000 和 RVVZ22 1000 两种电源线型号。RVVZ 1000 表示高阻燃铜芯、聚氯乙烯绝缘、聚氯乙烯护套软电缆(电缆耐压 1000V),适用于通信机房内绝大部分场合;RVVZ22 1000 表示铠装高阻燃铜芯、聚氯乙烯阻燃、聚氯乙烯护套软电缆(电缆耐压 1000V),适用于通信机房地槽、地沟等易于挤压破损的场合。

RVVZ 1000(3 芯+1 芯)电源线缆内含 4 条线,例如 RVVZ 1000(3×25+1×16)mm² 表示这条电源线内含 3 条 25mm² 的电源线和 1 条 16mm² 的电源线,共计 4 条线;如果采用 RVVZ 1000(3 芯+2 芯)的电源缆线,则电缆内应含 5 条线,表示方法同上所述。如果在通信工程中采用 RVVZ 1000(3 芯+1 芯)或者 RVVZ 1000(3 芯+2 芯)的线,那么这条电源线一定是交流电源线,而不是直流电源线。

4. 开关电源

这是电源系统的关键设备,它的主要功能是将交流电转变为直流电给通信设备供电。国家标准规定电源设备安装于通信机房时,必须采用高频开关型整流器、阀控式密封铅酸蓄电池组。蓄电池组的容量应按近期负荷配置,适当考虑远期发展容量。

开关电源如图 6-15 所示。

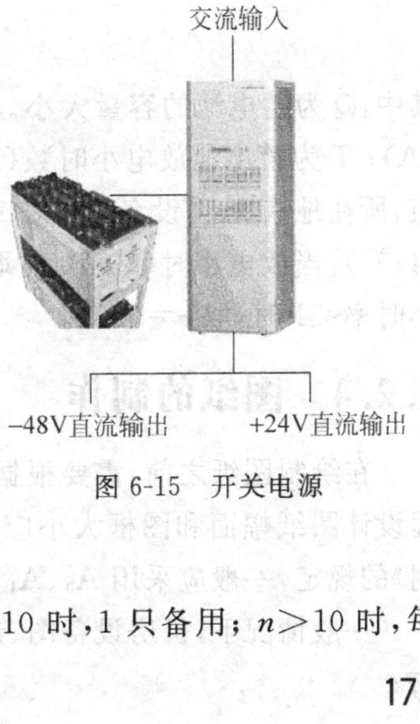

开关电源整流模块的容量及数量的计算公式如下:

交流输入

$-48V$直流输出　　$+24V$直流输出

图 6-15　开关电源

$$n = \frac{I_Z}{I_R} + 1$$

其中,I_Z 是机房内部的总电流,I_R 是整流模块的电流。

按 $n+1$ 冗余方式确定整流器配置,其中 n 只主用,$n \leqslant 10$ 时,1 只备用;$n > 10$ 时,每

173

10 只备用 1 只。

工程设计中总遇到－24V、－48V、－60V 等术语,那么为什么非用负号表示呢?通信上经常使用负电压供电,把正极接地,主要是为了防止锈蚀,这样可以减少由于继电器线圈或电缆金属电皮绝缘不良产生的电蚀作用,导致继电器和电缆金属外皮受到损坏,因为在电蚀时,金属离子在化学反应时是正极向负极移动的。大家知道通信设备都是以铜、铁、碳等作为主要零部件,在自然状态下,铁很快会锈蚀。正极接地也可以使外线电缆的芯线不致因绝缘不良产生的小电流而使芯线受到腐蚀。但在给运营商提供的电源设备订购表中,设备容量不必写成"负"。例如,某直流配电柜容量最终确定电流为 2000A,那么此直流配电柜订购清单要写成:48V/2000A 直流配电柜。－48V 在设计上只是电源线实际接法的体现。

5. 蓄电池

一般在电源设计时将开关电源与蓄电池并联后对通信设备供电。在市电正常的情况下,开关电源一方面给通信设备供电;一方面又给蓄电池充电,以补充蓄电池因局部放电而失去的电量。在并联浮充工作状态下,蓄电池还能起一定的滤波作用。当市电中断时,蓄电池单独给通信设备供电。蓄电池组如图 6-16 和图 6-17 所示。

图 6-16　蓄电池组

图 6-17　双层蓄电池组

在通信机房电源设计中,蓄电池型号的确定也是重要的一项工作,蓄电池的容量计算有明确的计算公式:

$$Q \geqslant \frac{KIT}{\eta[1+\alpha(t-25)]}$$

其中,Q 为蓄电池的容量大小。K 为安全系数,一般取 1.25;I 为机房内部设备负荷电流(A);T 为蓄电池放电小时数(h);η 为放电容量系数;t 为实际电池所在地最低环境温度数值,所在地有采暖设备时,按 15℃ 考虑,无采暖设备时,按 5℃ 考虑;α 为电池温度系数(1/℃),当放电小时率 $\geqslant$ 10 时取 $\alpha=0.006$,当 10>放电小时率 $\geqslant$1 时,取 $\alpha=0.008$,当放电小时率<1 时,取 $\alpha=0.01$。

6.2.4　图纸的制作

在绘制图纸之前,需要根据机房的形状以及设计的内容进行图框和图幅尺寸的选择,工程设计图纸幅面和图框大小应符合国家标准《GB/T 6988.1—2008　电气技术用文件的编制》的规定,一般应采用 A$_0$、A$_1$、A$_2$、A$_3$、A$_4$ 及其加长的图纸幅面。

一般情况下,机房设备图、走线架图、走线路由图、天馈线侧视图、天馈线俯视图、机房监控图、特殊布局图等这些不同的图应在不同的框图中进行绘制,而不采用在同一个图框内进行分层设计,遵循合理、美观和清晰的原则。

机房设备图中需要指北标志,同时在图纸上需要绘制出所勘察的机房的建筑信息和机房原有的设备摆放位置,或者新建机房内需要安装设备的具体位置;同时机房建筑信息和设备的具体位置均需要详细的标注;对于一些无法使用图像表达的信息,需要采用文字的方式进行叙述,包括机房所在的位置的详细信息和对于机房的改造方案也需要在图纸上体现出来。

机房设备图中需要进行设备的选型,在图纸中需要作出机房的安装设备的清单,方便工作人员的查询和概预算人员做预算时使用;对于设备安装的建议,需要予以用文字的方式进行表述。

走线架图纸的绘制按照实际设计的情况在 CAD 图纸中予以详细的表述,需要注意的地方需要用文字的方式体现出来。

线缆计划表主要的重点在于两种设备之间连线的体现,对于不用的两点之间需要单独的表述出来,线缆的信息记录要详细,线缆的长度要予以一定的预留,方便施工的进行。

天馈线系统的两张图纸中需要记录详细的经纬度;监控图纸根据实际设计情况进行绘制,需要文字表述的要详细准确。

图 6-18 所示为机房设备安装图,在作此图时需要注意以下几点。

(1) 所作的图纸要在标准的图框中做出,在图框的表格上写清作图的日期、设计人、单位、审核、图号等。

(2) 图纸制作过程中遵循美观的原则,在图纸中需要给出所作图的图例。

(3) 机房严格按照草图勘察的结果绘制,门的位置要按照实际情况进行绘制。

(4) 标注项包括:机房的长宽,以及门所在的具体的位置;馈线窗所在的具体的位置;房屋内承重柱子所在的具体的位置;设备的规格,设备距墙和设备之间的距离等均需要标注。标注的过程中需要注意美观,一般靠左面和上面进行标注。

(5) 需要做安装工作量表,安装工作量表中需要有设备名称、数量、型号和备注等。

(6) 标注和设备安装在作图的时候尽量分层,以方便下面图纸的绘制。

(7) 标注的大小根据打印的效果设置。

(8) 在绘制设备层时,需要标注设备的正面。

(9) 在图纸的最后需要加入说明,比如:机房所在楼层的位置,机房的房高,机房内部需要改造的方案,走线架安装中需要注意的地方,以及其他一些需要说明的情况等。

(10) 在图纸绘制过程中,原有的设备用细线绘出,新建设备用粗线绘制,用以区别原有设备和新建设备。

图 6-19 是室内走线架图和室内走线图,在此图的绘制过程中需要注意以下几点。

(1) 走线架的长度和宽度均需要标准,其中走线尽量使用标号标注,使得整个图纸显得整洁。

(2) 说明项填写。比如某图纸的说明为(以供参考):本基站为 TD 改造站,与 2G 基站共址;室内水平走线架宽 400mm,距地 2350mm;要求竖立的走线架必须垂直,平放的走线架必须水平,水平走线架每隔 2250mm 用走线架水平连接件连接;在水平走线架上相邻固定点间的距离应小于 2000mm,固定方法可以利用水平吊挂件与天花板或梁固定等。

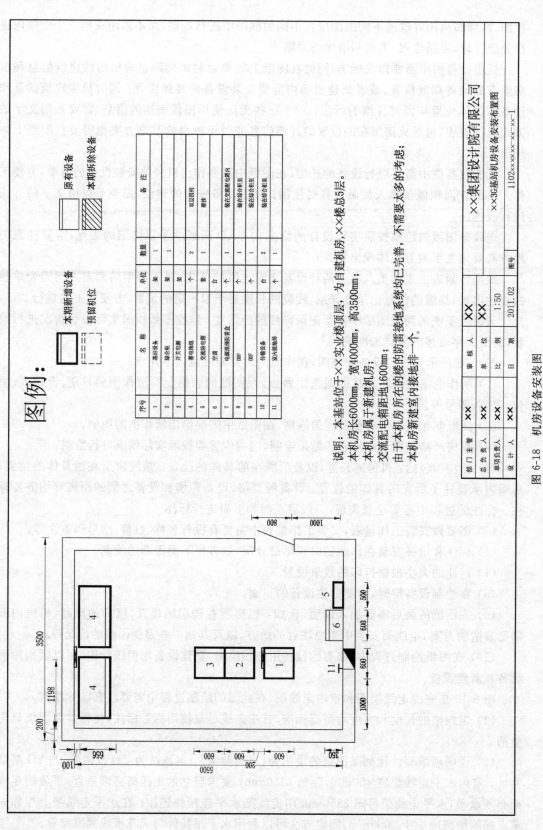

图 6-18 机房设备安装图

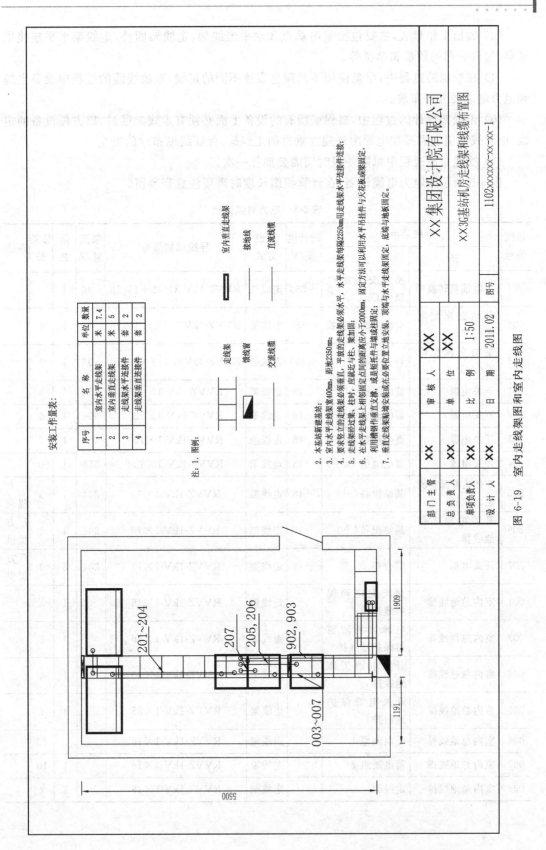

图 6-19　室内走线架图和室内走线图

安装工作量表：

序号	名　称	单位	数量
1	室内水平走线架	米	7.4
2	室内垂直走线架	米	5
3	走线架水平连接件	套	2
4	走线架垂直连接件	套	2

注：1. 图例：

　　走线架　　　　　　室内垂直走线架

　　馈线窗　　　　　　接地线

　　交流线缆　　　　　直流线缆

2. 本基站为新建基站；
3. 室内水平走线架宽400mm，距地2350mm；
4. 要求竖立的走线架必须垂直，平放的走线架必须水平，水平走线架每隔2250mm用走线架水平连接件连接；
5. 走线架竖柱过梁、柱时，应就近与柱、梁加固；
6. 在水平走线架上相邻固定点间的距离应小于2000mm，固定方法可以利用水平吊挂件与天花板或墙固定，固定槽钢两端固定点应采用膨胀螺栓或射钉固定，或是用槽钢作垂直支撑，或是用槽钢托件与墙或柱固定；
7. 垂直走线架贴墙安装或在必要位置立地安装，顶端与水平走线架固定，底端与地板固定。

部门主管	XX	审核人	XX	XX集团设计院有限公司	
总负责人	XX	单　位	XX	XX 3G基站机房走线架和线缆布置图	
单项负责人	XX	比　例	1:50		
设计人	XX	日　期	2011.02	图号	1102×××××-×-××-1

（3）做出工作量表，主要包括室内垂直和水平走线架，走线架固件，走线架水平连接端子等，包含它们的数量和单位等。

（4）在绘制的过程中，尽量使用不同颜色表述不同的走线，布放线缆的过程中设备电缆和电力电缆要分开布放。

（5）走线架设计的过程中，要保证所有的设备上面必须有走线架通过，以方便设备的走线，电源线的引上需要在电源附件建立垂直的走线架，保证线缆布放的安全。

（6）线缆布放过程中每隔一段时间需要捆扎一次。

表 6-5 所示为电力电缆计划，在计算线缆长度时需要注意到预留。

表 6-5　电力电缆计划

导线编号	导线路由		设计电压/V	敷设方式	导线规格型号	载流量/A	条数	每条长	备注
	起	止							
901	市电油机转换箱	基站交流配电箱（AC）	～380	走线架	RVVZ-1kV-3×25+1×16	96	1	2	
902	基站交流配电箱（AC）	电源浪涌防雷器	～380	走线架	RVVZ-1kV-3×25+1×16	96	1	5	
903	基站交流配电箱（AC）	开关电源	～380	走线架	RVVZ-1kV-3×16+1×10	96	1	3	
201	开关电源	蓄电池组 A（－）	－48	走线架	RVVZ-1kV-1×120	356	1	6	
202	开关电源	蓄电池组 A（＋）	－48	走线架	RVVZ-1kV-1×120	356	1	6	
203	开关电源	蓄电池组 B（－）	－48	走线架	RVVZ-1kV-1×120	356	1	6	
204	开关电源	蓄电池组 B（＋）	－48	走线架	RVVZ-1kV-1×120	356	1	6	
205	D 开关电源直流配电单元（一）	基站设备（一）	－48	走线架	RVVZ-1kV-1×70	204	1	3	厂方提供
206	开关电源工作地线排	基站设备（＋）	－48	走线架	RVVZ-1kV-1×70	204	1	3	厂方提供
207	开关电源	综合柜	－48	走线架	RVVZ-1kV-1×71	204	3	3	厂方提供
001	室内总地线排	交流配电箱保护地线排		走线架	RVVZ-1kV-1×16		1	3	
003	室内总地线排	电源浪涌防雷器保护地线排		走线架	RVVZ-1kV-1×16		1	3	
004	室内总地线排	开关电源工作地线排		走线架	RVVZ-1kV-1×35		1	4	
005	室内总地线排	开关电源保护地线排		走线架	RVVZ-1kV-1×35		1	4	
006	室内总地线排	蓄电池组 1		走线架	RVVZ-1kV-1×16		1	10	
007	室内总地线排	蓄电池组 2		走线架	RVVZ-1kV-1×16		1	10	
008	室内总地线排	走线架		走线架	RVVZ-1kV-1×16		1	2	

典型的通信机房设计和线路施工图具体可以参考附录 D。

6.3　通信工程概预算起步

6.3.1　通信工程概预算概述

通信建设工程概预算(概算和预算)是设计文件的重要组成部分,它是根据各个不同设计阶段的深度和建设内容,按照设计图纸和说明以及相关专业的预算定额、费用定额、费用标准、器材价格、编制方法等有关资料,对通信建设工程预先计算和确定从筹建到竣工交付使用所需全部费用的文件。

在 6.1.3 小节中提到过,通信建设工程项目分为三阶段设计、二阶段设计和一阶段设计,如图 6-20 所示。三阶段设计时,初步设计阶段编制概算;技术设计阶段编制修正概算;施工图设计阶段编制施工图预算。两阶段设计时,初步设计阶段编制概算;施工图设计阶段编制施工图预算。一阶段设计时,应编制施工图预算。但施工图预算应反映全部概算费用。

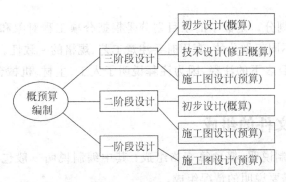

图 6-20　通信工程设计阶段组成

设计概算是在通信工程初步设计或扩大(改造)初步设计阶段,由设计单位根据初步设计或扩大(改造)初步设计图纸、工程量、材料、设备单价,建设主管部门颁发的有关费用定额或取费标准等资料,预先计算整个工程建设过程中全部费用经济文件。简言之,即计算建设项目的总费用。

在技术设计阶段,由于设计内容与初步设计的差异,设计单位应对投资进行具体核算,对初步设计概算进行修正而形成的经济文件。其作用与设计概算相同。

施工图预算是指拟建工程在开工之前,根据已批准并经会审后的施工图纸、施工组织设计、现行工程预算定额、工程量计算规则、材料和设备的预算单价、各项取费标准,预先计算工程建设费用的经济文件。

6.3.2　建设工程定额

所谓定额,就是在一定的生产技术和劳动组织条件下,预先规定完成单位合格产品的消耗的资源数量的标准,它反映一定时期的社会生产力水平的高低完成单位合格产品在人力、物力、财力的利用和消耗方面应当遵守的标准。对于每一个施工项目,都测算出用工量,包括基本工和其他用工。再加上这个项目的材料,包括基本用料和其他材料。对于用工的单价,是当地根据当时不同工种的劳动力价格规定的;材料的价值是根据前期的市场价格制定出来的预算价格。

现行通信建设工程定额由以下几部分构成:通信建设工程预算定额;通信建设工程费用定额;通信建设工程施工机械台班费用定额;通信行业工程勘察、设计收费工日定额;其他相关文件等。

在贯彻执行定额过程中,除了对定额作用、内容和适用范围应有必要的了解以外,还应着重了解定额的有关规定,才能正确执行定额。在选用预算定额项目时要注意以下几点。

(1)定额项目名称的确定。设计概预算的计价单位划分应与定额规定的项目内容相对应,才能直接套用。定额数量的换算,应按定额规定的系数调整。

(2)定额的计量单位。预算定额在编制时,为了保证预算价值的精确性,对许多定额项目,采用了扩大计量单位的办法。在使用定额时,必须注意计量单位的规定,避免出现小数点定位的错误。

(3)定额项目的划分。定额中的项目划分是根据分项工程对象和工种的不同、材料品种不同、机械的类型不同而划分的,套用时要注意工艺、规格的一致性。

(4)注意定额项目表下的注释,因为注释说明了人工、主材、机械台班消耗量的使用条件和增减的规定。

6.3.3 概预算文件的组成

概预算文件由编制说明、概预算表格组成;其中编制说明一般包含工程概况、编制依据、投资分析和其他需要说明的情况组成。

表 6-6 主要用图标的形式给出了整个概预算文件中需要涉猎的部分,或者说整个概预算文件的组成。其中通信建设工程费主要由建筑安装工程费、工程建设其他费和预备费三个部分组成;在建筑安装工程费中主要由直接工程费、间接费、税金和计划利润组成;工程建设其他费则由很多相关的费用组成,比如工程保险费、安全生产费等。

可以看出,大部分费用都可以用人工费×相关费率来计算,也就是说,编写概预算的主要工作就是计算出人工费及主要材料,而后根据费率表计算出相应的费用。人工费和主材费的计算则是根据《通信建设工程预算定额》(2008 版)中相应的工作量累计而得出,也就是说,概预算的主要任务就是根据人工定额计算过程,在相应的定额中找到相应的材料使用量的过程。

概预算的任务就是完成 10 张表格,具体表格见附录 B。在实际工程应用中,一般不需要手动填写这 10 张表格,只需要利用现有的通信工程概预算软件,填好最重要的表三(甲)以及表四(甲)中的设备费即可。

表 6-6　概预算费用组成

通信建设工程费	建筑安装工程费	直接工程费	人工费	技工费＝技工单价(48 元)×概(预)算技工总工日
				普工费＝普工单价(19 元)×概(预)算普工总工日
			材料费	主要材料费＝材料原价＋供销部门手续费＋包装费＋运杂费＋采购及保管费＋运输保险费
				辅助材料费＝主要材料费×辅助材料费系数
			机械费	机械费＝机械台班单价×概(预)算的机械台班量
			措施费	环境保护费＝人工费×相关费率
				文明施工费＝人工费×费率 1.0％
				运土费
				冬、雨季施工增加费＝概(预)算人工费×冬雨季施工增加费费率 6％
				夜间施工增加费＝概(预)算人工费×夜间施工增加费费率
				特殊地区施工增加费＝概(预)算总工日×3.20 元/工日
				施工用水、电、蒸汽费
				已完工程及设备保护费
				施工队伍调遣费＝单程调遣费定额×调遣人数×2
				大型施工机械调遣费＝2×(单程运价×调遣运距×总吨位)
				单程运价＝0.62 元/吨·单程公里
				工地器材搬运费＝概(预)算技工费×工地器材搬运费费率
				工程车辆使用费＝计算基础×工程车辆使用费费率
				生产工具、用具使用费＝技工费×12％＋普工(含成建制普工)费×2％
				仪表仪器使用费＝仪表台班单价×概(预)算的仪表台班量
				新技术培训费＝概(预)算技工费×新技术培训费费率
				工程干扰费＝概(预)算人工费×工程干扰费费率
			现场经费	临时设施费＝人工费×相关费率
				现场管理费＝人工费×相关费率
		间接费	规费	工程排污费
				社会保障费＝人工费×相关费率
				住房公积金＝人工费×相关费率
				危险作业意外伤害保险＝人工费×相关费率
			企业管理费＝人工费×相关费率	
		计划利润＝人工费×相关费率		
		税金＝(直接费＋间接费＋利润)×税率		
	工程建设其他费	其他费用		
		生产准备及开办费		
		专利及专利技术使用费		
		工程招标代理费		
		工程保险费		
		引进技术及引进设备其他费		
		工程定额测定费＝建安费×费率 0.14％		
		工程质量监督费		
		安全生产费		
		建设工程监理费		
		劳动安全卫生评价费		
		环境影响评价费		
		设计费		
		勘察费		
		勘察设计费		
		研究试验费		
		可行性研究费		
		建设单位管理费		
		建设用地及综合赔补费		
	预备费＝(工程费＋工程建设其他费)×相关费率			

实训 10　通信工程设计综合实例

　　某大学需要进行 3G 无线覆盖,采用××设备商设备覆盖。

　　本次工程在学院安装无线基站设备(NODEB)及配套设备,通过现有的光缆路由与上级 RNC(Radio Network Controller,无线网络控制器)设备连通,上级 RNC 设备已通过管道引入大学校园,如图 6-21 所示。

图 6-21　学院校区卫星图片

　　机房位置已经确定,位于教学楼的顶层,属于自建标准机房,天线安装在楼顶。

　　其中小五角星为交接箱的位置,黑色为机房所在位置,楼层高为 20m。NODEB 至 RNC 的传输链路数:6×2M。在基站和线路设计中尽量考虑到远期规划。

　　要求:设计从光缆交接箱到通信机房的线路工程设计以及基站工程设计的所有内容。需要做的工作如下。

1. 工程勘测

　　要求:记录勘测信息,绘制勘测草图。

　　(1) 线路勘测

　　由学校内已建立光缆交接箱引接光缆至基站机房,利用现有的管道路由,对本次工程的线路路由进行勘测,并合理设计本次光缆安装位置。

　　(2) 机房勘测

　　对机房进行勘测。

2. 工程设计

　　规划基站设备的安放,走线方式,天馈线和设备的连接;线路布线的方式和光缆的敷设。

　　根据前期工程规划,设备配置如下。

　　本工程基站设备型号为××3G(WCDMA)基站设备(全套),安装主设备数量为 1 个机架(近期规划为 2 个机架),本期站点类型为 O4;传输设备选择××光端机系列;开关电源选择××系列;蓄电池选择××系列;交流配电箱选择××系列。

其他条件如下。

(1) 配电箱安装位置已经确定,外电引入到交流配电箱的工程设计,不属于本次设计的范围内。

注:线缆计划表统计线缆长度时,线缆在进入设备或网络柜中设备互连的长度统一取定为 1m。

(2) 传输设备、ODF 框及 DDF 单元放于传输综合柜中。

① 假设机房直流电压均为 −48V,近期各专业负荷如下:传输设备 15A、数据设备 50A、其他设备(含无线专业)1A,采用高频开关电源供电(计算结果取整数)。

假设 K 取 1.25,放电时间 T 为 3h,不计算最低环境温度影响,即假设 $t=25℃$,蓄电池逆变效率 $\eta=0.75$,电池温度系数 $\alpha=0.0060$。统计无线专业的负荷容量,并计算蓄电池的总容量,及选定的配置情况。

② 根据以上蓄电池配置,蓄电池按照 12h 充放电率考虑,计算开关电源配置容量并选择型号。

③ 根据计算及附表完成表 6-7 空格部分。

表 6-7　设备型号表

序号	设备名称	规格型号	外形尺寸/mm(高×宽×深)	单位	数量	备　注
1	基站设备			架	1	
2	综合柜			架	1	
3	开关电源			架	1	
4	交流配电箱			个	1	
5	蓄电池			组	2	双层双列
6	传输设备			套	1	
7	ODF 框			框	1	根据线路选型
8	DDF 单元			块	1	根据网络图选型

3. CAD 制图

设备部分:①设备安装平面布置图(列出设备配置表);②室内走线架平面布置图和线缆走线路由图;③线缆计划表。

线路部分:光缆工程管道图和线缆图。

4. 预算

2008 版通信定额标准文件如下。

①《通信建设工程概算、预算编制办法》;

②《通信建设工程费用定额》;

③《通信建设工程施工机械、仪器仪表台班定额》;

④《通信建设工程预算定额》(共五册:《通信电源设备安装工程》、《有线通信设备安装工程》、《无线通信设备安装工程》、《通信线路工程》、《通信管道工程》)。

（1）设备预算

① 本工程为二类工程，承建单位为二级施工企业，施工企业距离天津某大学基站所在地 30km。

② 本工程预算包括移动基站、综合机柜、传输设备、电源设备、室内走线架、基站天馈线、GPS 天线（TD 系统）的安装及布放。

③ 本工程不计列机房改造费用、空调费用等配套工程费用；由建设单位另行委托相关设计单位设计。

④ 天线挂高为 25.5m，抱杆高度 5.5m。

⑤ 国内配套主材的运距为 30km。

⑥ 工程中的设备除基站（包含安装的零星物品）设备为 100 000 元以外，其余均为 10 000 元。

（2）线路预算

① 本工程为二类工程，承建单位为一级施工企业，施工企业距离所在地 30km。

② 本工程预算包括光缆在杆路及管道中的布放。

③ 国内配套主材的运距为 500km。

（3）编写概预算说明（参考资料）

① 规范类：

《电信专用房屋设计规范》（YD/T 5003—2005）；

《通信电源设备安装工程设计规范》（YD/T 5040—2005）；

《通信局（站）防雷与接地设计规范》（YD 5098—2005）；

《SDH 本地网光缆传输工程设计规范》（YD/T 5024—2005）；

《本地通信线路工程设计规范》（YD 5137—2005）；

《通信管道与通信通道设计规范》（GB 50373/2006）；

《900/1800MHz TDMA 数字蜂窝移动通信网工程设计规范》（YD/T 5104—2005）；

《移动通信工程钢塔桅结构设计规范》（YD/T 5131—2005）；

《电信工程制图与图形符号》（YD/T 5015—2007）。

② 厂家设备资料、设备及材料安装清单。

5. 工程设计环节 n 组参数的计算

（1）整个机房的近期最大直流负载为 175A。

$$15 + 50 + 110 = 175A$$

根据《通信电源设备安装工程设计规范》（YD/T 5040—2005）提供的计算电池容量公式

$$Q \geqslant \frac{KIT}{\eta[1+\alpha(t-25)]}$$

计算得

$$Q \geqslant 875$$

所以选用两组 500A·h 的蓄电池并联方式，即可满足需求。

（2）负荷电流为 175A，均充电流为 100A，所以整流器容量必须大于 265A。艾默生电源单个整流器容量为 30A，所以需要 9 个，采用 $n+1$ 冗余方式，共需整理模块 10 块。

（3）根据计算，完成表 6-6 空格部分，如表 6-8 所示。

表 6-8　设备选型

序号	设备名称	规格型号	外形尺寸/mm （高×宽×深）	单位	数量	备　注
1	基站设备	××厂商	1200×600×600	架	1	
			548×388×140	套	1	
2	综合柜	××厂商	2000×600×600	架	1	
3	开关电源	××厂商	2000×600×600	架	1	
4	交流配电箱	××厂商	600×500×200	个	1	
5	蓄电池	××厂商	1042×1198×656	组	2	双层双列
6	传输设备	××厂商	42×436×200	套	1	
7	ODF 框	12 芯	40×570×200	框	1	根据线路选型
8	DDF 单元	8 系统	200×570×20	块	1	

（4）机房预算说明、概预算表格及 CAD 图见附录 D。

小　　结

本章属于实操内容，都是在实践的基础上总结出来的，大多是国家制定的标准。在学习的时候要注意从实践中总结理论，根据实际情况灵活应用。本章只是光缆通信工程的初步接触，可以围绕实训 10 进行学习，注意勘察和设计中的注意事项，后续可以将本章扩展成一门实践课程。

本章涉及的相关标准如下：

①《SDH 本地网光缆传输工程设计规范》（YD/T 5024—2005）

②《电信专用房屋设计规范》（YD/T 5003—2005）

③《电信机房铁架安装设计标准》（YD/T 5026—2005）

④《通信电源设备安装工程设计规范》（YD/T 5040—2005）

⑤《电信设备安装抗震设计规范》（YD/T 5059—2005）

⑥《通信电源设备安装工程验收规范》（YD/T 5079—2005）

⑦《通信局(站)防雷与接地工程设计规范》（YD/T 5098—2005）

⑧《900/1800MHz TDMA 数字蜂窝移动通信网工程设计规范》（YD/T 5104—2005）

⑨《接入网电源技术要求》（YD/T 1184—2002）

⑩《通信管道与通道工程设计规范》（YD 5007—2003）

⑪《电信工程制图与图形符号规定》（YD/T 5015—2007）

⑫《本地通信线路工程设计规范》（YD/T 5137—2005）

⑬《光纤配线架》（YD/T 778—2006）

⑭《数字配线架》（YD/T 1437—2005）

思考与练习

6.1　常见的勘察工具有哪些？在具体勘察中如何使用？

6.2　勘察的注意事项有哪些？

6.3　简述线路设计原则。

6.4　请画出实训 10 中校园草图以及 CAD 图。

第 7 章 日新月异的光传输

带宽是一切通信的基础,而光传输又是解决带宽问题的最重要也是最有力的手段。正如数论无可争议的被称为数学的皇冠一样,光传输也可以被比作通信的皇冠。光传输的发展不断地牵动我们的心弦,即使在通信业一片低迷的时候,光传输方面也在不断地攀上新的技术高峰。在信息飞速发展的今天,随着"三网融合"、3G 时代的来临,光传输也面临着前所未有的机遇和挑战,发生着日新月异的变化。本章的内容就是简单概述对近些年来光传输主流技术的。

7.1 波 分 复 用

7.1.1 波分复用的概念

所谓波分复用是指在一根光纤上不只是传送一个光载波,而是同时传送多个不同波长的光载波。这样一来,原来在一根光纤上只能传送一个光载波的单一光信道变为可传送多个不同波长光载波的光信道,使得光纤的传输能力成倍增加,也可以利用不同波长沿不同方向传输来实现单根光纤的双向传输。通常将波分复用缩写为 WDM(Wavelength Division Multiplexing)。

光波分复用的实质是在光纤上进行光的频分复用,只是因为光波通常采用波长而不用频率来描述、监测与控制,在波分复用技术高度发展、每个光载波占用的频段极窄、光源发光频率极其精确的前提下,或许使用光频分复用(OFDM)来描述更恰当些。与过去同轴电缆 FDM 技术不同的是:①传输媒质不同,WDM 系统是光信号上的频率分割,同轴系统是电信号上的频率分割利用。②在每个通路上,同轴电缆系统传输的是模拟信号 4kHz 语音信号,而 WDM 系统目前每个波长通路上是数字信号 SDH 2.5Gbps 或更高速率的数字系统。

7.1.2 波分复用系统原理

波分复用是根据每一信道光波的频率(或波长)不同可以将光纤的低损耗窗口划分成若干个信道,把光波作为信号的载波,在发送端,采用波分复用器(合波器)将不同规定波长的信号光载波合并起来送入一根光纤进行传输;在接收端,再由一波分复用器(分波器)将这些不同波长承载不同信号的光载波分开的复用方式。由于不同波长的光载波信号可以看做互相独立(不考虑光纤非线性时),从而在一根光纤中可实现多路光信号的复用传输。双向传输的问题也很容易解决,只需将两个方向的信号分别安排在不同波长传输。如图 7-1 所示为波分复用系统的原理图。

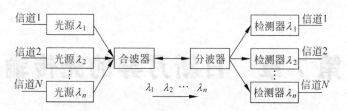

图 7-1　波分复用系统原理

7.1.3　WDM 与 DWDM

通信系统的设计不同,每个波长之间的间隔宽度也有不同,间隔越小,复用的波长个数就越多。按照通道间隔的不同,WDM 可以细分为 CWDM(稀疏波分复用)和 DWDM(密集波分复用)。CWDM 的信道间隔为 20nm,而 DWDM 的信道间隔从 0.2nm 到 1.2nm,所以相对于 DWDM,CWDM 称为稀疏波分复用技术。这里可以将一根光纤看做是一个"多车道"的公用道路,传统的 TDM 系统只不过利用了这条道路上的一条车道,提高比特率相当于在该车道上加快行驶速度来增加单位时间内的运输量。而使用 DWDM 技术,类似利用公用道路上尚未使用的车道,以获取光纤中未开发的巨大传输能力。DWDM 既可用于陆地与海底干线,也可用于市内通信网,还可用于全光通信网。

现在,人们都喜欢用 WDM 来称呼 DWDM 系统。从本质上讲,DWDM 只是 WDM 的一种形式,WDM 更具有普遍性,而且随着技术的发展,原来认为所谓密集的波长间隔,在技术实现上也越来越容易。一般情况下,如果不特指,人们谈论的 WDM 系统就是 DWDM 系统。

无论 PDH 的 34Mbps、140Mbps、565Mbps,还是 SDH 的 155Mbps、622Mbps、2.4Gbps,其扩容升级方法都是采用电的 TDM 方式,即在电信号上进行的时间分割复用技术,光电器件和光纤完成的只是光电变换与透明传输,对信号在光域上没有任何处理措施(甚至于放大)。WDM 技术的应用第一次把复用方式从电信号转移到光信号,在光域上用波分复用(即频率复用)的方式提高传输速率,光信号实现了直接复用和放大,而不再回到电信号上处理,并且各个波长彼此独立,对传输的数据格式透明。因此,从某种意义上讲,WDM 技术的应用标志着光通信时代的"真正"到来。

7.2　ASON 技术

7.2.1　ASON 定义

在以 IP 为主的数据业务快速增长和电信市场竞争日趋激烈的形势下,传统的光网络已经不能适应用户的需求,迫切需要一种能提供动态的连接管理,具有基于格状拓扑的保护和恢复功能的,具有更强的抗毁能力的,能为用户提供不同带宽和不同 QoS 的区分服务的,以及能提供和快速部署多种增值业务的新型光传送网——ASON。

自动交换光网络(Automatic Switched Optical Network,ASON)的概念最早是在 2000 年 3 月日本召开的会议上,由国际电信联盟电信标准化部门(ITU-T)的 Q19/13 研究组正式提出的,并将它形成了 Gason 的建议草案。之后,在各界的共同推动下,ASON 得到快速发展,成为智能光网络的主流发展方向。ASON 的出现是光传送网发展中的一场革命,拉开了光传送网自动化的序幕。

ASON 在 ITU-T 的文献中定义为"通过能提供自动发现和动态连接建立功能的分布式(或部分分布式)控制平面,在 OTN 或 SDH 网络之上,实现动态的、基于信令和策略驱动控制的一种网络"。

智能光网络被认为是传统光网络概念的重大突破,是具有高灵活性和高扩展性的基础网络设施。智能光网络是从 IP、SONET/SDH、WDM 环境中升华而来的,将 IP 的灵活和效率、SONET/SDH 的保护超强生存能力以及 WDM 的容量,通过创新的分布式控制系统有机地结合在一起,形成以软件为核心的,能感知网络和用户服务要求的,能按需直接从光层提供业务的新一代光传送网络。

7.2.2　ASON 分层结构

ITU-T 的 G.8080 和 G.807 规范定义了一个与具体技术无关的自动交换光网络分层结构,它包括 3 个独立的平面,即控制平面(CP)、传送平面(TP)和管理平面(MP)。图 7-2 体现了 3 个平面为支持在分层网络中进行连接交换而进行互操作的高层视图。

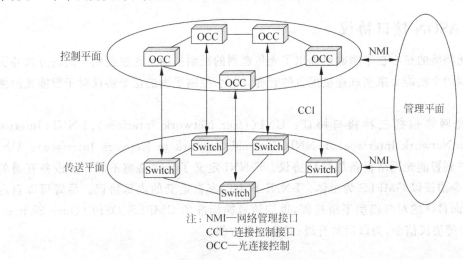

注: NMI—网络管理接口
CCI—连接控制接口
OCC—光连接控制

图 7-2　ASON 的分层结构

不同于传统光网络的是,ASON 中引入了控制平面,这样设计的好处是可以在快速可靠地建立业务的同时,使得业务提供商对他们的网络具备足够的控制力。控制平面自身应该是可靠的、可扩展的和高效的。控制平面框架应该通用,从而可以支持不同的技术、不同的商业需求和不同的功能分布(不同的设备厂商可能将控制平面的功能进行不同的组合封装)。

控制平面是整个 ASON 的核心部分,它的引入是光传送网发展中的一场革命。控制平面应支持用户请求(交换式连接)和网管系统请求(软永久连接)的建立和拆除。此外,控制平面还应支持重建故障连接(恢复)。连接信息(如故障、信号质量等)由传送平面检测,并提供给控制平面。控制平面基于链路信息(如邻接、可用带宽、故障信息)进行连接的建立、拆除与恢复。详细的故障管理信息或性能监测信息通过传送平面(利用开销)或管理平面(包括 DCN)进行传送。

传送平面由一系列的传送实体组成,用来为不同的用户传递业务信息。这些信息的发送可以是单向的,也可以是双向的,为此传送平面需要实现客户信号的适配,随路开销信息的插入和提取,传输链路上的功率均衡,色散补偿以及链路和通道性能的监测等。除了传递用户信息以外,传送平面还可以传递部分控制信息和网络管理信息。

管理平面用来对传送平面和控制平面进行管理,并对各平面的操作进行协调。管理平面可以对网元和网络进行管理,也可以对业务进行管理。通常,管理平面在智能性上不如控制平面,其部分的管理功能被控制平面所取代。ASON 的管理平面与控制平面互为补充,可以实现对网络资源的动态配置、性能监测、故障管理以及路由规划等功能。ASON 的管理系统是一个集中管理与分布智能相结合,面向运营商的维护管理需求与面向用户的动态服务需求相结合的综合化的光网络管理方案。

虽然各个平面的功能独立,但由于这些平面都是对某些共同的资源进行操作,因此它们之间就必然存在一定的相互操作。从图 7-2 中可以看出,这些操作分为 3 种类型:一是管理平面与传送平面的互操作,二是控制平面与传送平面的互操作,三是管理平面与控制平面之间的互操作。

7.2.3　ASON 接口协议

智能光网络的核心在于明确地提出了光传送网的控制平面。通过控制平面的方式并引入信令控制的交换能力来实现连接配置的管理,因此,控制平面的信令协议对于智能光网络尤为重要。

智能光网络包括三种接口协议:UNI(User Network Interface)、I-NNI(Internal Network to Network Interface)、E-NNI(External Network to Network Interface)。UNI 定义了用户到智能光网络设备的接口协议。E-NNI 定义了光网络侧不同厂家设备互通的协议,其信令协议以 GMPLS 为主体。I-NNI 是由厂家自定义的内部协议。尽管可以自定义,但为了向最终的对等模型平滑过渡,也应该遵循标准的 GMPLS、OSPF(Open Shortest Path First)等协议信令,为以后的升级、对接提供方便。

7.3　OTN 技术

7.3.1　OTN 概述

从技术上看,目前实现全透明网还有不少难处,例如直接在光域上对网内的业务信号进行监控、光域组网与运营,相应的标准还需研究开发。另外,由于半透明光信号处理可以利用,所以为避免技术与运营上的困难,ITU-T 决定按光传送网 OTN(Optical Transport Network)的概念来研究光网络技术及制定相应的标准。OTN 是根据网络的功能和主要特征来定义的。它不限制网络的透明性,其最终目标是全透明的全光网络。OTN 不仅仅可以将传送容量提高到 Tbps 甚至十多 Tbps 量级,更重要的是可以在光层对信号进行处理。例如光信号的复用与解复用、光信号的分插、光波长的转换、光波长交换、光通路建立/拆除以及提供光波长出租业务等,与电层网络相比发生了质的变化。

　　OTN 由 ITU-T G.872、G.798、G.709 等建议定义的一种全新的光传送技术体制,它包括光层和电层的完整体系结构,对于各层网络都有相应的管理监控机制和网络生存性机制,它以波分复用技术为基础、在光层组织网络的传送网,是下一代的骨干传送网,将解决传统WDM 网络无波长/子波长业务调度能力差、组网能力弱、保护能力弱等问题。OTN 的一个明显特征是,对于任何数字客户信号的传送设置与客户特定特性无关,即客户无关性。

7.3.2　OTN 分层结构

　　正如 SDH 网络按分层概念可以分为通道层、段层和物理层。其中,通道层又分为低阶通道层和高阶通道层 2 个子层,段层又分为复用段层、再生段层和光段层 3 个子层。光传送网是在光域对客户信号提供传送、复用、选路、监控和生存性功能的实体。从某种意义上讲,我们可以将光传送网看成传送 SDH 信号的光段层的扩展。由于是光网络,因此不再称为光段层而叫做光层,又可以将光层分为若干子层,即 OTN 可分为光通路层(OCH)、光复用段层(OMS)和光传输段层(OTS),如图 7-3 所示。

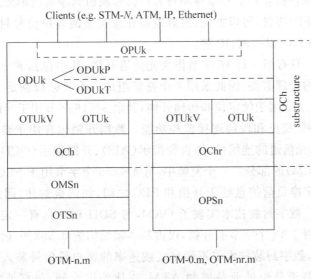

图 7-3　OTN 的分层结构

注:
① 分层:OCH、OMSn、OTSn。
② 接口:OTM-n.m、OTM-nr.m、OTM-0.m;其中,n 表示最高容量时承载的波数;m 表示速率,取值范围为 1、2、3;r 表示该 OTM 去掉了部分功能,这里表示去掉了 OSC 功能;0 表示单波;OTM-nr.m 加上 OSC 信号就变成了 OTM-n.m。
③ OPU(Optical Channel Payload Unit,光通道净荷单元),提供客户信号的映射功能。
④ ODU(Optical Channel Data Unit,光通道数据单元),提供客户信号的数字包封,OTN 的保护倒换,提供踪迹监测,通用通信处理等功能。
⑤ OTU(Optical Channel Transport Unit,光通道传输单元),提供 OTN 成帧,FEC 处理,通信处理等功能。
⑥ OCh(Optical Channel Section,光通道层),对 OTU 信号调制,形成特定波长信号,添加通道相关的开销。
⑦ OMS(Optical Multiplex Section,光复用段层),对多个 OCh 信号进行复用,添加复用段相关的开销。
⑧ OTS(Optical Transmission Section,光传输段层),对 OMS 信号进行放大,色散等处理,送给物理介质传输。
⑨ OTM(Optical Transmission Module,光传输模块),由 OTN 层结构形成,在 OTN 网络单元之间传输的信息,其物理特性由 G.959.1 规定。

光通路层为透明传送(如 SDH、PDH、ATM 信元等各种格式的客户信号)的光通路提供端到端的联网。光通路层又可以细分为 3 个子层：光通道数据单元层、光通道传送单元层和光通道层，光通道数据单元层还可再细分出光通道净荷单元子层。光复用段层提供多波长(或多个光时隙或多码号)的光信号，也包括单波长通路的联网功能。光传输段层为光信号分为 3 个区域：净负荷域、光信道开销(OH)域、前向纠错(FEC)域。OCh 复帧结构如图 7-4 所示。

图 7-4   OCh 复帧结构

光信道净负荷域包括客户信号净荷和将客户信号映射到净负荷单元所需的开销。采用通用组帧程序(GFP)协议，可以方便、高效地将任意类型的客户信号封装到净负荷单元。最常见的如 SDH、ATM、以太网、IP 等。

在 OCh 基帧中，只有第一行 16 字节作为光信道开销，其中包括 6 个帧定位字节，所以不能满足光信道层的管理需要，因此采用 4 个基帧组成一个复帧以满足 OCh 开销的需求。其中第一基帧的 16 字节用于帧定位和传输开销，其余 3×16 字节用于光信道数据开销。传输开销提供错误检测、校正和段层连接监控功能。数据开销包含用于维护信号(MS)的字节，用来指示端到端光信道的连续性，如告警指示(AIS)、开路指示(OCI)或锁定(LCK)，用于 6 级串联监控(TCM)的部分。一个复帧中，有 4×256 个字节用于 FEC。

在帧结构中数字净负荷信息处于开销和 FEC 之间，如同被封住，因此 OCH 帧结构又称为数字封装技术。数字封装技术实现了 OAM，与 SDH 相比具有一定的优越性。首先，数字封装技术只使用了 16 个字节的开销，仅占基本帧结构的 0.392%，远小于 SDH 的开销比例 3.33%。其次，数字封装技术将不同格式或速率的客户层信号装入容器内，使光数据网直接在光层承载基于分组的业务流如 ATM、吉比特以太网，很好地实现了"服务透明性"。最后，数字封装技术使用 FEC，大大提高了系统的性能。SDH 中的 BIP-8 算法，报告给网络管理员的只是一种误比特率(BER)。而采用 FEC 算法，网络管理员可同时了解光信道的实际误比特率以及 FEC 校正后的误比特率。因此，采用 FEC 降低了对光纤的要求，延长了中继器之间的距离。当线路数据升级时，使用 FEC 可以保持原有的中继器之间的距离。最重要的一点是，使用 FEC 的系统提高了传送业务的 BER 性能，这种 BER 性能改进几乎接近于 5dB 光信噪比的增益，系统性能提高了很多。

在 OTN 中，还采用了专门的载波波长信道进行维护管理，这就是光监控信息技术(OSC)，这是一个相对独立的子系统。OSC 用于光复用段层(OMS)和光传输段层(OTS)开销的物理传输，同时还承载非相关的光信道开销以及用来进行通用管理通信。采用 OSC 的优点是可以减少用于网络监控所耗费的光带宽，同时也避免了在 DWDM 系统中占用净负荷的光带宽。OSC 由帧定位信号(FAS)和净负荷组成,OSC 的净负荷分为维护信号和管理消息两类。

原则上讲,狭义的 OTN 仅是一个传送平面,必须加上管理平面才能进行配置、监控、运行维护管理,这与电层网络是相似的。在 OTN 传送平面和管理平面的基础上,如果再加上控制平面以及能为管理平面和控制平面的信息提供传送的数据通信网络(DCN),则 OTN 就发展到其高级形式——自动交换光网络(ASON)。所以可以说,广义的 OTN 是包括 ASON 在内的光层网络。如果其中的光信号处理能全部以光形式来实现的话,就可以实现人们所希望的全光网。

7.4　PTN 技术

PTN(Packet Transport Network,分组传送网)是一种以分组作为传送单位,承载电信级以太网业务为主,兼容 TDM 和 ATM 等业务的综合传送技术,它在 IP 业务和底层光传输媒质之间设置了一个层面,它针对分组业务流量的突发性和统计复用传送的要求而设计,以分组业务为核心并支持多业务提供,具有更低的总体使用成本(TCO);同时秉承光传输的传统优势,包括高可用性和可靠性、高效的带宽管理机制和流量工程、便捷的 OAM 和网管、可扩展、较高的安全性等。

PTN 在垂直网络协议中位于一层的物理层和三层的 IP 层之间,能够对分组业务提供高效统计复用传送,网络结构支持分层分域,具有良好的可扩展性,可以提供可靠的网络保护及 OAM 管理功能,具备完善的 QoS 功能,兼容传统 TDM、ATM、FR 等业务的综合传送网技术,支持分组的时间及时钟同步,PTN 需要具备多种功能来实现上述业务的传送,这其中既有继承的原来 SDH 传送网的功能需求,也有针对分组业务提出的新的功能需求。目前,T-MPLS/MPLS-TP 和 PBT(PBB-TE)技术是分组传送网的代表技术,可以较好地满足分组传送网的功能要求。

7.5　光接入网技术

7.5.1　光接入网的基本概念和组成

所谓光接入网(OAN)就是采用光纤传输技术的接入网,泛指本地交换机或远端模块与用户之间采用光纤通信或部分采用光纤通信的系统。根据接入网的室外传输设施中是否含有源设备,OAN 又可以划分为无源光网络(PON)和有源光网络(AON),前者采用光分路器分路,后者采用电复用器分路。多数国家和国际电联标准部(ITU-T)更注重推动 PON 的发展。

目前基于 PON 的实用技术主要有 APON/BPON、GPON、EPON/GEPON 等几种,其主要差异在于采用了不同的二层技术。EPON 是几种最佳的技术和网络结构的结合。EPON 采用点到多点结构,无源光纤传输方式,在以太网上提供多种业务。目前,IP/

Ethernet 应用占到整个局域网通信的 95% 以上,由于使用上述经济而高效的结构,从而 EPON 成为连接接入网最终用户的一种最有效的通信方法。10Gbps 以太主干和城域环的出现,也将使 EPON 成为未来全光网中最佳的最后一公里的解决方案。

ITU-T 建议 G.982 提出了一个与业务和应用无关的光接入网功能参考配置示例,如图 7-5 所示。尽管图示参考配置是以无源光网络(PON)为例的,但原则上也适用其他配置结构,例如将图中无源光分路器用电复用器代替就成了有源双星状结构。

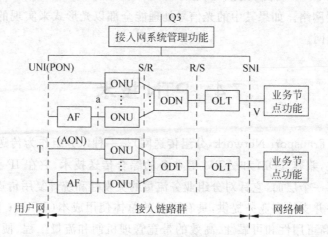

图 7-5   光接入网功能参考配置

图 7-5 中从给定网络接口(V 接口)到单个用户接口(T 接口)之间的传输手段的总和称为无源光接入链路。光接入传输系统可以看做是一种使用光纤的具体实现手段,用以支持接入链路。于是,光接入网(OAN)可以定义为共享同样网络侧接口且由光接入传输系统支持的一系列接入链路,由光线路终端(OLT)、光配线网(ODN)、光网络单元(ONU)及适配功能(AF)组成,可能包含若干与同一 OLT 相连的 ODN。

OLT 的作用是为光接入网提供网络侧与本地交换机之间的接口并经一个或多个 ODN 与用户侧的 ONU 通信,OLT 与 ONU 的关系为主从通信关系。OLT 可以分离交换和非交换业务,管理来自 ONU 的信令和监控信息,为 ONU 和本身提供维护和供给功能。OLT 可以直接设置在本地交换机接口处,也可以设置在远端,与远端集中器或复用器接口。OLT 在物理上可以是独立设备,也可以与其他功能集成在一个设备内,如图 7-6 所示。

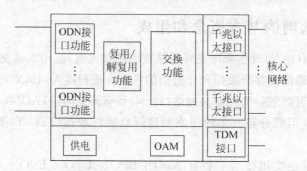

图 7-6   OLT 功能模块示意图

ODN 为 OLT 与 ONU 之间提供光传输手段,其主要功能是完成光信号功率的分配。ODN 是由无源光元体(诸如光纤光缆、光连接器和光分路器等)组成的纯无源的光配线网,呈树状分支结构。

ONU 的作用是为光接入网提供直接的或远端的用户侧接口,处于 ODN 的用户侧。ONU 的主要功能是终结来自 ODN 的光纤处理光信号,并为多个小企事业用户和居民住宅用户提供业务接口。ONU 的网络侧是光接口,而用户侧是电接口,因此 ONU 需要有光/电和电/光转换功能,还要完成对语声信号的数/模和模/数转换、复用、信令处理和维护管理功能。其位置有很大灵活性,既可以设置在用户住宅处,也可以设置在 DP 处甚至 FP 处,如图 7-7 所示。

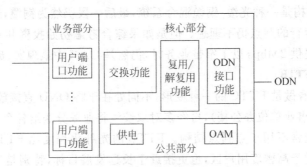

图 7-7 ONU 功能模块示意图

AF 为 ONU 和用户设备提供适配功能,具体物理实现则既可以包含在 ONU 内,也可以完全独立。以 FTTC 为例,ONU 与基本速率 NTI(相当 AF)在物理上就是分开的。

图 7-5 中发送参考点 S 是紧靠在发送机(ONU 或 OLT)光连接器后的光纤点;而接收参考点 R 是紧靠在接收机(ODN 或 ODT)光连接器前的光纤点;a 参考点是 ONU 与 AF 之间的参考点;V 参考点是用户接入网与业务结点间参考点;T 参考点是用户网络接口参考点;Q3 是网管接口。

7.5.2 光接入网的应用类型

按照 ONU 在光接入网中所处的具体位置不同,可以将 OAN 划分为三种基本不同的应用类型:FTTC、FTTB 和 FTTH。

1. 光纤到路边(FTTC)

在 FTTC 结构中,ONU 设置在路边的人孔或电线杆上的分线盒处,有时也可能设置在交接箱处,通常为前者。此时从 ONU 到各个用户之间的部分仍为双绞线铜缆。若要传送宽带图像业务,则这一部分可能会需要同轴电缆。这样 FTTC 将比传统的 DLC(数据链路控制)系统的光纤化程度更靠近用户,增加了更多的光缆共享部分,有人将之看做一种小型的 DLC 系统。

FTTC 结构主要适用于点到点或点到多点的树状分支拓扑。用户为居民住宅用户和小企事业用户,典型用户数在 128 个以下,经济用户数正逐渐降低至 8~32 个乃至 4 个左右。还有一种称为光纤到远端(FTTR)的结构,实际是 FTTC 的一种变形,只是将 ONU 的位置移到远离用户的远端处,可以服务更多的用户(多于 256 个),从而降低了成本。由于 FTTR

具有的业务量处理能力,因而特别适用于点到点或环状结构。

FTTC 结构的主要特点可以总结如下。

在 FTTC 结构中引入线部分是用户专用的,现有铜缆设施仍能利用,因而可以推迟引入线部分(有时甚至配线部分,取决于 ONU 位置)的光纤投资,具有较好的经济性。

预先敷设了一条很靠近用户的潜在宽带传输链路,一旦有宽带业务需要,可以很快地将光纤引至用户处,实现光纤到家的战略目标。同样,如果考虑到经济性需要,也可以用同轴电缆将宽带业务提供给用户。

由于其光纤化程度已十分靠近用户,因而可以较充分地享受光纤化所带来的一系列优点,诸如节省管道空间、易于维护、传输距离长、带宽大等。

由于 FTTC 结构是一种光缆/铜缆混合系统,最后一段仍然为铜缆,还有室外有源设备需要维护,从维护运行的观点仍不理想。但是如果综合考虑初始投资和年维护运行费用的话,FTTC 结构在提供 2Mbps 以下窄带业务时,仍然是 OAN 中最现实、最经济的。

2. 光纤到楼(FTTB)

FTTB 也可以看做是 FTTC 的一种变形,不同处在于将 ONU 直接放到楼内(通常为居民住宅公寓或小企事业单位办公楼),再经多对双绞线将业务分送给各个用户。FTTB 是一种点到多点结构,通常不用于点到点结构。FTTB 的光纤化程度比 FTTC 更进一步,光纤已敷到楼,因而更适于高密度用户区,也更接近于长远发展目标,特别是那些新建工业区或居民楼以及与宽带传输系统共处一地的场合。FTTB/FTTC 的实现方案如图 7-8 所示。

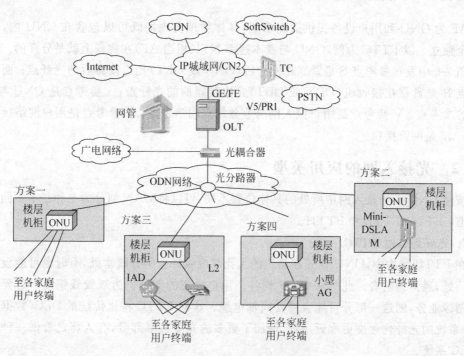

图 7-8 FTTB/FTTC 实现方案

需要注意,有些文献将 FTTB 理解为光纤到办公楼或商务楼是不准确的,这里 B 表示 Building 而非 Business,而且 Building 主要指公寓楼。若为光纤到办公大楼,则称 FTTO,

即光纤到办公室。

3. 光纤到家(FTTH)和光纤到办公室(FTTO)

在原来的FTTC结构中,如果将设置在路边的ONU换成无源光分路器,然后将ONU移到用户家,即为FTTH结构。如果将ONU放在大企事业用户(公司、大学、研究所、政府机关等)终端设备处,并能提供一定范围的灵活的业务,则构成所谓的光纤到办公室(FTTO)结构。由于大企事业单位所需业务量大,因而FTTO结构在经济上比较容易成功,发展很快。考虑到FTTO也是一种纯光纤连接网络,因而可以归入与FTTH一类的结构。然而,由于两者的应用场合不同,结构特点也不同。FTTO主要用于大企事业用户,业务量需求大,因而结构上适于点到点或环状结构。而FTTH用于居民住宅用户,业务量需求很小,因而经济的结构必须是点到多点方式。以下的讨论将以FTTH为主进行。

总地来看,FTTH结构是一种全光纤网,即从本地交换机一直到用户全部为光连接,中间没有任何铜缆,也没有有源电子设备,是真正全透明的网络。由于整个用户接入网是全透明光网络,因而对传输制式、带宽、波长和传输技术没有任何限制,适于引入新业务,是一种最理想的业务透明网络,是用户接入网发展的长远目标。由于本地交换机与用户之间没有任何有源电子设备,ONU安装在住户处,因而环境条件比户外不可控条件大为改善,可以采用低成本元器件。同时,ONU可以本地供电,不仅供电成本比网络远供方式可以降低约一个量级,而且故障率也大大减少。最后,维护安装测试工作也得以简化,维护成本可以降低,是网络运营者长期以来一直追求的理想网络目标。由于只有当光纤直接通达住户,每个用户才真正有了名副其实的宽带链路,B-ISDN的实现才有了最终的保证,采用各种WDM或FDM技术真正发掘光纤巨大潜在带宽的工作才有可能。

FTTH的实现方案如图7-9所示。

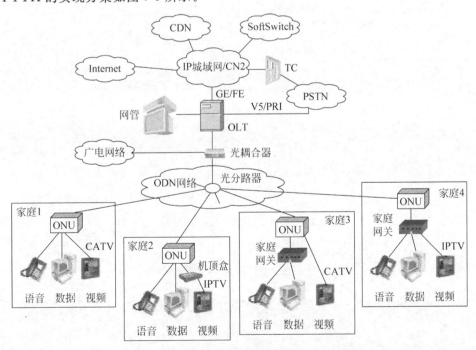

图 7-9　FTTH 实现方案

因为以太网技术的成熟和简单,且都采用廉价、稳定、高速的光纤作为传输介质,EPON 与 FTTH 技术已经渐渐脱颖而出,成为众多接入手段中的首选。随着"光进铜退"工作的深入开展及 FTTX 的规模部署,各地驻地网建设和家庭布线建设规范性问题逐步凸显。根据工信部的指导意见,后期将逐步开展以 FTTH 技术为主的接入网覆盖,从网络发展的角度看,FTTH 是接入网的终极目标。

小　结

本章主要讲述了当前光传输的常用技术——WDM、ASON、OTN、PTN 和光接入网的基本知识。本章的目的在于对当前主流光传输技术的初步了解,在学习光传输基本知识的基础上与时俱进,认识到光传输日新月异的变化,加强就业竞争力。

思考与练习

7.1　当前光传输的主流技术有哪些? 请简要叙述。

7.2　光接入网的功能模型是怎样的? 有哪些部分组成? 各部分的功能是什么?

7.3　光接入网技术的典型应用有哪几种? 它们的区别在哪里?

附录 A 光传输技术常见缩略语

缩略语	中文翻译	英文全称
ADM	分插复用器	Add/Drop Multiplexer
ADSL	非对称数字用户环路	Asymmetrical Digital Subscriber Loop
AF	适配功能	Adaption Function
AGC	自动增益控制	Automatic Gain Control
AIS	告警指示信号	Alarm Instructions Signal
ANSI	美国国家标准协会	American National Standards Institute
AOC	全光通信	All-optical Communication
AOD	有源光器件	Active Optical Device
AOF	有源光纤	Active Optical Fiber
AON	全光网络	All-optical Network
APC	自动功率控制	Automatic Power Control
APD	雪崩光电二极管	Avalanche Photon Diode
APS	自动保护倒换	Automatic Protection Switching
ASIC	为专门目的而设计的集成电路	Application Specific Integrated Circuit
ASON	自动交换光网络	Automatic Switched Optical Network
ATM	异步转移模式	Asynchronous Transfer Mode
AU	管理单元	Administration Unit
AU-AIS	管理单元告警指示信号	Administration Unit—Alarm Indication Signal
AUG	管理单元组	Administration Unit Group
AU-LOP	管理单元指针丢失	Administration Unit—Loss of Pointer
AU-PTR	管理单元指针	Administration Unit Pointer
B	块	Block
BBE	背景误块	Background Block Error
BER	误比特率	Bit Error Rate
BIP-n	比特间插奇偶校验 n 位码	Bit Interleaved Parity-n code
B-ISDN	宽带综合业务数字网	Broadband-Integrated Service Digital Network
BITS	大楼综合定时系统	Building Integrated Timing System
BOM	物料清单	Bill Of Material
C	容器	Container
CATV	电缆电视	Cable Television
CCITT	国际电报电话咨询委员会	The International Telegraph and Telephone Consultative Committee
CIT	操作员接口	Craft Interface Terminal
CMI	传号反转（码）	Coded Mark Inversion
CMIP	公共管理消息协议	Common Management Information Protocol

缩略语	中文翻译	英文全称
CORBA	公共对象请求代理体系结构	Common Object Request Broker Architecture
DCC	数据通信通路	Data Communication Channel
DDF	数字配架线	Digit Distribution Frame
DWDM	密集波分复用	Dense Wavelength Division Multiplexing
DXC	数字交叉连接设备	Digital Cross Connect Equipment
ECC	嵌入控制通道	Embedded Control Channel
EDFA	掺铒光纤放大器	Erbium Doped Fiber Amplifier
EML	网元管理层	Element Management Level
EPON	以太网无源光网络	Ethernet Passive Optical Network
ETSI	欧洲电信标准协会	The European Telecommunication Standards Institute
FDDI	光纤分布式数据接口	Fiber Distributed Data Interface
FE	快速以太网	Fast Ethernet
FTTB	光纤到大楼	Fiber To The Building
FTTC	光纤到路边	Fiber To The Curb
FTTH	光纤到户	Fiber To The Home
FTTO	光纤到办公室	Fiber To The Office
GFP	通用成帧规程	Generic Framing Procedure
GNE	网关网元	Gateway Network Element
GPS	全球定位系统	Global Position System
HDB3	三阶高密度双极性(码)	High Density Bipolar 3
HFC	混合光纤同轴电缆	Hybrid Fiber Coax
HPOH	高阶通道开销	Higher Path over-Head
HP-RDI	高阶通道远端缺陷指示	High Path—Remote Defect Indication
HP-REI	高阶通道远端差错指示	High Path—Remote Error Indication
HP-TIM	高阶通道踪迹识别符适配	High Path—Trace Identifier Mismatch
IEEE	电气与电子工程师协会	Institution of Electrical and Electronics Engineers
IP	互联网协议	Internet Protocol
ISDN	综合业务数字网	Integrated Services Digital Network
ISO	国际标准化组织	International Standardization Organization
ITU-T	国际电信联盟-电信标准化部	The International Telecommunication Union—Telecommunications Standardization Department
LAN	局域网	Local Area Network
LCAS	链路容量调整机制	Link Capacity Adjustment Scheme
LCN	本地通信网	Local Communication Network
LD	激光二极管	Laser Diode
LED	发光二极管	Light Emitting Diode
LOF	帧丢失	Loss of Frame
LOP	指针丢失	Loss of Pointer
LOS	信号丢失	Lost of Signal
LPOH	低阶通道开销	Lower Path-Overhead
LP-RDI	低阶通道远端缺陷指示	Lower Path—Remote Defect Indication
LP-REI	低阶通道远端差错指示	Lower Path—Remote Error Indication

续表

缩略语	中 文 翻 译	英 文 全 称
LP-SLM	低阶通道信号标记适配	Lower Path—Signal Label Mismatch
MAN	城域网	Metropolitan Area Network
MPEG	活动图像专家组	Moving Picture Experts Group
MPLS	多协议标记交换	Multi Protocol Label Switching
MS-AIS	复用段告警指示信号	Multiplex Section—Alarm Indication Signal
MSOH	复用段开销	Multiplex Section Over-Head
MS-RDI	复用段远端缺陷指示	Multiplex Section—Remote Defect Indication
MS-REI	复用段远端差错指示	Multiplex Section—Remote Error Indication
MSTP	多业务传输平台	Multi-service Transfer Platform
NDF	新数据标志	New Data Flag
NE	网络单元	Network Element
NEL	网元层	Network Element Level
NMC	网络维护中心	Network Maintenance Center
NML	网络管理层	Network Management Level
NNI	网络结点接口	Network Node Interface
NRZ	不归零(码)	Non-return to Zero
OA	光放大器	Optical Amplifier
OAM	运行、管理和维护	Operation，Adminstration and Maintenance
OAN	光纤接入网	Optical Access Network
OBD	光分路器	Optical Branching Device
OC	光载波	Optical Carrier
ODF	光纤配架线	Optical Distribution Frame
ODN	光分配网	Optical Distribution Network
OFA	光纤放大器	Optical Fiber Amplifier
OFDM	光频分复用	Optical Frequency Division Multiplexing
OLA	光线路放大器	Optical in-Line Amplifier
OLC	光环路载波	Optical Line Carrier
OLT	光线路终端	Optical Line Terminal
ONU	光网络单元	Optical Network Unit
OOF	帧失步	Out of Frame
OS	操作系统	Operating System
OSI	开放系统互联	Open System Interconnection
OTDR	光时域反射仪	Optical Time Domain Reflectometer
OVPN	光虚拟专用网	Optical Virtual Private Network
PCM	脉冲编码调制	Pulse Code Modulation
PD	光电检测器	Photo Detection
PDH	准同步数字体系	Plesiochronous Digitaal Hierarchy
PIN	光电二极管	Positive-Intrinsic-Negative Photodiode
POH	通道开销	Path Over-Head
PON	无源光网络	Passive Optical Network
PPP	点对点协议	Point to Point Protocol
QoS	服务质量	Quality of Service

缩略语	中 文 翻 译	英 文 全 称
RDI	远端缺陷指示	Remote Defect Indication
REG	再生中继器	Regenerator
REI	远端差错指示	Remote Error Indication
RS	再生段	Regenerator Section
RSOH	再生段开销	Regeneration Section Over-Head
SDH	同步数字系统	Synchronous Digital Hierarchy
SETS	同步设备定时源	Synchronous Equipment Timing Source
SLM	信号标记适配	Signal Label Mismatch
SML	业务管理层	Service Management Level
SMN	SDH 管理网	SDH Management Network
SMS	SDH 管理子网	SDH Management Sub-network
SN	业务结点	Service Node
SNR	信噪比	Signal to Noise Ratio
SOA	半导体光放大器	Semiconductor Optical Amplifier
SOH	段开销	Section Over-Head
SONET	同步光网络	Synchronous Optical Network
SSM	同步状态信息	Synchronous Status Message
STM	同步传送模式	Synchronous Transfer Mode
STS	同步传送信号	Synchronous Transport Signal
TDM	时分多路复用	Time Division Multiplexing
TIM	踪迹识别符适配	Trace Identifiers Mismatch
TM	终端复用器	Terminal Multiplexer
TMN	电信管路网	Telecommunication Management Network
TS	时隙	Time Slot
TSI	时隙交换	Time Slot Interchange
TU	支路单元	Tributary Unit
TU-AIS	支路单元告警指示信号	Tributary Unit—Alarm Indication Signal
TUG	支路单元组	Tributary Unit Group
TU-PTR	支路单元指针	Tributary Unit Pointer
UNI	用户网络接口	User Network Interface
VC	虚容器	Virtual Container
VLAN	虚拟局域网	Virtual Local Area Network
VOD	视频点播	Video On Demand
VON	虚拟光网络	Virtual Optical Network
WAN	广域网	Wide Area Network
WDM	波分多路复用	Wavelength Division Multiplexing

附录 B 概算、预算表

建设项目名称：

建设项目总＿＿＿算表（汇总表）

建设项目总＿＿＿算表（汇总表）　　　　　　表格编号：　　　　　　第　　页

建设单位名称：

序号	表格编号	单项工程名称	小型建筑工程费	需要安装的设备费	不需安装设备、工器具费	建筑安装工程费	其他费用	预备费	总价值		生产准备及开办费（元）
									人民币（元）	其中外币（ ）	
I	II	III	IV	V	VI	VII	VIII	IX	X	XI	XII
	根据各工程目应相总表（表一）编号填写	根据建设项目的各工程名称依次填写	根据工程项目的概算或预算（表一）相应各栏的费用合计填写；当工程有回收费用时，应在费用总计下列出"其中回收费用"，其金额填入第IX栏			根据工程项目的概算或预算金额时，应在费用总计中以冲减总费用			第IV～IX栏的各项费用之和	以上各列费用中以外币支付的合计	各工程项目需单列的"生产准备及开办费"金额

设计负责人：　　　　　　审核：　　　　　　编制：　　　　　　编制日期：　年　月

注：
1. 本套表格供编制工程项目概算或预算使用，各类表格使用时，各类表格的标题"＿＿＿"应根据编制阶段明确填写"概"或"预"。
2. 本套表格的表首填写本表的相关内容。
3. 本套表格共10张。

工程____算总表（表一）

建设项目名称：
工程名称：　　　　　　　　　　　　　　　　建设单位名称：　　　　　　　表格编号：

第　页

序号	表格编号	费用名称	总价值（元）						总价值	
			小型建筑工程费	需要安装的设备费	不需要安装的设备、工器具费	建筑安装工程费	其他费用	预备费	人民币（元）	其中外币（　）
I	II	III	IV	V	VI	VII	VIII	IX	X	XI
	根据本工程概（预）算各类费用名称编号填写	根据本工程概（预）算各类费用名称填写	根据相应各类费用合计填写；当工程有回收费用时，应在费用项目总计下列出"其中回收费用"，其金额填入第VIII栏。此费用不冲减总费用						第IV～IX栏之和	填写本工程引进技术和设备所支付的外币总额

设计负责人：　　　　　　　　　　编制：　　　　　　　　　审核：　　　　　　　　编制日期：　　年　月

注：
1. 本表供编制单项（单位）工程概算（预算）使用。
2. 表首"建设项目名称"填写工程立项工程项目全称。

建筑安装工程费用___算表（表二）

工程名称：
建设单位名称：
表格编号：
第　页

序号 I	费用名称 II	依据和计算方法 III	合计（元）IV
	建筑安装工程费		
一	直接费		
（一）	直接工程费		
1	人工费		
（1）	技工费		
（2）	普工费		
2	材料费		
（1）	主要材料费		
（2）	辅助材料费		
3	机械使用费		
4	仪表使用费		
（二）	措施费		
1	环境保护费		
2	文明施工费		
3	工地器材搬运费		
4	工程干扰费		
5	工程点交、场地清理费		
6	临时设施费		
7	工程车辆使用费		
8	夜间施工增加费		
9	冬雨季施工增加费		
10	生产工具用具使用费		
11	施工用水电蒸气费		
12	特殊地区施工增加费		
13	已完工程及设备保护费		
14	运土费		
15	施工队伍调遣费		
16	大型施工机械调遣费		
二	间接费		
（一）	规费		
1	工程排污费		
2	社会保障费		
3	住房公积金		
4	危险作业意外伤害保险费		
（二）	企业管理费		
三	利润		
四	税金		

设计负责人：　　审核：　　编制：

编制日期：　　年　月

注：
1. 本表供编制建筑安装工程使用。
2. 第Ⅲ栏根据建设通信建设工程费用定额《相关规定》，填写第Ⅱ栏各项费用的计算依据和方法。
3. 第Ⅳ栏填写第Ⅱ栏各项费用的计算结果。

工程名称：　　　　　　　　建设单位名称：　　　　　　　　表格编号：　　　　　　　　第　　页

建筑安装工程量____算表(表三)甲

序号	定额编号	项目名称	单位	数量	单位定额值		合计值	
					技工	普工	技工	普工
I	II	III	IV	V	VI	VII	VIII	IX
	根据《通信建设预算定额》所套用预算定额子目的编号。若需临时估列工作内容子目，在本栏中标注"估列"两字；两项以上"估列"条目，应编列序号	根据《通信建设预算定额》分别填写所套用预算定额子目的名称、单位		根据定额子目的工作内容所计算出的工程量数值	所套定额子目的工日单位定额值		第Ⅴ栏与第Ⅵ栏的乘积	第Ⅴ栏与第Ⅶ栏的乘积

设计负责人：　　　　审核：　　　　编制：　　　　编制日期：　　年　　月

注：本表供编制工程量，并计算技工和普工总工日数量时使用。

建筑安装工程机械使用费_____算表（表三）乙

工程名称：　　　　　　　　建设单位名称：　　　　　　　　表格编号：　　　　　　　　第　　页

序号	定额编号	项目名称	单位	数量	机械名称	单位定额值		合计值	
						数量（台班）	单价（元）	数量（台班）	合价（元）
Ⅰ	Ⅱ	Ⅲ	Ⅳ	Ⅴ	Ⅵ	Ⅶ	Ⅷ	Ⅸ	Ⅹ
	分别填写所套用定额子目的编号、名称、单位，以及该子目工程量数值				分别填写定额子目所涉及的机械名称及此机械台班的单位定额值		根据《通信建设工程施工机械、仪表台班费用定额》查找到的相应机械台班单价值	第Ⅶ栏与第Ⅴ栏的乘积	第Ⅷ栏与第Ⅸ栏的乘积

设计负责人：　　　　　　　　审核：　　　　　　　　编制：　　　　　　　　编制日期：　　年　　月

注：本表供编制本工程所列的机械费用汇总使用。

建筑安装工程仪器仪表使用费___算表（表三）丙

工程名称：

建设单位名称：

表格编号：

第 页

序号	定额编号	项目名称	单位	数量	仪表名称	单位定额值		合计值	
						数量（台班）	单价（元）	数量（台班）	合价（元）
I	II	III	IV	V	VI	VII	VIII	IX	X
	分别填写所套用定额子目的编号、名称、单位，以及该子目工程量数值				分别填写定额子目所涉及的仪表名称及此仪表台班的单位定额值		根据《通信建设工程施工机械、仪表台班费用定额》查找到的相应仪表台班单价值	第 VII 栏与第 V 栏的乘积	第 VIII 栏与第 IX 栏的乘积

设计负责人：

编制：

审核：

编制日期： 年 月

注：本表供编制本工程所列的仪表费用汇总使用。

工程名称：　　　　　　　　建设单位名称：　　　　　　　　表格编号：　　　　　　　　　第　　页

国内器材　　　算表（表四）甲

（　　　）表

序号	名　称	规格程式	单位	数量	单价（元）	合计（元）	备　注
I	II	III	IV	V	VI	VII	VIII
分别填写主要材料或需要安装的设备、工器具的名称、规格程式、单位、数量、单价	分别填写主要材料或需要安装的设备或不需要安装的设备、工器具的数量和单价				仪表的名称、工器具、仪表的名	第VI栏与第V栏的乘积	主要材料或需要安装的设备或不需要安装的设备、工器具、仪表需要说明的有关问题

设计负责人：　　　　　　　审核：　　　　　　　编制：　　　　　　　编制日期：　　年　　月

注：
1. 本表供编制本工程的主要材料、设备和工器具的数量与费用使用。
2. 依次填写需要安装的设备或不需要安装的设备、工器具、仪表之后，还需计取下列费用：①小计；②运杂费；③运输保险费；④采购及保管费；⑤采购代理服务费；⑥合计。
3. 用于主要材料表时，应将主要材料分类后按第2点计取相关费用，然后进行总计。

引进器材_____算表（表四）乙

工程名称：　　　　建设单位名称：　　　　表格编号：　　　　第　页

（　　　　　　　）表

序号	中文名称	外文名称	单位	数量	单　价		合　价	
					外币（　）	折合人民币（元）	外币（　）	折合人民币（元）
I	II	III	IV	V	VI	VII	VIII	IX
填写方法与（表四）甲基本相同					分别填写外币金额及折算人民币的金额，并按引进工程的有关规定填写相应费用			

设计负责人：　　　　审核：　　　　编制：

编制日期：　　年　月

注：
1. 本表供编制引进工程的主要材料、设备和工器具的数量和费用使用。
2. 表格标题下面括号内根据需要，填写引进需要安装的设备、或引进不需要安装的设备、工器具、仪表。

工程名称：　　　　　　工程建设其他费　　　算表(表五)甲

建设单位名称：　　　　　　表格编号：

第　　页

序号	费用名称	计算依据及方法	金额(元)	备注
I	II	III	IV	V
1	建设用地及综合赔补费	根据《通信建设工程费用定额》相关费用的计算规则填写，以下皆同		根据需要填写补充说明的内容事项，以下皆同
2	建设单位管理费			
3	可行性研究费			
4	研究试验费			
5	勘察设计费			
6	环境影响评价费			
7	劳动安全卫生评价费			
8	建设工程监理费			
9	安全生产费			
10	工程质量监督费			
11	工程定额测定费			
12	引进技术及引进设备其他费			
13	工程保险费			
14	工程招标代理费			
15	专利及专利技术使用费			
16	生产准备及开办费(运营费)			
	总　计			

设计负责人：　　　　　审核：　　　　　编制：　　　　　编制日期：　　年　　月

注：本表供编制国内工程计列的工程建设其他费使用。

引进设备工程建设其他费用_算表（表五）乙

工程名称：　　　　　　　　　建设单位名称：　　　　　　　　　表格编号：　　　　　　　　　第　　页

序号	费用名称	计算依据及方法	金　额		备　注
			外币（　）	折合人民币（元）	
I	II	III	IV	V	VI
	根据国家及主管部门的相关规定填写		分别填写各项费用所需计列的外币与人民币数值		根据需要填写补充说明的内容事项

设计负责人：　　　　　审核：　　　　　编制：　　　　　编制日期：　年　月

注：本表供编制引进工程计列的工程建设其他费用使用。

212

附录 C　常见图框

处/室主管	审核				(设计院名称)		
设计负责人	制图						
单项负责人	单位/比例	mm/1:1000			(图名)		
设计	日期		图号				

接地
新建水泥杆
新建撑杆
吊板拉线
引上、引下杆
落体交接箱

V型拉线
高桩拉线
新设拉线
新设吊线
架空交接箱

原有管道　新建管道
新建小号直通人孔　原有小号直通人孔
新建小号直通人孔　原有小号直通人孔
新建小号四通人孔　原有小号四通人孔

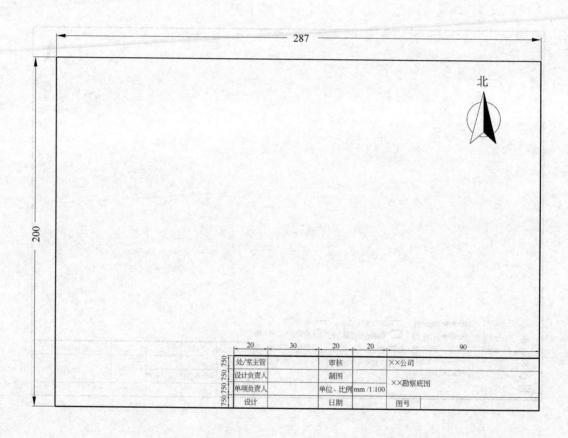

附录 D　实训 10 设计说明、CAD 图及概(预)算表格

机房预算编制说明

1.1　工程概况及预算总价值

本工程为××学校 WCDMA 无线接入一期工程,本工程采用××公司生产的无线系统等设备。

本单项工程预算总投资为 330 085.70 元人民币,其中需要安装的设备费为 278 070.78 元,安装工程费为 32 338.45 元,工程建设其他费 10 062.32 元。

1.2　编制依据

(1) 原邮电部[1995]626 号"关于发布《通信建设工程概算、预算编制办法及费用定额》等标准的通知"。

(2) 国家发展计划委员会建设部《工程勘察设计收费标准》2008 年修订本。

(3) 原邮电部颁发的《通信建设工程概算、预算编制办法及费用定额》(2008 年 11 月)。

(4) 原邮电部颁发的《通信建设工程预算定额》第二册《通信线路工程》(2008 年 11 月)。

(5) 相关的线路设计图纸和建设单位相关要求。

1.3　相关费率的取定及计算方法

(1) 预算编制取费

表一

① 预备费费率------------------------3%

表二(综合费用)

② 技工费----------------每工日 16.8 元

普工费----------------每工日 11 元

根据本工程的类别及建设单位提出的施工技术要求,本工程取定为二类工程,考虑由二级施工企业进行施工,技工费按每工日 16.8 元计取,普工费按每工日 11 元计取。

表四(国内设备)

③ 运杂费费率----------------------1.0%

设备的运距按 30km 计算。

④ 采购及保管费费率----------------0.5%

⑤ 运输保险费费率------------------0.4%

表四(国内主材)

⑥ 运杂费费率(电缆)---------------1.5%

(钢材及其他)------------------3.6%

⑦ 采购及保管费费率---------------1%

⑧ 运输保险费费率--------------0.1%

表五(其他费用)

⑨ 建设单位管理费--------------1.5% 无筹建单位按50%计取

(2) 本工程基站设备由局方负责安装,厂家负责调测;配套设备均由局方安装,不计列施工队伍调遣费;生产准备费按运营费处理,设计不计列。

(3) 其他无标准项目,按估列计。

(4) 单价来源

① 设备及材料价格手册

② 有关厂家提供的单价

1.4 工程技术经济指标分析(见表D-1)

表 D-1 本单项工程投资分析

序号	项 目	金额/元	占总费用/%
1	工程总费用	330 085.70	100.00
2	需要安装的设备费	278 070.78	84.24
3	安装工程费	32 338.45	9.79
4	不需要安装的设备工器具	0	0.00
5	工程建设其他费	10 062.32	3.05
6	预备费	0	0.00

机房预算见附表。

其他需要说明的说明:无。

线路预算说明

1.1 工程概况及预算总价值

本工程为××学校管道线路工程,本工程均采用原有管道进行设计,采用光缆进行布线。

本单项工程预算总投资为17 421.84元人民币,其中需要安装的设备费为10 489.83元,安装工程费为5604.14元,工程建设其他费498.26元。

1.2 编制依据

(1) 原邮电部[1995]626号"关于发布《通信建设工程概算、预算编制办法及费用定额》等标准的通知"。

(2) 国家发展计划委员会建设部《工程勘察设计收费标准》2008年修订本。

(3) 原邮电部颁发的《通信建设工程概算、预算编制办法及费用定额》(2008年11月)。

(4) 原邮电部颁发的《通信建设工程预算定额》第二册《通信线路工程》(2008年11月)。

(5) 相关的线路设计图纸和建设单位相关要求。

1.3 相关费率的取定及计算方法

(1) 预算编制取费

表一

① 预备费费率——————————————————3%

表二(综合费用)

② 技工费——————————每工日 16.8 元

普工费——————————每工日 11 元

根据本工程的类别及建设单位提出的施工技术要求,本工程取定为二类工程,考虑由二级施工企业进行施工,技工费按每工日 16.8 元计取,普工费按每工日 11 元计取.

表四(国内设备)

③ 运杂费费率——————————————1.0%

设备的运距按 30km 计算。

④ 采购及保管费费率————————————0.5%

⑤ 运输保险费费率—————————————0.4%

表四(国内主材)

⑥ 运杂费费率(电缆)——————————1.5%

(钢材及其他)————————————3.6%

⑦ 采购及保管费费率——————————1%

⑧ 运输保险费费率——————————0.1%

表五(其他费用)

⑨ 建设单位管理费——————————1.5% 无筹建单位按 50% 计取

(2) 本工程基站设备由局方负责安装,厂家负责调测;配套设备均由局方安装,不计列施工队伍调遣费;生产准备费按运营费处理,设计不计列。

(3) 其他无标准项目,按估列计。

(4) 单价来源

① 设备及材料价格手册

② 有关厂家提供的单价

1.4　工程技术经济指标分析(见表 D-2)

表 D-2　本单项工程投资分析

序号	项　目	金额/元	占总费用/%
1	工程总费用	17 421.84	100.00
2	需要安装的设备费	10 489.83	60.21
3	安装工程费	5604.14	32.17
4	不需要安装的设备工器具	0	0.00
5	工程建设其他费	498.2	2.85
6	预备费	829.61	4.76

线路预算见附表。

其他需要说明的说明:无。

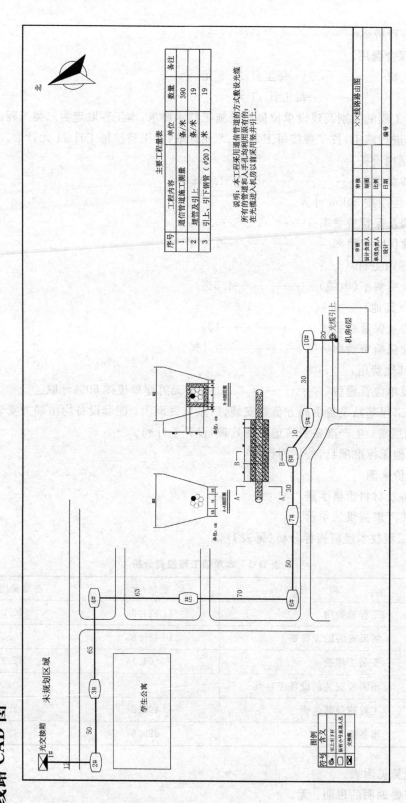

线路 CAD 图

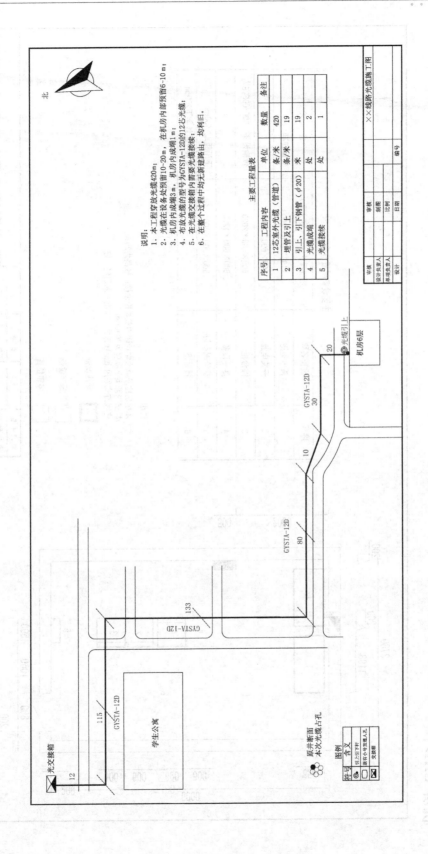

说明:
1. 本工程穿放光缆420m;
2. 光缆在设备处预留10~20m, 在机房内部预留6~10m;
3. 机房内成端3m, 机房内成端1m;
4. 布放光缆的型号为GYSTA-12D的12芯光缆;
5. 光缆交接箱内需要光缆接续;
6. 在整个过程中均为新建路由, 均利旧。

主要工程量表

序号	工程内容	单位	数量	备注
1	12芯室外光缆（管道）	条/米	420	
2	增管及引上	条/米	19	
3	引上、引下钢管（φ20）	米	19	
4	光缆成端	处	2	
5	光缆接续	处	1	

审核			××线路光缆施工图	
设计负责人		明图		
单项负责人		比例		
设计		日期	编号	

机房 CAD 图

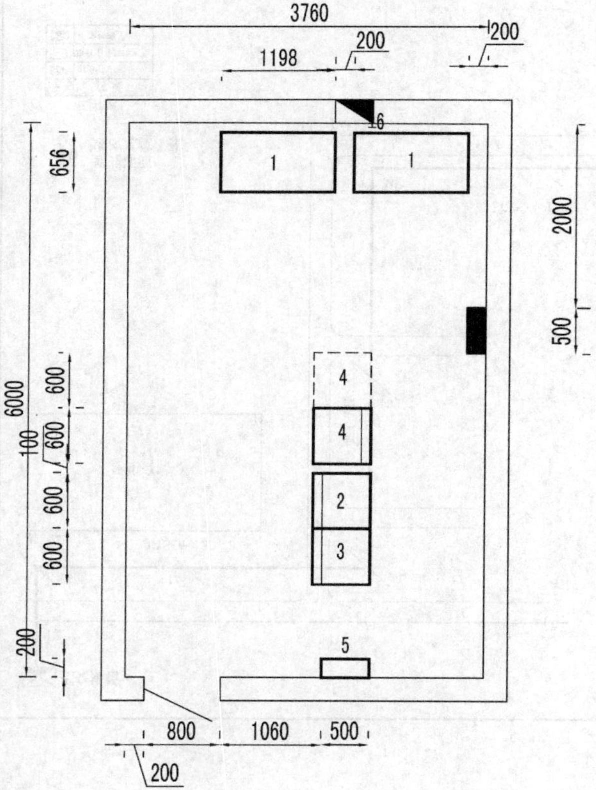

主要设备配置清单

序号	设备名称	外型尺寸（长×宽×高）	备注
1	蓄电池组	1198×656×2000	双层双列
2	开关电源	600×600×1200	
3	综合柜	600×600×2000	传输设备、DDF/ODF在内
4	基站设备	600×600×1200	
5	交流配电箱	500×200×600	下沿距地1400mm
6	接地排		安装在走线架下200mm

说明：

本机房位于XX大学校园内教学楼顶楼；楼高为20 m；
机房内部梁下高度为3000mm；
走线方式采用上走线方式，市电引入已经建好；

新建设备
原有设备
预留位置

部门主管		审核人	
总负责人		单位	
单项负责人		比例	mm
设计人		日期	

无线基站机房设备安装图

图号

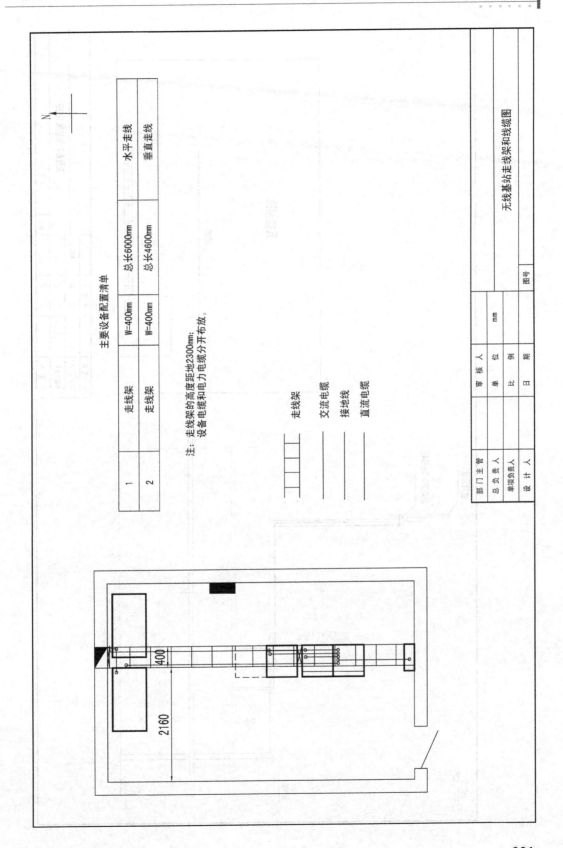

主要设备配置清单

			水平走线
1	走线架	W=400mm	总长6000mm
2	走线架	W=400mm	总长4600mm 垂直走线

注：走线架的高度距地2300mm；
设备电缆和电力电缆分开布放。

走线架
交流电缆
接地线
直流电缆

部门主管		审核人				
总负责人		单位		mm		
单项负责人		比例				无线基站走线架和线缆图
设计人		日期			图号	

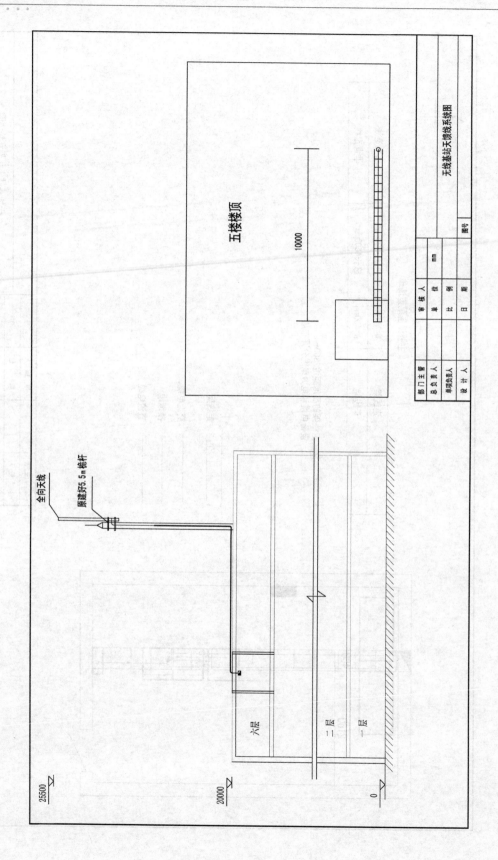

五楼楼顶

10000

全向天线

原建好5.5m桅杆

六层

二层

一层

25500

20000

0

无线基站天馈线系统图

部门主管		审核人	
总负责人		单位	mm
单项负责人		比例	
设计人		日期	
		图号	

线缆计划表

××基站线缆计划表

序号	安装位置 起点	安装位置 终点	走线方式	电缆条数	电缆长度	线缆型号
1	交流配电箱	开关电源	走线架	1	3.6	RVVZ4X25
2	开关电源	蓄电池	走线架	4	28.4	RVVZ1X120
3	开关电源	传输设备	走线架	2	3.6	厂家自带
4	传输设备	DDF单元		2	2	跳纤
5	传输设备	ODF单元		2	2	跳纤
6	开关电源	基站设备	走线架	2	4.8	RVVZ1X16
7	基站设备	室内防雷箱	走线架	6	5.7	厂家自带
8	室内防雷箱	天线	走线架	1	17	厂家自带
9	开关电源	室内接地排	走线架	1	4.5	RVVZ1X120
10	开关电源	室内接地排	走线架	1	4.5	RVVZ1X120
11	蓄电池架	室内接地排	走线架	2	2.4	RVVZ1X16
12	传输设备	室内接地排	走线架	1	3.6	厂家自带
13	基站设备	室内接地排	走线架	1	5.6	RVVZ1X16
14	交流配电箱	室内接地排	走线架	1	8.1	RVVZ1X16

部门主管		审核人	
总负责人		单位	mm
单项负责人		比例	
设计人		日期	

无线基站线缆计划表   图号

223

线路概（预）算表

建设项目名称：××学校通信管道工程
单项工程名称：××学校通信管道工程

工程预算总表（表一）

建设单位名称：×××设计单位　　　　表格编号：Tbl1　　第 1 页

序号	表格编号	费用名称	概算价值（元）						总价值	
			小型建筑工程费	需要安装的设备费	不需要安装的设备、工器具费	建筑安装工程费	其他费用	预备费	人民币（元）	外币（　）
I	II	III	IV	V	VI	VII	VIII	IX	X	XI
1	Tbl2A	建筑安装工程费				5604.14			5604.14	
2	GNSB	国内安装设备费		10 489.83					10 489.83	
3		工程费							16 093.97	
4	Tbl5A	工程建设其他费					498.26		498.26	
5		合　计		10 489.83		5604.14	498.26		16 592.23	
6		预备费（合计×5.00%）						829.61	829.61	
7		总　计		10 489.83		5604.14	498.26	829.61	17 421.84	

设计负责人：预算员 A　　　审核人：预算员 C　　　编制人：预算员 B　　　编制日期：2011-03-13

建筑安装工程费用预算表(表二)

单项工程名称：××学校通信管道工程　　建设单位名称：××设计单位　　表格编号：Tbl2A　　第 2 页

序号 I	费用名称 II	依据和计算方法 III	合计(元) IV
	建筑安装工程费	一+二+三+四	5604.14
一	直接费	(一)+(二)	4181.70
(一)	直接工程费	1+2+3+4	3657.97
1	人工费	(1)+(2)	1509.31
(1)	技工费	按工总工日×48.00元	1290.24
(2)	普工费	普工总工日×19.00元	219.07
2	材料费	(1)+(2)	
(1)	主要材料费	国内主材费＋引进材料费	
(2)	辅助材料费	主要材料费×0.50%(管道)	
3	机械使用费	见表三乙	412.96
4	仪表使用费	见表三丙	1735.70
(二)	措施费	1～16之和	523.73
1	环境保护费	人工费×1.50%(管道)	22.64
2	文明施工费	人工费×1.00%	15.09
3	工地器材搬运费	人工费×1.60%(管道)	24.15
4	工程干扰费	人工费×6.00%(管道干扰地区)	90.56
5	工程点交、场地清理费	人工费×2.00%(管道)	30.19
6	临时设施费	人工费×12.00%	181.12
7	工程车辆使用费	人工费×2.60%(管道)	39.24
8	夜间施工增加费	人工费×3.00%(管道)	45.28
9	冬雨季施工增加费	人工费×2.00%(管道)	30.19
10	生产工具用具使用费	人工费×3.00%(管道)	45.28
11	施工用水电蒸气费	按实计列	
12	特殊地区施工增加费	总工日×3.2元	
13	已完工程及设备保护费	按实计列	
14	运土费	按实计列	
15	施工队伍调遣费	按工单程调遣费×调遣人数×2	
16	大型施工机械调遣费	总吨位×调遣运距×0.62×2	
二	间接费	(一)+(二)	860.31
(一)	规费	1+2+3+4	482.98
1	工程排污费	根据施工所在地相关规定	
2	社会保障费	人工费×26.81%	404.65
3	住房公积金	人工费×4.19%	63.24
4	危险作业意外伤害保险费	人工费×1.00%	15.09
(二)	企业管理费	人工费×25.00%	377.33
三	利润	人工费×25.00%	377.33
四	税金	(一+二+三)×3.41%	184.80

设计负责人：预算员 A　　审核人：预算员 C　　编制人：预算员 B　　编制日期：2011-03-13

建筑安装工程量预算表(表三)甲

单项工程名称:××学校通信管道工程　　建设单位名称:××设计单位　　表格编号:Tbl3A　　第 3 页

序号	定额编号	项目名称	单位	数量	单位定额值(工日)		概预算值(工日)	
					技工	普工	技工	普工
I	II	III	IV	V	VI	VII	VIII	IX
1	TXL1-003	管道光(电)缆工程施工测量	100m	3.9	0.5		1.95	
2	TXL4-009	敷设管道光缆 12芯以下	千米条	0.42	11.3	21.63	4.75	9.08
3	TXL4-046AF	穿放引上光缆 12芯	条	1	0.6	0.6	0.6	0.6
4	TXL4-042	安装引上钢管墙上	根	1	0.35	0.35	0.35	0.35
5	TXL5-001	光缆接续 12芯以下	头	1	3		3	
6	TXL5-038	40km以上中继段光缆测试 12芯以下	中继段	1	6.72		6.72	
7	TXL5-015	光缆成端接头	芯	24	0.25		6	
		合 计					23.37	10.03
		小工日调整(合计×15.00%)					3.51	1.5
		总 计					26.88	11.53

设计负责人:预算员 A　　审核人:预算员 B　　编制人:预算员 C　　编制日期:2011-03-13

第 4 页

建筑安装工程机械使用费预算表(表三)乙

表格编号: Tbl3B

单项工程名称:××学校通信管道工程
建设单位名称:××设计单位

序号	定额编号	项目名称	单位	数量	机械名称	单位定额值(工日)		概预算值(工日)	
						数量(台班)	单价(元)	数量(台班)	合价(元)
I	II	III	IV	V	VI	VII	VIII	IX	X
1	TXL5-001	光缆接续 12 芯以下	头	1	光纤熔接机	0.5	168	0.5	84
2	TXL5-001	光缆接续 12 芯以下	头	1	汽油发电机	0.3	290	0.3	87
3	TXL5-001	光缆接续 12 芯以下	头	1	光缆接续车	0.5	242	0.5	121
4	TXL5-015	光缆成端接头	芯	24	光纤熔接机	0.03	168	0.72	120.96
		合 计							412.96

设计负责人:预算员 A   审核人:预算员 C   编制人:预算员 B   编制日期:2011-03-13

建筑安装工程仪器仪表使用费预算表（表三）丙

单项工程名称：××学校通信管道工程

建设单位名称：××设计单位　　　表格编号：Tbl3C　　　第 5 页

序号	定额编号	项目名称	单位	数量	仪表名称	单位定额值（工日）		概预算值（工日）	
						数量（台班）	单价（元）	数量（台班）	合价（元）
I	II	III	IV	V	VI	VII	VIII	IX	X
1	TXL4-009	敷设管道光缆 12 芯以下	千米条	0.42	偏振模色散测试仪	0.1	626	0.042	26.29
2	TXL4-009	敷设管道光缆 12 芯以下	千米条	0.42	光时域反射仪	0.1	306	0.042	12.85
3	TXL5-001	光缆接续 12 芯以下	头	1	光时域反射仪	1	306	1	306
4	TXL5-015	光缆成端接头	芯	24	光时域反射仪	0.05	306	1.2	367.2
5	TXL5-038	40km 以上中继段光缆测试 12 芯以下	中继段	1	光时域反射仪	0.96	306	0.96	293.76
6	TXL5-038	40km 以上中继段光缆测试 12 芯以下	中继段	1	稳定光源	0.96	72	0.96	69.12
7	TXL5-038	40km 以上中继段光缆测试 12 芯以下	中继段	1	偏振模色散测试仪	0.96	626	0.96	600.96
8	TXL5-038	40km 以上中继段光缆测试 12 芯以下	中继段	1	光功率计	0.96	62	0.96	59.52
		合 计							1735.7

设计负责人：预算员 A　　审核人：预算员 C　　编制人：预算员 B　　编制日期：2011-03-13

国内器材预算表(表四)甲
(国内主材表)

单项工程名称：××学校通信管道工程　　建设单位名称：××设计单位

表格编号：TblGNZC　　　　　　第 6 页

序号	名 称	规格程式	单位	数量	单价(元)	合计(元)	备注
I	II	III	IV	V	VI	VII	VIII
1	光缆		米	426.3	20	8526	
	中心束管式光缆	GYXTW-12 芯	米	10	2.91	29.1	
	光缆小计					8555.1	
2	运杂费(小计×1.00%)						85.55
	运输保险费(小计×0.1%)						8.56
	采购及保管费(小计×3.00%)						256.65
	光缆合计						8905.86
3	胶带(PVC)		盘	21.84	1.38	30.14	
4	镀锌铁线	φ1.5mm	公斤	1.381	6.35	8.77	
5	镀锌铁线	φ4.0mm	公斤	8.526	5.98	50.39	
6	光缆托板		块	20	11.5	230	
7	托板垫		块	20	6.79	135.8	
8	预留缆架		套		105.8		
9	标志牌		个		5		
10	铸铁直管	φ90×3000	根	1	136	136	
11	铸铁弯管	φ90×2000	根	1	94	94	
12	钢管卡子	Ω形	个	2	1.25	2.5	
13	光缆接续器材		套	1	560	560	
14	光缆接头保护托架		个		4		
15	光缆成端接头材料		只	24	6.8	163.2	

设计负责人：预算员 A　　　审核人：预算员 C　　　编制人：预算员 B　　　编制日期：2011-03-13

229

国内器材预算表（表四）甲

（国内主材表）

单项工程名称：××学校通信管道工程

建设单位名称：×××设计单位

表格编号：TblGNZC   第 7 页

序号	名 称	规格程式	单位	数量	单价（元）	合计（元）	备注
I	II	III	IV	V	VI	VII	VIII
	钢材及其他材料小计					1411.4	
	运杂费（小计×3.60%）					50.81	
	运输保险费（小计×0.1%）					1.41	
	采购及保管费（小计×3.00%）					42.34	
	钢材及其他材料合计					1505.96	
16	蛇形管	φ30mm	米	11.214	3	33.64	
17	聚乙烯塑料管	φ28×3mm	米	15	2.6	39	
	塑料及塑料制品小计					72.64	
	运杂费（小计×4.30%）					3.12	
	运输保险费（小计×0.1%）					0.07	
	采购及保管费（小计×3.00%）					2.18	
	塑料及塑料制品合计					78.01	
	总 计					10 489.83	

设计负责人：预算员 A   审核人：预算员 C   编制人：预算员 B   编制日期：2011-03-13

工程建设其他费预算表(表五)

单项工程名称：××学校通信管道工程　建设单位名称：×× 设计单位　表格编号：Tbl5 A　第 8 页

序号	费用名称	计算依据	金额	备注
I	II	III	IV	V
1	建设用地及综合赔补费	见表六赔补费明细表		
2	建设单位管理费	工程总概算×1.5%(工程总概算不含此值)	257.28	财建[2002]394 号
3	可行性研究费	计投资[2002]1283 号		
4	研究试验费	根据项目所研究试验内容和要求进行编制		
5	勘察设计费	(1)+(2)		
	(1) 勘察费			计价格[2002]10 号
	(2) 设计费			计价格[2002]10 号
6	环境影响评价费			计价格[2002]125 号
7	劳动安全卫生评价费	参照建设项目所在地省劳动行政部门规定标准		
8	建设工程监理费	(1)施工监理服务费+(2)其他阶段监理费	184.94	财金[2006]478 号
9	安全生产费	建筑安装工程费×1.00%	56.04	
10	工程质量监督费	不计取		工信厅通[2009]22 号文
11	工程定额测定费	不计取		工信厅通[2009]22 号文
12	引进技术及引进设备其他费	见表五乙		
13	工程保险费	根据投保合同计列		
14	工程招标代理费			计价格[2002]1980 号
15	专利及专利技术使用费			
	总　计		498.26	
16	生产准备及开办费(运营费)	设计新增人数×单价		由投资企业自行测算,列入运营费

设计负责人：预算员 A　编制人：预算员 C　审核人：预算员 B　编制日期：2011-03-13

机房概预算表

工程预算总表（表一）

建设项目名称：××学校基站工程

单项工程名称：××学校基站工程

建设单位名称：××设计单位　　　　表格编号：Tb11　　　　第 1 页

序号	表格编号	费用名称	概算价值（元）					预备费	总价值	
			小型建筑工程费	需要安装的设备费	不需要安装设备、工器具费	建筑安装工程费	其他费用		人民币（元）	外币（ ）
I	II	III	IV	V	VI	VII	VIII	IX	X	XI
1	Tbl2A	建筑工程安装费				32 338.45			32 338.45	
2	GNSB	国内安装设备费		278 070.78					278 070.78	
3		工程费							310 409.23	
4	Tbl5A	工程建设其他费					10 062.32		10 062.32	
5		合　计		278 070.78		32 338.45	10 062.32		320 471.55	
6		预备费（合计×3.00%）						9 614.15	9 614.15	
7		总　计		278 070.78		32 338.45	10 062.32	9 614.15	330 085.70	

设计负责人：预算员 A　　　审核人：预算员 C　　　编制人：预算员 B

编制日期：2011-03-15

建筑安装工程费用预算表（表二）

单项工程名称：××学校基站工程　　建设单位名称：××设计单位　　表格编号：Tbl2A　　第 2 页

序号 I	费用名称 II	依据和计算方法 III	合计(元) IV
一	建筑安装工程费	一＋二＋三＋四	32 338.45
(一)	直接费	(一)＋(二)	20 174.23
1	直接工程费	1＋2＋3＋4	16 676.00
(1)	人工费	(1)＋(2)	12 062.88
(1)	技工费	按工总工日×48.00元	12 062.88
(2)	普工费	普工总工日×19.00元	
2	材料费	(1)＋(2)	2355.74
(1)	主要材料费	国内主材费＋引进材料费	
(2)	辅助材料费	主要材料费×3.00%（无线设备）	2355.74
3	机械使用费	见表三乙	2257.38
4	仪表使用费	见表三丙	3498.23
(二)	措施费	1～16 之和	
1	环境保护费	人工费×1.20%（无线设备）	144.75
2	文明施工费	人工费×1.00%	120.63
3	工地器材搬运费	人工费×1.30%（无线设备）	156.82
4	工程干扰费	人工费×4.00%（无线设备）	482.52
5	工程点交、场地清理费	人工费×3.50%（无线设备）	422.20
6	临时设施费	人工费×6.00%（无线设备）	723.77
7	工程车辆使用费	人工费×6.00%（无线设备）	723.77

序号 I	费用名称 II	依据和计算方法 III	合计(元) IV
8	夜间施工增加费	人工费×2.00%（无线设备）	241.26
9	冬雨季施工增加费	人工费×2.00%（无线设备室外部分）	241.26
10	生产工具用具使用费	人工费×2.00%（无线设备）	
11	施工用水电蒸气费	按实计列	
12	特殊地区施工增加费	总工日×3.20元	
13	已完工程及设备保护费	按实计列	
14	运土费	按实计列	
15	施工队伍调遣费	按工单程调遣费×调遣人数×2	
16	大型施工机械调遣费	总吨位×调遣运距×0.62×2	7478.98
(二)	间接费	(一)＋(二)	
(一)	规费	1＋2＋3＋4	3860.12
1	工程排污费	根据施工所在地相关规定	
2	社会保障费	人工费×26.81%	3234.06
3	住房公积金	人工费×4.19%	505.43
4	危险作业意外伤害保险费	人工费×1.00%	120.63
(二)	企业管理费	人工费×30.00%	3618.86
三	利润	人工费×30.00%	3618.86
四	税金	(一＋二＋三)×3.41%	1066.38

设计负责人：预算员 A　　审核人：预算员 C　　编制人：预算员 B　　编制日期：2011-03-15

建筑安装工程量预算表(表三)甲

单项工程名称:××学校基站工程　　建设单位名称:××设计单位　　表格编号:Tbl3A　　第 3 页

序号	定额编号	项 目 名 称	单位	数量	单位定额值(工日)		概预算值(工日)	
					技工	普工	技工	普工
I	II	III	IV	V	VI	VII	VIII	IX
1	TSD3-067	安装墙挂式交、直流配电箱	台	1	2		2	
2	TSD5-011	安装室内接地排	个	1	1		1	
3	TSW1-015	安装室内接地排	个	1	1		1	
4	TSD3-057	安装组合开关电源 300A 以下	架	1	10		10	
5	TSD3-014	安装 48V 蓄电池组 600A·h 以下	组	2	7.92		15.84	
6	TSD3-003	安装蓄电池抗震架 双层单列	m/架	2.4	1		2.4	
7	TSD4-019	室内布放电力电缆(单芯)16mm² 以下	10m条	2.06	0.18		0.37	
8	TSD4-020	室内布放电力电缆(4芯)35mm² 以下	10m条	0.36	0.5		0.18	
9	TSD4-022	室内布放电力电缆(单芯)120mm² 以下	10m条	3.74	0.49		1.83	
10	TSY1-004	安装综合架、柜	架	1	2.5		2.5	
11	TSD3-032	蓄电池补充电	组	2	8		16	
12	TSD3-033	蓄电池容量试验	组	2	18		36	
13	TSW1-012	安装数字光分配架单元	个	2	0.25		0.5	
14	TSY2-005	安装测试 SDH 设备基本子架及公共单元盘 2.5Gbps 以下	套	1	3.5		3.5	
15	TSY2-047	调测 PDH,SDH 系统通道:线路段光端对测端站	方向·系统	1	3		3	
16	TSY2-048	调测 PDH,SDH 系统通道:复用设备系统调测光接口	接口	8	1		8	
17	TSY1-073	放、绑软光纤 光纤分配架内跳纤	条	4	0.13		0.52	
18	TSW2-036	安装基站设备落地式	架	1	10		10	
19	TSW2-046	CDMA 基站系统调测 6 个"扇·载"以下	站	1	40		40	
20	TSD3-068	安装过压保护装置:防雷箱	套	1	2		2	

设计负责人:预算员 A　　审核人:预算员 C　　编制人:预算员 B　　编制日期:2011-03-15

建筑安装工程工程量预算表(表三)甲

单项工程名称：××学校基站工程　　建设单位名称：××设计单位　　表格编号：　　单位定额编号：　Tbl3A　　第 4 页

序号	定额编号	项目名称	单位	数量	单位定额值(工日)		概预算值(工日)	
					技工	普工	技工	普工
I	II	III	IV	V	VI	VII	VIII	IX
21	TSW1-002	安装室内电缆走线架	m	6	0.4		2.4	
22	TSW1-003	安装室外馈线走道水平	m	10	1		10	
23	TSW1-004	安装室外馈线走道沿外墙垂直	m	1	1.5		1.5	
24	TSW1-058	安装馈线密封窗	个	1	2		2	
25	TSW2-008	安装全向天线支撑杆上	副	1	5		5	
26	TSW2-021	布放射频同轴电缆 1/2″以下 布放10m	10m条	1	0.5		0.5	
27	TSW2-022	布放射频同轴电缆 1/2″以下 每增加10m	10m条	1	0.3		0.3	
28	TSW1-026	布放 SYV 类同轴电缆 多芯	100m条	25	2		50	
29	TSW1-031	编扎,焊(绕,卡)接 SYV 类同轴电缆	芯条	1	0.12		0.12	
		合　计					228.46	
		小工日调整(合计×10.00%)					22.85	
		总　计					251.31	

设计负责人：预算员 A　　审核人：预算员 C　　编制人：预算员 B　　编制日期：2011-03-15

建筑安装工程仪器仪表使用费预算表（表三）丙

单项工程名称：××学校基站工程　　建设单位名称：××设计单位　　表格编号：Tbl3C　　第 5 页

序号	定额编号	项目名称	单位	数量	仪表名称	单位定额值（工日）		概预算值（工日）	
					仪表费基价	数量（台班）	单价（元）	数量（台班）	合价（元）
I	II	III	IV	V	VI	VII	VIII	IX	X
1	TSD3-033	蓄电池容量试验	组	2	仪表费基价	1	150	2	300
2	TSW2-046	CDMA基站系统调测 6个"扇·载"以下	站	1	微波频率计	3	145	3	435
3	TSW2-046	CDMA基站系统调测 6个"扇·载"以下	站	1	误码测试仪	3	66	3	198
4	TSW2-046	CDMA基站系统调测 6个"扇·载"以下	站	1	操作测试终端（电脑）	3	74	3	222
5	TSW2-046	CDMA基站系统调测 6个"扇·载"以下	站	1	射频功率计	3	127	3	381
6	TSY2-047	调测PDH，SDH系统通道：线路段光端对测端站	方向·系统	1	数字传输分析仪	0.1	1956	0.1	195.6
7	TSY2-047	调测PDH，SDH系统通道：线路段光端对测端站	方向·系统	1	光功率计	0.1	62	0.1	6.2
8	TSY2-047	调测PDH，SDH系统通道：线路段光端对测端站	方向·系统	1	光可变衰耗器	0.1	99	0.1	9.9
9	TSY2-048	调测PDH，SDH系统通道：复用设备系统调测光接口	接口	8	光功率计	0.1	62	0.8	49.6
10	TSY2-048	调测PDH，SDH系统通道：复用设备系统调测光接口	接口	8	数字传输分析仪	0.01	1956	0.08	156.48
11	TSY2-048	调测PDH，SDH系统通道：复用设备系统调测光接口	接口	8	误码测试仪	0.5	66	4	264
12	TSY2-048	调测PDH，SDH系统通道：复用设备系统调测光接口	接口	8	光可变衰耗器	0.05	99	0.4	39.6
		合　计							2257.38

设计负责人：预算员 A　　审核人：预算员 C　　编制人：预算员 B　　编制日期：2011-03-15

国内器材预算表（表四）甲

(国内主材表)

单项工程名称：××学校基站工程　　建设单位名称：××设计单位　　表格编号：TblGNZC　　第 6 页

序号 I	名称 II	规格程式 III	单位 IV	数量 V	单价(元) VI	合计(元) VII	备注 VIII
1	地线排		个	2	11.9	23.8	
2	电力电缆		m	62.524	30	1875.72	
3	接线端子		个/条	12.505	3.32	41.52	
4	加固角钢夹板组		组	2.02	66.92	135.18	
5	软光纤	(双头)	条	4	150	600	
6	膨胀螺栓	M12×80	套	4	2.12	8.48	
7	电缆走线架		m	6.06	220	1333.2	
8	室外馈线走道		m	11.11	125.8	1397.64	
9	螺栓	M10×40	套	6	1.32	7.92	
10	馈线卡子 1/2″以下		套	19	1.5	28.5	
	钢材及其他材料小计：					5451.96	
	运杂费(小计×3.60%)					196.27	
	运输保险费(小计×0.1%)					5.45	
	采购及保管费(小计×1.00%)					54.52	
	钢材及其他材料合计					5708.2	
	总　计					5708.2	

设计负责人：预算员 A　　审核人：预算员 C　　编制人：预算员 B　　编制日期：2011-03-15

国内器材预算表(表四)乙
(国内安装设备表)

单项工程名称：××学校基站工程　　　建设单位名称：××设计单位　　　表格编号：GNSB　　　第 7 页

序号	名称	规格程式	单位	数量	单价(元)	合计(元)	备注
I	II	III	IV	V	VI	VII	VIII
1	射频同轴电缆 1/2″以下		m	20.4	1.7	34.68	
2	电缆		m	2550	30	76 500	
	电缆小计					76 534.68	
	运杂费(小计×1.50%)					1148.02	
	运输保险费(小计×0.1%)					76.53	
	采购及保管费(小计×1.00%)					765.35	
	电缆合计					78 524.58	
	材料部分合计					78 524.58	
3	交流配电箱			1	10 000	10 000	
4	开关电源			1	10 000	10 000	
5	蓄电池			2	10 000	20 000	
6	综合柜			1	10 000	10 000	
7	DDF			1	10 000	10 000	
8	ODF			1	10 000	10 000	
9	传输设备			1	10 000	10 000	
10	基站设备(全套)			1	100 000	100 000	
11	天线			1	10 000	10 000	
	设备原价小计					190 000	
	运杂费(小计×0.80%)					1520	
	运输保险费(小计×0.40%)					760	

设计负责人：预算员 A　　　审核人：预算员 C　　　编制人：预算员 B　　　编制日期：2011-03-15

238

国内器材预算表(表四)丙

(国内安装设备表)

单项工程名称: ××学校基站工程　　建设单位名称: ××设计单位　　表格编号: GNSB　　第 8 页

序号	名 称	规格程式	单位	数量	单价(元)	合计(元)	备注
I	II	III	IV	V	VI	VII	VIII
	采购及保管费(小计 × 0.82%)					1558	
	段合计					193 838	
	设备部分合计					193 838	
	总　计					272 362.58	

设计负责人: 预算员 A　　审核人: 预算员 C　　编制人: 预算员 B　　编制日期: 2011-03-15

工程建设其他费预算表（表五）甲

单项工程名称：××学校基站工程　　　　　　　建设单位名称：××设计单位　　　　　　　表格编号：Tbl5A　　　第 9 页

序号	费用名称	计算依据	金额	备　注
I	II	III	IV	V
1	建设用地及综合赔偿费	见表六赔补费明细表		
2	建设单位管理费	工程总概算×1.5%（工程总概算不含此值）	4875.95	财建[2002]394 号
3	可行性研究费	计投资[2002]1283 号		
4	研究试验费	根据项目研究试验内容和要求进行编制		
5	勘察设计费	（1）+（2）		
	（1）勘察费			计价格[2002]10 号
	（2）设计费			计价格[2002]10 号
6	环境影响评价费			计价格[2002]125 号
7	劳动安全卫生评价费	参照建设项目所在地省劳动行政部门规定标准		
8	建设工程监理费	（1）施工监理服务费+（2）其他阶段监理费	4862.99	财企[2006]478 号
9	安全生产费	建筑安装工程费×1.00%	323.38	工信厅通[2009]22 号文
10	工程质量监督费	不计取		工信厅通[2009]22 号文
11	工程定额测定费	不计取		
12	引进技术及引进设备其他费	见表五乙		
13	工程保险费	根据投保合同计列		
14	工程招标代理费			计价格[2002]1980 号
15	专利及专利技术使用费			
16	生产准备及开办费（运营费）	设计新增人数×单价		由投资企业自行测算，列入运营费
	总　计		10 062.32	

设计负责人：预算员 A　　　　　　编制人：预算员 C　　　　　　审核人：预算员 B　　　　　　编制日期：2011-03-15

参 考 文 献

[1] 李方健,周鑫. SDH 光传输设备开局与维护[M]. 北京:科学出版社,2011.

[2] 曹若云. 光传输技术与实训[M]. 北京:化学工业出版社,2010.

[3] 吴凤修. SDH 技术与设备[M]. 北京:人民邮电出版社,2009.

[4] 杨光,杜庆波. 通信工程制图与概预算[M]. 西安:西安电子科技大学出版社,2008.

[5] 贺蜀山. 中望 CAD 软件使用教程[M]. 成都:四川电子音像出版中心,2008.

[6] 中兴通讯 NC 学院课程开发团队. 光传输技术与应用.

[7] 中兴通讯股份有限公司. ZXMP S320 系统硬件. http://wenku.baidu.com/view/8047f34669eae00958
1bec48.html.

[8] 中兴通讯股份有限公司. ZXMP S380 SFE8 单板维护手册. http://wenku.baidu.com/view/bbfbdd73
7fd5360cba1adb58.html.

[9] 中兴通讯股份有限公司. ZXMP-S380 及 390 设备. http://wenku.baidu.com/view/5ac65f360b4c2e3f
572763df.html.

[10] 什么是 MSTP. http://wenku.baidu.com/view/a2487d36ee06eff9aef8078a.html.

[11] ZTE 中兴. SDH 原理. http://wenku.baidu.com/view/9949ac00b52acfc789ebc98b.html.

[12] 华为技术有限公司. SDH 原理. http://wenku.baidu.com/view/3cb09228bd64783e09122b16.html.

[13] 光纤与光接入网. http://wenku.baidu.com/view/598e1ca1b0717fd5360cdc75.html.

[14] SDH 通信原理教材. http://wenku.baidu.com/view/3c494d4de518964bcf847cae.html.

[15] 毛谦. FTTx 在国内外的发展及其与三网融合的关系. http://wenku.baidu.com/view/24deac2d2af90
242a895e5d4.html.

[16] FTTH 设计注意事项. http://wenku.baidu.com/view/8af62e737fd5360cba1adb5f.html.

[17] FTTX设计培训 03FTTX PON 的应用. http://wenku.baidu.com/view/725683d326fff705cc170a73.html.

[18] EPON. http://wenku.baidu.com/view/a7c8dd8302d276a200292ef8.html.